Neues verkehrswissenschaftliches Journal

Ausgabe 23

Ein Beitrag zur operativen Zuglaufregelung unter besonderer Berücksichtigung vorausschauender Zugförderung bei der Umsetzung dispositiver Entscheidungen

Von der Fakultät Bau- und Umweltingenieurwissenschaften der Universität Stuttgart zur Erlangung der Würde eines Doktor-Ingenieurs (Dr.-Ing.) genehmigte Abhandlung

Vorgelegt von

Dipl.-Ing. Marco Neuber

aus Leipzig

Hauptberichter: Prof. Dr.-Ing. Ullrich Martin
Mitberichter: Prof. Dr.-Ing. Wolfgang Fengler
Tag der mündlichen Prüfung: 04. Oktober 2017

Institut für Eisenbahn- und Verkehrswesen der Universität Stuttgart

2017

Titelbild: Marco Neuber

Herstellung und Verlag: BoD - Books on Demand GmbH, Norderstedt

Printed in Germany

ISBN 978-3-7460-3306-8

Vorwort

Obwohl der Betriebsablauf der Eisenbahn in hohem Maße determiniert ist, handelt es sich aufgrund der vielfältigen ex- und internen Einflüsse um einen stochastischen Prozess. Um der Wirkung dieser stochastischen Einflüsse zu begegnen, wurde schon frühzeitig eine Disposition eingeführt, deren wesentliche Aufgabe darin besteht, den tatsächlichen Betriebsprozess möglichst entsprechend dem geplanten, im Fahrplan fixierten Betriebsablauf zu gestalten. Bei der für diese komplexen, die Möglichkeiten des erfahrenen Bedieners übersteigenden Dispositionsanforderungen not-wendigen Zuglaufregelung wird auf der Grundlage des ursprünglichen Fahrplans ein Dispositionsfahrplan erstellt, der die aktuelle bzw. unmittelbar zu erwartende Betriebssituation berücksichtigt. Neben der pünktlichen Betriebsführung haben weitere Dispositionsziele an Gewicht gewonnen. Bereits bei den ersten Eisenbahnen spielte eine energiesparende Fahrweise aus Kostengründen eine gewichtige Rolle. Diese Aufgabe oblag jedoch seinerzeit ausschließlich dem Lokführer des einzelnen Zuges. Heute wird eine energiesparende Fahrweise unter Berücksichtigung der betrieblich voneinander abhängigen Zugfahrten angestrebt, die nur durch eine übergeordnete Betrachtung der Zugfahrten im Zusammenhang erreicht werden kann und somit im Rahmen der Disposition umgesetzt werden muss.

Die vorliegende Dissertation ist im Zusammenhang mit dem vom Bundeswirtschaftsministerium geförderten Projekt „FreeFloat1", Teilprojekt „Regler", entstanden und befasst sich mit der Modellierung des behinderungsfreien Fahrtverlaufs einzelner Züge bei der Erstellung und Umsetzung operativer Dispositionsfahrpläne unter Berücksichtigung einer energiesparenden Fahrweise. Wesentliches Forschungsergebnis der vorliegenden Arbeit sind neu entwickelte Algorithmen zur zeitgerechten Berechnung von Zeit-Wege-Linien ohne Geschwindigkeitssprünge als Grundlage für die Erstellung von Dispositionsfahrplänen, bei denen die verbleibenden Reservezeiten für eine energiesparende Fahrweise genutzt werden können. Mit der in dieser Arbeit vorgeschlagenen Modellierung wird eine wichtige Voraussetzung für eine weitgehende Automatisierung und damit für eine technische Unterstützung des Bedieners in komplexen betrieblichen Situationen geschaffen und die Energieeffizienz des Eisenbahnsystems signifikant verbessert.

Stuttgart, November 2017

Ullrich Martin

Inhaltsverzeichnis

Danksagung

Für die Anregung zum Thema und die hilfreichen Diskussionen während der Bearbeitung möchte ich meinem Doktorvater Herrn Professor Dr.-Ing. Ullrich Martin danken. Mein weiterer Dank gilt Herrn Professor Dr.-Ing. Wolfgang Fengler sowie Herrn Professor Dr.-Ing. Andreas Oetting für ihren Einsatz bei der wissenschaftlichen Aussprache. Dem Team der BVU Beratergruppe Verkehr + Umwelt GmbH, insbesondere bei Herrn Bernd Butz danke ich für die Unterstützung und Aufmunterung während der Bearbeitungszeit. Ein herzlicher Dank für Geduld und zusätzliche Motivation gilt meiner Familie.

Zusammenfassung

Die bedienergeführte Betriebsprozessdisposition befasst sich unter anderem mit der Reihenfolgeregelung der Zugfahrten und Anordnung von Dispositionsmaßnahmen. Hierzu zählen neben dem Reihenfolgewechsel auch die Anordnung von Signalen für Zugpersonal, welche als Fahrempfehlungen abhängig vom Grad der technischen Ausrüstung zum Triebfahrzeugführer übermittelt werden.

Grundlage für die Berechnung von Fahrempfehlungen sind belegungskonfliktfreie Fahrplantrassen mit einer knickfreien Zeit-Wege-Linie. Die belegungskonfliktfreien Fahrplantrassen sind Ergebnis der Zugdisposition. Bei Mehrzugkonflikten existieren diese nach dem Stand der Technik quasi nicht. Der Bearbeitungsaufwand zur Erstellung dieser ist in den heutigen Leitsystemen nach wie vor unverhältnismäßig hoch.

Insbesondere dispositive Geschwindigkeitsvorgaben können nach dem Stand der Technik als Fahrempfehlung nur unzureichend berechnet und übertragen werden. Fahrplantrassen der Prognose oder Disposition sind nach dem Stand der Anwendung nicht knickfrei berechnet. Der Nachweis der fahrdynamischen Fahrbarkeit auch von Konfliktlösungen ist damit nicht gegeben.

In der vorliegenden Arbeit wird ein Verfahren vorgestellt, welches im Anschluss an die dispositive Reihenfolgeregelung der Zugfahrten fahrbare, konfliktfreie Fahrplantrassen berechnet. Der Schwerpunkt liegt dabei auf der automatisierten Erarbeitung eines belegungskonfliktfreien Dispositions- und Prognosefahrplans unter Einhaltung der dispositiv angeordneten Zugreihenfolge. Die dabei berechneten Fahrplantrassen sind knickfrei und damit fahrdynamisch fahrbar. Die verschieden Arbeitsschritte des erarbeiteten Verfahrens werden erläutert. An ausgewählten Fallbeispielen erfolgt die Anwendung der beschriebenen Algorithmen.

Das entwickelte Verfahren zeichnet sich durch folgende Vorteile aus.

- Die fahrdynamische Berechnung der Fahrplantrassen erfolgt knickfrei.

- Die Erkennung von Belegungskonflikten erfolgt situationsabhängig zwischen zwei Zugfahrten.

- Die Ermittlung der Datengrundlage zur Zuglaufregelung erfolgt ohne nennenswerten bedienergeführten Mehraufwand für den Zugdisponenten innerhalb der Betriebsprozessdispostion.

Damit liefert das Verfahren zur Berechnung eines belegungskonfliktfreien Dispositions- und Prognosefahrplans eine Beitrag zur operativen Zuglaufregelung und schafft Ansätze für zukünftige Entwicklungen.

Abstract

The operator-guided dispatching process is concerned with the regulation of train sequences and the conveyance of dispatching solutions. Two important dispatching solutions that can be implemented are a change in the train sequence, and command sent from the dispatcher to the locomotive driver with driving speed instructions; the form of the command depends on the technical equipment of the locomotive. This paper describes the method developed to automatically calculate the basis, including the regulated train movements, needed in order for a command to be sent to the locomotive driver.

The emphasis of this paper is on the automatic creation of a conflict-free dispatcher and forecasted timetable. The timetable is calculated in compliance with the dispatched sequence of trains and the physical drivability of the calculated train paths. For each step of the method, different algorithms are presented and tested with several case studies. The most important aspects of this new method are:

- The dynamic vehicle calculation of the train paths result in a continuous velocity function.

- Depending on the situation, different types of conflicts between two trains can be identified.

- The determination of the basis, including the regulation of the train movements, is carried out at the same time as the dispatching process with no additional work for the dispatcher.

This paper, which describes the calculation of a conflict-free dispatcher and forecasted timetable, provides additional insights into the topic of train movement regulation. Furthermore, this paper identifies several recommendations for future development on this topic.

1. Einleitung

Stutzende und außerplanmäßig haltende Züge stören die Betriebsabwicklung und damit den Produktionsprozess der Eisenbahn. Diese Erkenntnis hat bereits DILLI in seinem Aufsatz „Ihre Majestät, die Toleranz" beschrieben[1]. Unter einer schlechten Betriebsabwicklung leidet auch die Leistungsfähigkeit der Eisenbahninfrastruktur insbesondere in Engpässen. Im Förderprojekt Freefloat1 über 50 Jahre nach dem Aufsatz von DILLI soll mit der Zuglaufregelung die grüne Welle auf der Schiene realisiert werden[2].

Mit der Zuglaufregelung wird die dispositiv angepasste Fahrweise der Züge im Eisenbahnbetrieb[3] auf Grundlage der Signale für Zugpersonal[4] geregelt. Die Verwendung dieser Signale ist im Eisenbahnbetrieb historisch gewachsen. Zuletzt wurden diese Signale mit Hilfe des analogen Zugfunks an den Triebfahrzeugführer übermittelt[5]. Mit Einführung des GSM-R-Zugfunks gab es diese technischen Voraussetzungen für die Übermittlung der Signale für Zugpersonal nicht mehr. Sie werden nun fernmündlich durch den Zugdisponenten oder Fahrdienstleiter gegenüber dem Triebfahrzeugführer übermittelt.

Grundlage für die Zuglaufregelung ist die Konfliktlösung durch den Zugdisponenten. Die Zuglaufregelung ist für die Umsetzung dieser dispositiven Entscheidungen relevant[6]. Der Zugdisponent ist verantwortlich für die Reihenfolgeregelung der Zugfahrten innerhalb eines Streckendisposi-

---

[1]Vergleiche hierzu [Dil52, 21,28].
[2]Vergleiche hierzu [Woe08, 29].
[3]Vergleiche hierzu [Oet08b, 654].
[4]Es sei hier auf die Signale für Zugpersonal $Zp10$ (K-Scheibe) bzw. $Zp11$ (L-Scheibe) lt. Signalbuch §33 verwiesen [Deu89, 92ff.].
[5]Vergleiche hierzu [Ril479/3, 6].
[6]Vergleiche hierzu [Oet08c, 38].

tionsbereiches[7]. Grundsätzlich löst der Zugdisponent für die Reihenfolgeregelung der Zugfahrten relevante Belegungskonflikte manuell oder assistenzgestützt[8]. Die Konfliktlösung für die Reihenfolgeregelung erfolgt damit diskret. Datengrundlage für die Zuglaufregelung ist eine konfliktfrei prognostizierte Fahrplantrasse. Hierzu reicht es grundsätzlich nicht aus, nur die am Konflikt beteiligten Zugfahrten zu betrachten. Das Trassengefüge inklusive diskreter Dispositionsmaßnahmen zur angepassten Reihenfolgeregelung der Zugfahrten muss belegungskonfliktfrei berechnet werden, wenn die Zugfahrten des Trassengefüges sich gegenseitig behindern. So kann der Lösungsraum der Zuglaufregelung je betrachteter Zugfahrt auch gewährleistet werden[9].

Mit dieser Arbeit wird ein Verfahren entwickelt und fallweise angewendet, mit dem die inhaltliche Lücke zwischen der Konfliktlösung ausschließlich zur Reihenfolgeregelung der Zugfahrten und einer hinreichend genauen Datengrundlage zur Zuglaufregelung geschlossen werden kann. Das Verfahren integriert sich in die bedienergeführte Betriebsprozessdisposition, welche auch assistenzgestützt sein kann. Die entwickelten Algorithmen berechnen einen belegungskonfliktfreien Dispositions- und Prognosefahrplan inklusive knickfreier Fahrplantrassen. Dies erfolgt zeitlich nach der Konfliktlösung zur Reihenfolgeregelung der Zugfahrten automatisiert und ohne Mehraufwand für den Bediener.

Die Arbeit ist wie folgt aufgebaut: In Kapitel 2 wird als Einstieg in die Thematik und für die spätere inhaltliche Abgrenzung die gegenwärtige Betriebsleitung der Eisenbahn mit ihren historisch gewachsenen Grundsätzen, Aufgaben und Anforderungen sowie dispositiven Möglichkeiten erläutert. In Kapitel 3 wird die Betriebsleitung als Regelungssystem beschrieben. Hierbei wird der Eisenbahnbetrieb im Kontext der Produktionsplanung als Kaskadenregelung erläutert. Anschließend wird für den Bereich der bedienergeführten Betriebsprozessdisposition der Stand der Wissenschaft sowie der Stand der praktischen Anwendung dargelegt. In Kapitel 4

---

[7]Vergleiche hierzu [Ril42001, 420.0104 Abs. 6].
[8]Vergleiche hierzu [Oet08a].
[9]Vergleiche hierzu [Oet08b, 657].

werden die Weiterentwicklungen der bedienergeführten Regelung dargelegt. In Kapitel 5 wird beschrieben, in welcher Art und Weise ein bele-
gungskonfklitfreier Dispositionsfahrplan im Kontext der bedienergeführten
Regelung erarbeitet wird. Weiterführend wird in Kapitel 6 erläutert, wie
Belegungskonfliktsituationen erkannt und klassifiziert werden. Als Schwerpunkt dieser Arbeit wird in Kapitel 7 erklärt, wie Fahrplantrassen im Kontext der Dispositions- und Prognoserechnung knickfrei berechnet werden.
In Kapitel 8 wird beschrieben, wie Fahrempfehlungen erstellt und übertragen werden. In Kapitel 9 erfolgt die beispielhafte Anwendung der entwickelten Algorithmen. Im Anhang dieser Arbeit werden zunächst die verwendeten fahrdynamischen Gleichungen beschrieben. Anschließend sind
Zwischenschritte der beispielhaften Anwendung dokumentiert.

2. Die Betriebsleitung der Eisenbahn

In diesem Kapitel wird die Betriebsleitung der Eisenbahn beschrieben. Im folgenden Abschnitt 2.1 wird die historische Entwicklung der Eisenbahnbetriebsleitung dargestellt. Aufbauend hierauf wird im Abschnitt 2.2 die gegenwärtige Betriebsleitung inklusive der derzeitigen Kommunikations- und Funktionsstruktur erläutert. Die Anforderungen und Aufgaben der gegenwärtigen Betriebsleitung werden im Abschnitt 2.3 beschrieben. Mit Kenntnis der Anforderungen und Aufgaben wird mit Abschnitt 2.4 die operative Betriebsleitung (Disposition) erläutert.

2.1. Die historisch gewachsene Betriebsleitung

Mit der Einführung der Fahrdienstvorschrift (FV) ab 1907 wurde die Steuerung des Bahnbetriebes in Deutschland nach dem Fahrdienstleitersystem durchgeführt. Das Ziel besteht dabei u.a. in einer sicheren und pünktlichen Betriebdurchführung. Zusätzlich übernahm der Fahrdienstleiter Aufgaben der dispositiven Betriebsführung. Dies war möglich, da durch eine umfassende Fahrplangestaltung mit überschaubarem Verkehrsaufkommen sowie einem gut ausgebauten Eisenbahnnetz nur relativ wenige Dispositionsmaßnahmen notwendig waren[1]. Eine Erweiterung des Fahrdienstleitersystems erfolgte 1908. Bestimmte Direktionen wurden zu „Geschäftsführenden Verwaltungen für den Betriebsdienst auf Strecken für den durchgehenden Verkehr" ernannt. Mit der Störung der Rheinschifffahrt im Winter 1912/13 stieg die Transportleistung der Eisenbahn kurzfristig stark an. Erhöhte Unregelmäßigkeiten im Betriebsablauf waren die Folge. Mit eingerichteten Hilfsstellen zur Zugleitung (ZL) konnte der Betriebablauf wie-

---

[1] Vergleiche hierzu [Sco74].

der stabilisiert werden. Die ZL übernahm die Aufgabe der „überörtlichen" Streckendisposition. Diese lag außerhalb des Zuständigkeitsbereiches der Fahrdienstleiter[2]. Oberzugleitungen (OZL) in den Eisenbahndirektionen ergänzten die Zugleitungen in der entstehenden Betriebsführungshierachie. Im gleichen Zeitraum wurde bei der Eisenbahndirektion Essen die Geschäftsstelle für den durchgehenden Güterzugverkehr auf den Ab- und Zuführlinien des rheinisch-westfälischen Industriegebietes eingerichtet. Infolge des ersten Weltkrieges entwickelte sich ab 1916 die Betriebsführungshierachie weiter. Drei Oberbetriebsleitungen (OBL) West (Essen), Ost (Berlin) und Süd (Würzburg) ergänzten die ZL und Oberzugleitung (OZL)[3]. Diese dezentrale Organisationsstruktur sowie die kriegsbedingte Straffung der Betriebsführung führte 1917 zur Einrichtung einer Eisenbahnbetriebsabteilung im preußischen Ministerium. Dies gilt im allgemeinen als Einführung der Betriebsleitung in die Gesamtorganisation der Eisenbahn[4]. Mit der Gründung der Deutschen Reichsbahn (1920) sowie der Deutschen Reichsbahn-Gesellschaft (1924) änderte sich an der bewährten Organisationsstruktur des Betriebsstellendienstes nichts Wesentliches. Während des II. Weltkrieges erhielten die betriebsleitenden Stellen erweiterte Kompetenzen zur Durchführung der ständig steigenden Transportleistungen. Nach Beendigung des II. Weltkrieges wurden die Generalbetriebsleitungen West (Bielefeld) und Süd (Stuttgart) Bestandteil der 1950 neu gegründeten Deutschen Bundesbahn. 1955 veränderte sich diese Organisationsstruktur. Die Oberbetriebsleitungen (OBL) West (Essen) und Süd (Stuttgart) lösten die Generalbetriebsleitungen ab. Erste Rationalisierungsmaßnahmen wurden 1959 eingeleitet. Eine Konzentration des Betriebsstellendienstes erfolgte durch die Verlegung der Zugleitung und Zugüberwachung an den Sitz der Oberzugleitungen sowie mit der Einrichtung der Zentralen Transportleitung (ZTL) in Mainz 1971. Die Organisation der Zentralen Transportleitung (ZTL) ging 1985 in die Zentrale

---

[2]Vergleiche hierzu [Bus98, 9].
[3]Vergleiche hierzu [Chr08a].
[4]Vergleiche hierzu [Sco74].

Betriebsleitung (ZBL) mit bundesweiter Betriebsüberwachung (Bü) über[5]. Hauptverwaltung, Zentrale Betriebsleitung und Bundesbahndirektion (BD) bildeten die drei Ebenen der Betriebsleitung der Deutschen Bundesbahn. Mit der Sachgebietsverfassung von 1986 ging u. a. die Oberzugleitung in die Betriebsleitungen über. Zudem erfolgte eine räumliche und organisatorische Konzentration der Zug- und Betriebsleitung in die neu geschaffenen Regionalabteilungen[6]. 1991 mit der Wiedervereinigung beider Deutschen Staaten existierten bis 1997 mit Gründung der Netzleitzentrale (NLZ) in Frankfurt am Main in Mainz (West) und Berlin (Ost) zwei Zentrale Betriebsleitungen (ZBL). 1994 mit der gegründeten Deutsche Bahn Aktiengesellschaft wurde der Betriebsleitstellendienst organisatorisch in Eisenbahninfrastrukturunternehmen (EIU) und Eisenbahnverkehrsunternehmen (EVU) gemäß EU-Richtlinie 91/440 aufgeteilt[7]. Eine Zusammenfassung der Aufgabenbereiche des Wagen-, Lok- und Betriebsdienstes erfolgte im Arbeitsgebiet Transportleitung der produktspezifischen EVU. Die Arbeitsgebiete Netzdisposition und Fahrdienst der Betriebsleitung verlagerten sich in den Verantwortungsbereich des Eisenbahninfrastrukturunternehmens DB Netz AG.

2.2. Die gegenwärtige Betriebsleitung

Die räumliche Aufteilung der Betriebsleitung erfolgte gemäß der vorhandenen regionalen Niederlassung der DB Netz AG in bundesweit sieben Betriebszentralen. Der aus Sicht der EIU verbleibende Aufgabenbereich der Oberzugleitungen geht in den Verantwortungsbereich des Netzkoordinators sowie der Notfallleitstelle über. Der Netzkoordinator koordiniert die Disposition und Steuerung des Betriebsablaufs in seinem Zuständigkeitsbereich und nimmt damit die Aufgaben der Schichtleitung wahr. Bei größeren Störungen im Betriebsablauf kann er betriebliche Ersatzmaßnahmen

---

[5]Vergleiche hierzu [Chr08a].
[6]Vergleiche hierzu [Sch03].
[7]Vergleiche hierzu Abbildung 2.1.

anordnen. Durch die Konzentration der Aufgaben innerhalb der Betriebsleitung, werden Handlungs- und Informationsvollmachten des Notfallmanagements innerhalb der Notfallleitstelle als Stabstelle des Netzkoordinators gebündelt[8]. Bei dispositiven Konflikten verschiedener EVU obliegt dem EIU das Recht des betrieblichen Letztentscheids[9].

Die territoriale Einteilung der Eisenbahninfrastruktur in Zugleitungen wird mit der neuen Organisationsstruktur aufgelöst. Die Aufgaben der Zugleitungen werden auf die neu geschaffene Zuständigkeitsbereiche der Bereichsdisponenten sowie die Transportleitungen der verschiedenen Eisenbahnverkehrsunternehmen verteilt.

Dem Bereichsdisponenten wird als Mitarbeiter des Arbeitsgebietes Netzdisposition eine produktspezifische oder/ und regionale Zuständigkeit zugeordnet. Er führt die produkt-, zug- oder gebietsbezogene Netzdisposition entsprechend des tagesaktuell geltenden Betriebsprogramms durch. Weiterhin sind die Bereichsdisponenten Ansprechpartner der Betriebsführung für EVU bzgl. der kurzfristigen Einflussnahme auf den laufenden Betriebsprozess. Er stellt die Weiterführung des Eisenbahnbetriebes bei Störungen sicher und unterstützt die fahrwegtechnischen Entstörungsdienste bei der Wiederherstellung gestörter Fahrweganlagen[10]. Des Weiteren ordnen die Bereichsdisponenten Umleitungen an, bearbeitet Fahrplanmitteilungen (u.a. fehlende Bremshundertstel) und Anträge auf Wartezeitverlängerung zur Anschlussaufnahme von Reisenden, welche nicht über die Wartezeitvorschrift (WZV) geregelt sind, sowie zur Änderung von Triebfahrzeug-, Triebfahrzeugführer- und Zugbegleitpersonalumläufen. Zu seinen Aufgaben gehört das Einleiten von Maßnahmen zum Verspätungsabbau bzw. zur Minimierung von Verspätungsübertragung. Hierzu ist die teilnetz- oder/ und produktbezogene Überwachung des Zugbetriebes notwendig. Bereichsdisponenten kommunizieren außerdem mit der Netzleitzentrale in Mainz. Schwierige Betriebsverhältnisse wie zunehmende Behinderungen, Zusatzverspätungen auf Bahnhöfen, drohende und eingetre-

---

[8]Vergleiche hierzu [Bus98, 40f.].
[9]Vergleiche hierzu [Ril42001].
[10]Vergleiche hierzu [Bus98, 40f.].

tene Überlastung, Signalhalte vor dem Bahnhof und Abrufstellungen, Besetzung von Betriebsführungsgleisen, erschöpfte Abstellkapazitäten, Abweichung von Bau- und Betriebsanweisungen (Betra) sowie kritische Witterungsverhältnisse meldet er der Netzleitzentrale[11].

Dem Bereichsdisponenten sind die Mitarbeiter zur Zugüberwachung auf Hauptstrecken unterstellt. Sie erfüllen als Zugdisponenten gegenüber dem Fahrdienst weisungsbefugt die Aufgabe der Strecken- und Knotendisposition[12]. Die Zugdisponenten beobachten den Betriebsablauf, bestimmen die Zugreihenfolge innerhalb eines Streckendispositionsbereichs (SDB) bei Störungen und Abweichungen vom planmäßigen Betrieb bzw. Bauzuständen, verwalten die Eingabe der Verspätungsbegründungen und erfassen Störungen und deren Ursachen[13].

Mit wachsendem Transportaufkommen, besonders auf den Hauptabfuhrstrecken, stieg der Zeitaufwand zur Aufbereitung der Datengrundlage für die Zugüberwachung (Zü) an. Die Aufgaben der Disposition konnten zeitweise nur eingeschränkt wahrgenommen werden[14]. Ein erstes Lastenheft für eine Rechnergestützte Zugüberwachung (RZü) wurde 1981 erstellt. 1989 wurde die erste Rechnergestützte Zugüberwachung (RZü) in der BD Nürnberg in Betrieb genommen[15].

Perspektivisch wird die Aufgabe des Zugdisponenten in den Aufgabenbereich des Zuglenkers übergehen. Der Zuglenker erhält im störungsfreien Betrieb mit dem steuernden Durchgriff direkten Zugang zur Zuglenkung. Er hat somit in seinem Zuglenkbereich den Status eines Fahrplanbearbeiters für Zugmeldestellen. Die Aufgaben des Fahrdienstes nimmt der örtlich zuständige Fahrdienstleiter (özF) war. Er regelt die Zugfolge eigenverantwortlich[16]. Der Zugdisponent bzw. Zuglenker ist gegenüber dem (örtlich zuständigem) Fahrdienstleiter für die dispositive Reihenfolgeregelung der Züge weisungsbefugt.

---

[11]Vergleiche hierzu [Ril42001].
[12]Vergleiche hierzu [Bus98, 9].
[13]Vergleiche hierzu [Ril42001].
[14]Vergleiche hierzu [Sit86].
[15]Vergleiche hierzu [Sch03].
[16]Vergleiche hierzu [Eis06, §39 Abs.1].

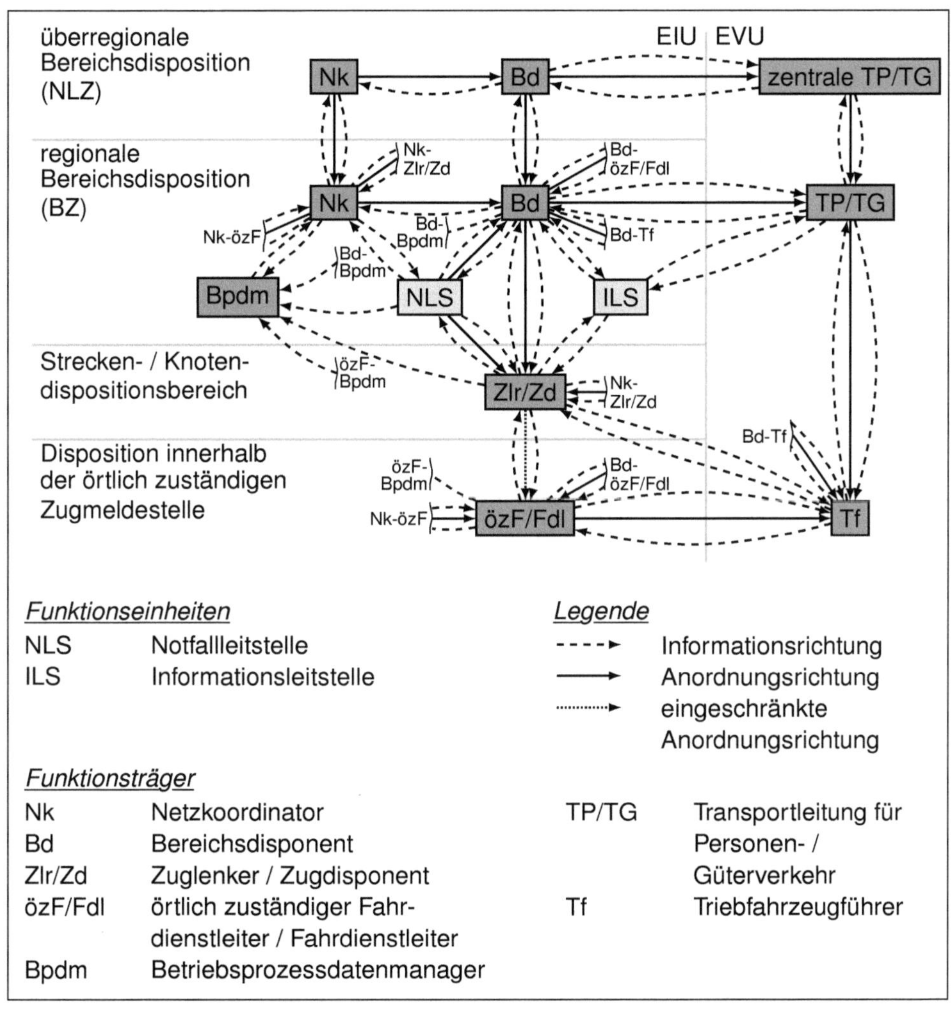

Abbildung 2.1.: Aktuelle Kommunikations- und Funktionsstruktur des Betriebsleitstellendienstes

Ausgenommen sind hiervon Weisungen für Tätigkeiten, die der Fahrdienstleiter nach der Fahrdienstvorschrift[17] eigenverantwortlich durchführen muss. Der örtlich zuständige Fahrdienstleiter dient gleichzeitig als Rückfallebene bei Störungen und Ausfällen der Leit- und Sicherungssysteme[18].

In der Abbildung 2.1 ist die aktuelle Kommunikations- und Funktionsstruktur des Betriebsleitstellendienstes aufgeteilt zwischen EIU und EVU im Grundsatz dargestellt. Der anteilige Aufgabenbereich des Eisenbahninfrastrukturunternehmens am Betriebsdienst wird gegenwärtig von der DB Netz AG als Betriebsdurchführung definiert. Demnach sind die dargestellten EIU-seitigen Funktionsträger bzw. -einheiten in ihrer Gesamtheit Bestandteil der Betriebsdurchführungsebene[19].

2.3. Anforderungen und Aufgaben der gegenwärtigen Betriebsleitung

Für die gegenwärtige Durchführung marktorientierter Transportleistungen ist es notwendig, dass der Verkehrsträger Eisenbahn auf Anforderungen der gesamtwirtschaftlichen Produktionsstruktur reagiert. Wirtschaftliche Effekte wie z.B. Öffnung und Erweiterung des Binnenmarktes (Integrationseffekt), gestiegene logistische Anforderungen an die Transportwirtschaft (Logistikeffekt) sowie Strukturwandel der zu transportierenden Gütergruppen (Güterstruktureffekt) erzwingen die kontinuierliche Abstimmung des Produktionsprozesses. Hierfür ist eine anpassungsfähige Betriebsführung notwendig, die nicht nur angebotsorientiert sondern besonders im Güterverkehr auch nachfrageorientierte Transportleistungen bewerkstelligen kann. Eine vorwiegend angebotsorientierte Betriebsführung im Güterverkehr ist für die gestiegenen Anforderungen des gesamtwirtschaftlichen Produktionsprozesses nicht mehr ausreichend flexibel.

Mit einer hauptsächlich im Güterverkehr steigenden nachfrageorientier-

---

[17]Vergleiche hierzu [Ril408].
[18]Vergleiche hierzu [Ril42001].
[19]Vergleiche hierzu [Chr08b].

ten Transportleistung entsteht im gesamten Produktionsprozess erhöhter Dispositionsbedarf bei der Einsatzsteuerung von Ressourcen (Anlagen, Betriebsmittel und Personal). Im Spannungsfeld des angebots- und nachfrageorientierten Produktionsprozesses ist der Eisenbahnbetrieb unter wirtschaftlichen und kundenbezogenen Anforderungen planmäßig zu führen[20]. Die Haupttätigkeitsfelder der Betriebsleitung erstrecken sich dabei einerseits auf die Abstimmung der Produktionsziele mit den realen Gegebenheiten. Hierzu zählen unter anderem Auswirkungen der unterjährigen Baubetriebsplanung[21]. Andererseits wird zur Einhaltung eines stabilen Betriebsablaufs das geplante Produktionsprogramm durch dispositive Entscheidungen ergänzt[22]. Bei erkennbaren Unregelmäßigkeiten im Betriebsablauf sind dispositive Maßnahmen das operative Entscheidungsfeld der Betriebsleitung.

Für die Abstimmung der Produktionsziele mit den realen Gegebenheiten hat die Betriebsleitung betriebsprozessvorbereitend verschiedene Möglichkeiten, das geplante Produktionsprogramm kurzfristig zu disponieren. Hierzu zählen u.a. kurzfristige Änderungen im Regelzugfahrplan bzw. Aktivierung oder Deaktivierung von Bedarfszugfahrplänen und Erstellung von Sonderzugfahrplänen[23]. Für das Erreichen der (kurzfristig) angepassten Produktionsziele sind von der Betriebsleitung produktionsprozessvorbereitende Aufgaben durchzuführen. Hierzu zählen (Auswahl) die spezifische Aufbereitung von Fahrplanunterlagen[24], Umleitungsfahrpläne erstellen und abstimmen, Störungsmanagement, Personaleinsatzplanung, betriebliche Systemplanung, ...[25]. Prozessnachbereitende Aufgaben sind von der Betriebsleitung besonders im Bereich der Dokumentation und Datenaufbereitung durchzuführen[26].

---

[20]Vergleiche hierzu [Mar08].

[21]Vergleiche hierzu [Hei05, 83].

[22]Vergleiche hierzu [Sco74].

[23]Vergleiche hierzu [Bus98, 6] und [Ril415.9306, 2-1f.].

[24]Vergleiche hierzu u.a. die WZV gemäß [Ril420.0102].

[25]Vergleiche hierzu [Ril42001, 420.0102 Abs. 1 (3)].

[26]Vergleiche hierzu [Ril42001, 420.0102, 5].

2.4. Die operative Betriebsleitung (Disposition)

Wie im vorhergehenden Kapitel erläutert, hat die operative Betriebsleitung die Möglichkeit durch kurzfristige dispositive Planänderungen das Produktionsziel, den veröffentlichten Fahrplan (Jahresfahrplan), an die realen Gegebenheiten anzupassen. In der Abbildung 2.2 wird schematisch darge-

Bearbeitet mit

GFD	Jahresfahrplan bzw. unterjähriger Fahrplan des Vertriebs (Trassenkonstruktion)	IB III, Intranet DB AG
	Fahrplan Vertrieb → Betriebsfahrplan (Tagesfahrplanableitung)	IB II, Leittechnik BZ
LeiDa-F LeiDis-S/K (LÜS, ZWL, BFG, zGBT)	Tagesfahrplan → Tages-Betriebsfahrplan Dispositionsfahrplan → Prognosefahrplan Lenkplan	gegenwärtige Betriebsdaten
Lenkplan je	Steuerbezirk$_1$ … Steuerbezirk$_n$	IB I, zentral BZ
Lenkplan je	UZ_1 … UZ_n UZ_1 … UZ_n	IB I, dezentral (UZ), Stellwerk

Abbildung 2.2.: Funktion der fahrplanbasierten Zuglenkung für Betriebszentralen gemäß [Bor02, 37]

stellt, wie kurzfristige Planänderungen bei der Erstellung des Tagesfahrplans berücksichtigt werden. Grundlage zur Ableitung des Tagesfahrplans

$t_{Tfpl}(s)$ bildet der Jahresfahrplan bzw. unterjährige Fahrplan des Vertriebs (Trassenkonstruktion) inklusive Fahrplan für Zugmeldestellen (FFZ). Dieser wird über definierte Datenleitungen und -protokolle vier bis sechs Wochen vor Inkrafttreten aus der Gemeinsamen Fahrplandatenhaltung (GFD) im Integritätsbereich (IB) III in das Leitsystem-Datenhaltung-Fahrplanbearbeitung im IB II exportiert.

Der exportierte Jahresfahrplan bzw. unterjährige Fahrplan enthält die mit den EVU vereinbarten Trassen. Der Jahresfahrplan bzw. unterjährige Fahrplan dient zur Erstellung der betrieblichen Fahrplanunterlagen. Der Betriebsfahrplan innerhalb des IB II, welcher mit Hilfe von Leitsystem-Datenhaltung-Fahrplanbearbeitung (LEIDA-F) erstellt wird, enthält zusätzlich alle Abweichungen gegenüber dem exportierten Jahresfahrplan bzw. unterjährigen Fahrplan, wenn diese Abweichungen nicht mehr über den Weg der Bildung eines neuen unterjährigen Fahrplans in den Prozess eingebracht werden können, aber dennoch diese Fahrplaninformationen benötigt werden[27]. Hierzu gehören auch prozessvorbereitende dispositive Maßnahmen[28].

Aus den Angaben zum exportierten Jahresfahrplan bzw. unterjährigen Fahrplan und Betriebsfahrplan werden täglich der Tagesfahrplan und der Tages-Betriebsfahrplan mindestens für die nächsten drei Tage errechnet. Dabei werden jeweils diejenigen Züge ermittelt, die nach zeitlichen und räumlichen Bedingungen innerhalb des Dispositionsbereiches einer Betriebszentrale (BZ) verkehren. Neben dem Tagesfahrplan $t_{Tfpl}(s)$ zu einem Zug sind gegebenenfalls Angaben zum Tages-Betriebsfahrplan vorhanden. Solche Betriebsfahrplanangaben gelten stets als die aktuelle Produktionsvorgabe und überlagern die Angaben zum Tagesfahrplan[29]. Im Tagesfahrplan werden der veröffentlichte Fahrplan und alle durchführten Fahrplanaktualisierungen[30] als Ergebnis der dispositiven Planänderungen

---

[27]Vergleiche hierzu [Bor02, 38].
[28]Vergleiche hierzu Abschnitt 2.3.
[29]Vergleiche hierzu [Bor02, 39].
[30]Zu den Fahrplanaktualisierungen zählen Fahrplanänderungen [Adl90, 275], Fahrplananordnungen [Adl90, 276] und Fahrplanaufträge [Adl90, 276].

zusammengefasst[31].

Aus dem Tages- und Tages-Betriebsfahrplan wird initial der Dispositionsfahrplan $t_{Dispo}(s)$ abgeleitet. Mit jeder gegebenenfalls auch prozessvorbereitenden dispositiven Entscheidung wird der Dispositionsfahrplan angepasst. Zu Beginn jedes Betriebstages wird der Prognosefahrplan als Kopie des Dispositionsfahrplans erzeugt. Im Prognosefahrplan werden aktuelle Betriebsinformationen wie beispielsweise empfangene Zugstandortmeldungen aus der Zuglaufverfolgung (ZLV)[32] verarbeitet[33]. Im Prognosefahrplan wird je nach Verspätungslage der Züge eine erneute Fahrzeitrechnung von der Istzeit aus durchgeführt, um gegebenenfalls straffe Fahrweise[34] der Züge für den Verspätungsabbau zu berücksichtigen. Dispositions- und Prognosefahrplan werden im Leitsystem-Dispositon Strecken und Knoten (LEIDIS-S/K) als Dispositionswerkzeug in Form von Zeit-Wege-Linien-Bildern dargestellt. In Unterabschnitt 7.4.1 werden die Regeln zur Berechnung eines Prognosefahrplans erläutert. Der Prognosefahrplan eines Zuges wird dabei als Ausgangs-Zeit-Wege-Linie $t_{Ag.-ZWL}(s)$ definiert. Der Tagesfahrplan ist Arbeitsgrundlage für den Fahrdienstleiter. Dieser ist verantwortlich für das Durchführen von Zug- und Rangierfahrten innerhalb seines Zuständigkeitsbereiches. In der Regel ist dieser die örtlich zuständige Zugmeldestelle. Die Handlungsweisen des Fahrdienstleiters sind durch drei Grundsätze geprägt. Zunächst haben Handlungen zur Gewährleistung der Betriebssicherheit immer höchste Priorität. Des Weiteren ist die Verantwortung für die Betriebssicherheit nicht teilbar. Zuletzt übernimmt der Fahrdienstleiter bei Ausfall der Stell- und Sicherungseinrichtungen für alle betrieblichen Ersatzhandlungen die volle betriebssicherheitliche Verantwortung.

Handlungen, Weisungen oder Aufträge, die gegen die fahrdienstliche Sicherheitsverantwortung zuwiderhandeln, darf der Fahrdienstleiter nicht durchführen. Dies hat zur Konsequenz, dass Dispositions- oder Arbeits-

---

[31] Vergleiche hierzu [Bus98, 6].

[32] Vergleiche hierzu [Nau04, 248f.].

[33] Vergleiche hierzu [Daa03, 2].

[34] Die straffe Fahrweise ist eine Form der Fahrzeugbewegung unter Ausnutzung der zulässigen Höchstgeschwindigkeit. Vergleiche hierzu [Adl90, 288].

verfahren anderer Stellen, die unmittelbar an der Durchführung des Zug-
und Rangierbetriebes mitwirken, frei von sicherheitsrelevanten Aufgaben
sein müssen.

Bei Abweichungen vom geplanten Betriebsablauf regelt der Fahrdienstleiter dispositiv Zug- und Rangierfahrten in der Regel eigenverantwortlich innerhalb seines Zuständigkeitsbereiches[35]. Er bestimmt für Zugfahrten erforderlichenfalls auch abweichend vom Fahrplan die zeitliche Reihenfolge der Züge und die Gleisbenutzung. Treten infolge von Störungen
oder Ausfällen der Anlagen, Betriebsmittel oder des Personals Abweichungen vom geplanten Betriebsablauf auf, die sich über den Zuständigkeitsbereich eines Fahrdienstleiters hinaus erstrecken, fehlen ausreichender
Überblick und örtliche Zuständigkeit zur Durchführung überörtlicher dispositiver Handlungen[36]. Für derartige Betriebsprozessdispositionen sind
Betriebsleitungen zuständig.

Auf Strecken und Knoten mit starkem Zugbetrieb werden die dispositiven Aufgaben in der Regel an eine rechnergestützte Zugüberwachung
(RZü), als Bestandteil der operativen Betriebsleitung, übergeben. Die hierfür verantwortlichen Zugdisponenten beobachten den Betriebsablauf und
bestimmen bei Abweichungen vom Fahrplan die zeitliche Reihenfolge der
Züge je Streckendispositionsbereich (SDB). Bei Störungen sowie Abweichungen von geplanten Bauzuständen leiten sie dispositive Maßnahmen
zur Aufrechterhaltung des Zugbetriebes ein. Sie übernehmen grundsätzlich die Aufgaben des Zugfunkbedieners im analogen bzw. digitalen Zugfunk[37]. Bereits mit analogem Zugfunk hatte der Zugdisponent die Möglichkeit Fahrtregelungssignale[38] direkt als kodierten Auftrag per Tastendruck[39]
einem bestimmten Zug als Teil seiner Dispositionsentscheidung zu zusen-
den. Dem Zugdisponent stehen grundsätzlich zwei rechnergestützte Dis-
positionswerkzeuge für die Disposition von Zugfahrten zur Verfügung. Zum

---

[35]Vergleiche hierzu [Eis06, §39 Abs.1, §47 Abs.2].

[36]Vergleiche hierzu [Bus98, 8f.].

[37]Vergleiche hierzu [Ril42001, 420.0104 Abs. 6 (3)].

[38]Fahrtregelungssignale sind Signale für Zugpersonal, $Zp10$ (K-Scheibe) bzw. $Zp11$ (L-
Scheibe) lt. Signalbuch §33 [Deu89, 92ff.].

[39]Vergleiche hierzu [Ril479/3, 6].

Einen ist im Streckenspiegel der Gleisplan des Streckendispositionsbereiches schematisch dargestellt. Zugstandorte, eingestellte Fahrstraßen als auch Zugbewegungen werden dem Zugdisponenten im Streckenspiegel angezeigt. Zum Anderen wird dem Zugdisponenten je Zugfahrt der vergangene und zukünftig zu erwartenden Fahrtverlauf in verschiedenen Zeit-Wege-Linien-Bildern angezeigt. Im Vergleich zur tagesaktuellen Fahrplantrasse je Zugfahrt erkennt der Zugdisponent gegenwärtige Abweichungen vom geplanten Betriebsablauf. Darüber hinaus unterstützt die Darstellung der zukünftig zu erwartenden Fahrtverläufe je Zugfahrt bzw. Betriebssituation den Zugdisponent bei der Erkennung von u.a. Belegungskonflikten innerhalb seines Streckendispositionsbereiches.

Fahrdienstleiter haben in der Zusammenarbeit mit den Zugdisponenten grundsätzlich eine Zustimmung einzuholen, bevor sie Zugfahrten zulassen, Gleise außerplanmäßig besetzen oder Bauarbeiten mit Einfluss auf den Zuglauf oder die Zugfolge zulassen[40].

Mit der Einführung des Zuglenkers verändert sich im Grundsatz ausschließlich die Zusammenarbeit mit dem (örtlich zuständigem) Fahrdienstleiter. Die dispositive Aufgabenverteilung zwischen Fahrdienst und Zuglenker bzw. Zugdisponent bleibt hiervon unberührt[41]. Die Knoten- und Streckendisposition ist auf den SDB begrenzt. Treten Abweichungen vom Regelbetrieb auf, deren Auswirkungen auf fahrplantechnische Netzbindungen[42] in benachbarten Streckendispositionsbereichen und gegebenenfalls darüber hinaus spürbar sind, müssen diese durch regional angeordnete Dispositionmaßnahmen der Bereichsdisposition geregelt werden.

Der Bereichsdisponent (BD) bearbeitet Anträge bei Abweichungen von der Zugcharakteristik und Anschlüssen. Er überwacht die Qualität der Zugdisposition. Für ausgewählte Zugfahrten führt dieser eine Zuglaufverfolgung durch. Bei Störungen mit regionalen Auswirkungen auf den Zugbetrieb veranlasst der BD dispositive Maßnahmen. Der BD ist in Abstimmung

---

[40]Vergleiche hierzu [Ril42001, 420.0104 Abs. 2 (4)] und [Ril408, 408.0431 Abs. 2 (2)].

[41]Vergleiche hierzu [Ril42001, 420.0104 Abs. 4 (4)].

[42]Fahrplantechnische Netzverbindungen in Kombination mit einer umfassenden Vertaktung kennzeichnen in der Regel gegenwärtige Zugsysteme des Schienenpersonen- und gegebenenfalls Schienengüterverkehrs.

mit den Eisenbahnverkehrsunternehmen verantwortlich für zu erstellende Betriebsprogramme infolge eingeschränkter Eisenbahninfrastruktur[43].Für Ereignisse oder Störungen mit überregionalen Auswirkungen auf den Zugbetrieb werden dispositive Maßnahmen zur Steuerung der Betriebsabwicklung im Gesamtnetz sowie in Verbindung mit anderen auch ausländischen Bahnen mit Hilfe der überregionalen Bereichsdisposition angeordnet und koordiniert. Die wesentlichen Aufgaben der obersten Dispositionsebene sind u.a. die Koordination von dispositiven und operativen Maßnahmen mit netzübergreifenden Auswirkungen, die Anordnung von zulauf- und leistungsfähigkeitsbezogenen Maßnahmen bei erheblichen Kapazitätseinschränkungen im Netz sowie Abstimmung mit den jeweiligen zentralen transportleitenden Stellen[44].

---

[43]Vergleiche hierzu [Ril42001, 420.0104 Abs. 5].
[44]Vergleiche hierzu [Bus98, 17f.].

3. Die Betriebsleitung als Regelungssystem

In diesem Kapitel wird der Eisenbahnbetrieb als Regelungssystem beschrieben. Dies ist zur späteren Einordnung und Abgrenzung der Thematik notwendig. In Abschnitt 3.1 wird zunächst die Eisenbahn als Kaskadenregelungssystem erläutert. Anschließend wird im Abschnitt 3.2 der Regelkreis Betriebsprozessdisposition nach dem Stand der Wissenschaft beschrieben. Im Anschluss daran wird im Abschnitt 3.3 die Betriebsprozessdisposition als bedienergeführtes Regelungsystems nach dem Stand der Technik beschrieben.

3.1. Der Eisenbahnbetrieb als Kaskadenregelung

Der Eisenbahnbetrieb wird in der Abbildung 3.1 als Kaskadenregelung dargestellt. Das hieraus resultierende Blockschaltbild ist im Vergleich zum Stand der gegenwärtigen Literatur im Aufgabenbereich der dispositiven Planungs- und Lenkaufgaben differenzierter[1]. Die dargestellte Kaskadenregelung im Eisenbahnbetrieb besitzt aus regelungstechnischer Sicht den Charakter einer Trajektorienfolgeregelung[2]. Externe Ziele[3] sind in ihrer Gesamtheit Solltrajektorie und damit Führungsgröße $w_{ez}(t)$ der Unternehmensleitung. Die Differenz aus Führungsgröße und Regelgröße $y_l(t)$ den Leistungsdaten von Anlagen, Betriebsmittel und Personal beschreibt die zeitliche, inhaltliche Regelabweichung $e_{ul}(t)$, welche Eingangsgröße für die Unternehmensleitung ist.

---

[1] Vergleiche hierzu [Fay99, 23f.] bzw. [Hla02, 11f.].

[2] Vergleiche hierzu [Hla02, 10].

[3] Vergleiche hierzu [Bec98].

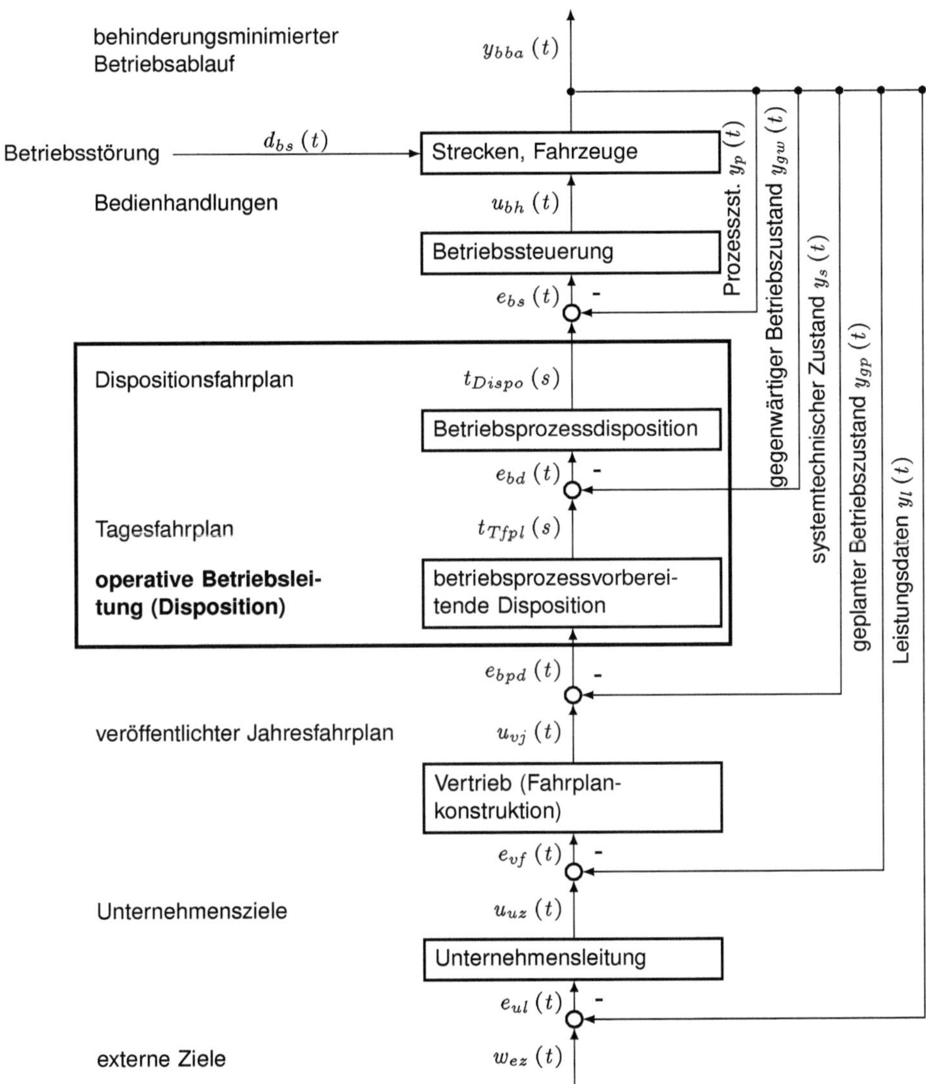

Abbildung 3.1.: System des Eisenbahnbetriebes als Kaskadenregelung in Anlehnung an [Fay99, 23f.]

Innerhalb der Regeleinrichtung wird die Stellgröße $u_{uz}(t)$ den Unternehmenszielen[4] bestimmt. Unternehmensziele sind in ihrer Gesamtheit Solltrajektorie und damit Führungsgröße $u_{uz}(t)$ der Unternehmensleitung.

Die Differenz aus Führungsgröße und Regelgröße $y_{gp}(t)$ dem geplanten Betriebszustand von Anlagen, Betriebsmittel und Personal beschreibt die zeitliche, inhaltliche Regelabweichung $e_{vf}(t)$, welche Eingangsgröße für den Vertrieb (Fahrplankonstruktion) ist. Innerhalb der Regeleinrichtung werden verschiedene planerische Maßnahmen[5] zur Ermittlung der Stellgröße $u_{vj}(t)$ dem veröffentlichtem Jahresfahrplan angewendet. Der veröffentlichte Jahresfahrplan ist Solltrajektorie und damit Führungsgröße $u_{vj}(t)$ der betriebsprozessvorbereitenden Disposition.

Die Differenz aus Führungsgröße und Regelgröße $y_s(t)$ dem systemtechnischen Zustand von Anlagen, Betriebsmittel und Personal beschreibt die zeitliche, inhaltliche Regelabweichung $e_{bpd}(t)$, welche Eingangsgröße für die betriebsprozessvorbereitende Disposition ist. Innerhalb der Regeleinrichtung werden verschiedene planerische Maßnahmen[6] zur Ermittlung der Stellgröße $t_{Tfpl}(s)$ dem Tagesfahrplan angewendet. Dieser ist Solltrajektorie und damit Führungsgröße der Betriebsprozessdisposition.

Die Differenz aus Führungsgröße und Regelgröße $y_{gw}(t)$ dem gegenwärtigen Betriebszustand von Anlagen, Betriebsmittel und Personal beschreibt die zeitliche, inhaltliche Regelabweichung $e_{bd}(t)$, welche Eingangsgröße für die Betriebsprozessdisposition ist. Innerhalb der Regeleinrichtung werden verschiedene planerische Maßnahmen[7] zur Ermittlung der Stellgröße $t_{Dispo}(s)$ dem Dispositionsfahrplan angewendet. Dieser ist Solltrajektorie und damit Führungsgröße der Betriebssteuerung.

Die Differenz aus Führungsgröße und Regelgröße $y_p(t)$ dem Prozesszustand von Anlagen, Betriebsmittel und Personal beschreibt die zeitliche, inhaltliche Regelabweichung $e_{bs}(t)$, welche Eingangsgröße für die Betriebssteuerung ist. Innerhalb der Regeleinrichtung werden verschiede-

---

[4]Vergleiche hierzu [DB 07], [DB 09b] sowie [Hag16].
[5]Vergleiche hierzu [Ril402.0301].
[6]Vergleiche hierzu Abschnitt 2.3 sowie Abschnitt 2.4.
[7]Vergleiche hierzu [Ril42001].

ne Maßnahmen[8] zur Ermittlung der Stellgröße $u_{bh}(t)$ den Bedienhandlungen angewendet. Diese wirken auf die Regelstrecke und damit auf die Durchführung des Eisenbahnbetriebes ein. Die Störgröße Betriebsstörung $d_{bs}(t)$ bewirkt dabei eine unerwünschte Veränderung der Regelgröße, dem behinderungsminimiertem Betriebsablauf $y_{bba}(t)$, welcher Ergebnis der Kaskadenregelung ist.

Das System des Eisenbahnbetriebes wird nach dem Stand der Technik, wie in der Abbildung 3.1 dargestellt, als Kaskadenregelung beschrieben[9]. Die Güteforderungen bzw. Entwurfsgrundsätze[10] an Kaskadenregelungen sind zum Einen, dass innere Regelkreise grundsätzlich so zu entwerfen sind, dass innere und äußere Regelkreise weitgehend unabhängig voneinander agieren. D.h. jeder Regelkreis für sich ist stabil zu entwerfen. Zum Anderen sind innere Regelkreise grundsätzlich schneller als äußere Regelkreise. Damit ist es möglich innere Regelkreise als statisches Übertragungsglied eines äußeren Regelkreises zu betrachten. Beim Entwurf eines äußeren Regelkreises können daher Eingangs-, Stör- und Ausgangsgröße eines inneren Regelkreises zu einem Blockbestandteil der äußeren Regelstrecke zusammengefasst werden. Die Stabilität eines Regelkreises lässt sich grundsätzlich über die Zustandsstabilität und Eingangs-/Ausgangsstabiltität erzielen. Die Zustandsstabilität beschreibt die Eigenschaft des Systems von einem definierten Anfangszustand zu einer definierten Gleichgewichtslage zurück zukehren. Die Eingangs-/ Ausgangsstabiltität beschreibt die Eigenschaft des Systems eine betragsbeschränkte Ausgangsgröße zu erzeugen[11]. Stabilität im Regelkreis der Unternehmensleitung wird durch die unternehmerische Fähigkeit, Veränderungen und Weiterentwicklungen im Unternehmen in einem verträglichem Maß durchzuführen, sicher gestellt[12]. Hierfür sind eine Unternehmensvision, zukunftsfähige Unternehmensstrategie, Unternehmensstruktur und Unter-

---

[8]Vergleiche hierzu [Ril408].
[9]Vergleiche hierzu [Fay99, 23f.].
[10]Vergleiche hierzu [Lun08a, 548f.].
[11]Vergleiche hierzu [Lun08a, 381].
[12]Vergleiche hierzu [Her10, 10ff.].

nehmensorganisationsform notwendig. Der Unternehmensauftrag sowie die unternehmerische Vision[13] bestimmen die Unternehmensstrategie. Sie ist Basis für alle weiteren Aktivitäten der Unternehmensführung, insbesondere der Unternehmensstruktur und -organisation. Auf Basis der Unternehmensorganisation werden formulierte Unternehmensziele umgesetzt. Die Umsetzung der Unternehmensziele wird maßgebend durch die Unternehmensführung beeinflusst[14]. Stabilität im Regelkreis des Vertriebs (Fahrplankonstruktion) wird durch die Konstruktion von robusten Fahrplänen gewährleistet[15]. Für die Bewertung der Störfestigkeit von konstruierten Fahrplänen werden Fahrplanstudien bzw. -konzepte erstellt und bewertet[16]. Sie sind Bestandteil der Lang- und Mittelfristfahrplanung, welches planerisches Bindeglied zwischen dem Bundesverkehrswegeplan (der Prognose des Verkehrsaufkommens) und dem Jahresfahrplan (bestellte Verkehrsleistungen der EVU) ist[17]. Im Rahmen der Lang- und Mittelfristfahrplanung sind die Planung und Bündelung von Baumaßnahmen mit zu berücksichtigen[18]. Insbesondere Großbaumaßnahmen beeinflussen Konstruktion und Stabilität robuster Fahrpläne. Der Zeitraum für die Erstellung von Fahrplanstudien bzw. -konzepten während der Lang- und Mittelfristfahrplanung erstreckt sich zwischen den Monaten 26 und 17 vor Beginn einer neuen Fahrplanperiode. In Vorbereitung der Jahresfahrplankonstruktion werden Fahrplanstudien bzw. -konzepte zwischen den Monaten 17 und 8 vor Beginn einer neuen Fahrplanperiode erstellt[19]. Die Konstruktion des Jahresfahrplans erfolgt zwischen den Monaten 8 und 3 vor Beginn einer neuen Fahrplanperiode[20]. Stabilität im Regelkreis der betriebsprozessvor-

---

[13]Vergleiche hierzu [Fuc12].

[14]Vergleiche hierzu [Hau10, 12f.] und [DB 09a, 20-23].

[15]Vergleiche hierzu [Pac04, 213ff.].

[16]Vergleiche hierzu die Forschungs- und Entwicklungsprojekte Makroskopische Simulation Fahrplanstabilität (MAKSI-FS) [Waa08], Trassenbörse [Wus09] sowie Fahrplanoptimierungsprogramm TAKT [Opi09].

[17]Vergleiche hierzu [Oet03], [Wei07] sowie [Sie11].

[18]Vergleiche hierzu [Hei05, 72f.] und [San08].

[19]Vergleiche hierzu [Web04, 342ff.].

[20]Vergleiche hierzu [Wei06, 847f.].

bereitenden Disposition wird mit Hilfe des Verfahrens Konzeptschätzung unter anderem für Baumaßnahmen der unterjährigen Baubetriebsplanung gewährleistet[21]. Das Zeitverhalten zur Erstellung des Tagesfahrplans wird im Abschnitt 2.4 beschrieben. Stabilität im Regelkreis der Betriebsprozessdisposition wird bei Abweichungen vom Regelbetriebsablauf sowie im Störungsfall durch die Anzahl und Einwirkungen realisierter Dispositionsentscheidungen maßgebend beeinflusst. Die Pünktlichkeit ist hierbei Gradmesser der durch die Dispositionsentscheidungen verbesserten Betriebsqualität[22]. Abhängig vom Störungsausmaß werden besondere Maßnahmen zur Weiterführung oder Wiederaufnahme des Eisenbahnverkehrs eingeleitet. Diese haben Vorrang vor allen betrieblichen und verkehrlichen Entscheidungen[23]. Darüber hinaus ist eine stabile Regelung im Rahmen der Betriebsprozessdisposition an den Nachweis der Deadlockfreiheit gekoppelt[24]. Das Zeitverhalten der Betriebsprozessdisposition wird im Abschnitt 3.3 erläutert. Stabilität im Regelkreis der Betriebssteuerung ist an eine sichere Durchführung von Zug- und Rangierfahrten unter Einhaltung des Regelwerke[25] gebunden. Die im Rahmen der Betriebssteuerung vorzunehmenden Bedienhandlungen sind grundlegender Bestandteil des Eisenbahnbetriebs. Sie sind vom Fahrdienstleiter während des Betriebsablaufs rechtzeitig auszuführen. Das beschriebene Zeitverhalten der in Abbildung 3.1 dargestellten Kaskadenregelung zeigt für innere Regelkreise ein schnellere Eingabe-/Ausgabeverhalten als für äußere Regelkreise. Somit ist es möglich, die Regelkreise innerhalb der dargestellten Kaskadenregelung eigenständig und ohne zeitabhängige Wechselbeziehungen untereinander zu betrachten. Dieses Vorgehen wird bereits heute praktisch gelebt, jedoch je Regelkreis mit unterschiedlich stark ausgeprägter Rückkopplung.

---

[21] Vergleiche hierzu [San08, 724f.] und [Pie08, 7].

[22] Vergleiche hierzu [Ril42001, 420.0105, S.5].

[23] Vergleiche hierzu [Ril42001, 420.0110].

[24] Vergleiche hierzu [Mar95, 4-15], [Pac07] und [Cui10].

[25] Vergleiche hierzu [Ril408] sowie Abschnitt 2.4.

3.2. Die Betriebsprozessdisposition (Zuglenker/ Zugdisponent) als teilautomatischer Regelkreis

Die Betriebsprozessdisposition lässt sich aus dem Blickwinkel der Regelungstechnik detaillierter beschreiben[26]. In der Abbildung 3.2 ist ein Reglerentwurf[27] für die Zugdisposition innerhalb der regionalen Bereichsdisposition dargestellt.

Neben dem Regler selbst sind vor- und nachbereitende Funktionalitäten Bestandteil des Regelkreises. Vorbereitend sind die eingehenden Daten des Tagesfahrplans, der dispositiven Vorgaben aus der über- bzw. regionalen Bereichsdisposition sowie der gegenwärtige Betriebszustand für die anschließende Regelung aufzubereiten.

Die Daten des gegenwärtigen Betriebszustandes werden mit Hilfe eines Beobachters vervollständigt. Der Beobachter nutzt für die Zustandsrekonstruktion auf die Regelstrecke wirkende Stellgrößen und die gemessenen Regelgrößen. Das Regelgesetz wird auf Basis des Schätzwertes anstelle des wahren Zustands realisiert. Die beiden Zustände der Regelstrecke und des Beobachters entwickeln sich infolge von Störgrößen und Modellungenauigkeiten auseinander. Um dies zu verhindern, wird der interne Zustand des Beobachters aufgrund eines Vergleichs zwischen der vom Beobachter produzierten Ausgangsgröße und der gemessenen Ausgangsgröße korrigiert[28].

Die Ergebnisdaten des Beobachters sind Schätzwerte, die mit dem aktuellen Stand der gemessenen Informationen konsistent sind. Er erhält vom Lösungspuffer ein Duplikat der Stellinformation. Mit dieser Information erkennt der Beobachter für jeden Zug die zur Einstellung in Auftrag gegebenen Fahrstraßen ohne interne Simulation. Der Beobachter schätzt des Weiteren den Zugstandort mit Hilfe von Informationen über die Fortschaltung von Zügen.

---

[26]Vergleiche hierzu [Fay99] bzw. darauf aufbauend [Hla02].
[27]Vergleiche hierzu [Hla02].
[28]Vergleiche hierzu [Lue64] bzw. [Lun08b, 355].

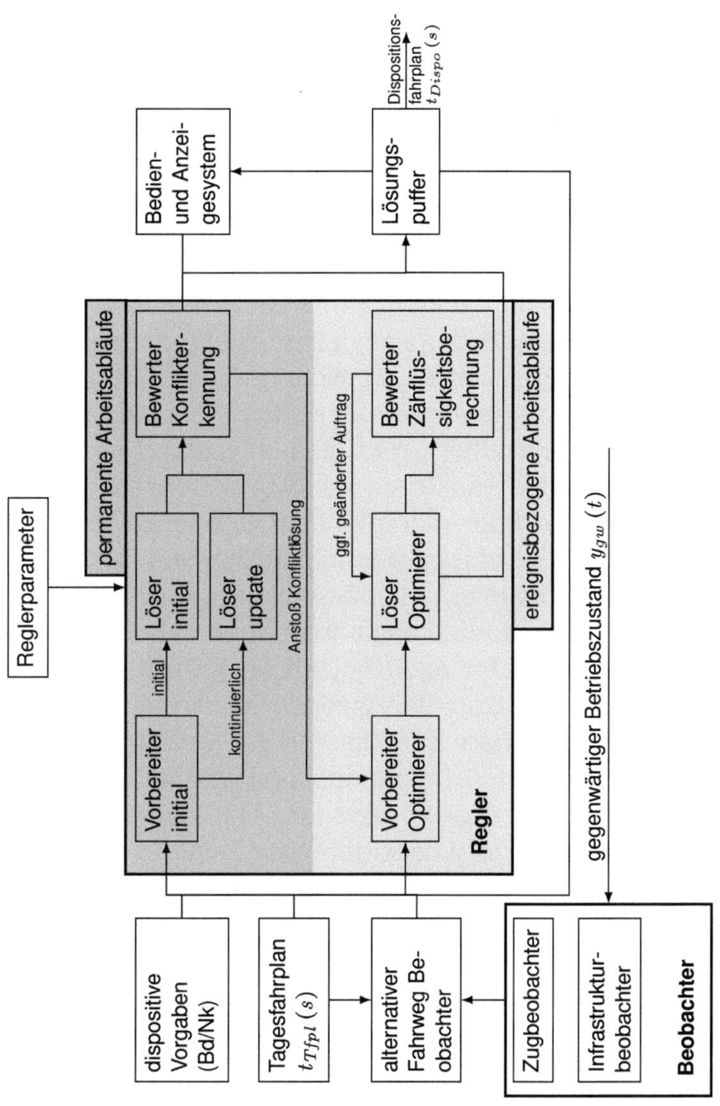

Abbildung 3.2.: Regelkreis Betriebsprozessdisposition für Zuglenker/ Zugdisponent [Hla02, 55,57,71]

Die genannten Aufgaben werden von je einem Teilbeobachter bearbeitet. Der Infrastrukturbeobachter kümmert sich um den Systemteil der Infrastruktur, während der Zugbeobachter den Zugzustand vorrätig hält. Der Beobachter erstellt auf Anfrage eine Zustandsschätzung der Infrastruktur und Züge. Durch Kombination der erhaltenen Informationen entsteht ein Gesamtzustand. Dieser wird an den Fahrwegbeobachter weitergegeben. Die Aufgabe des Fahrwegbeobachters besteht darin, alternative Fahrwege je Zugfahrt auf Grundlage der im Tagesfahrplan vorgegebenen Zielorte im planmäßigen Fahrweg zu identifizieren sowie diese auf Zulässigkeit gemäß dem aktuellen Zustand der Infrastruktur zu prüfen[29]. Der Regler greift im Wesentlichen auf den Tagesfahrplan (aus der betriebsprozessvorbereitenden Disposition), die momentan aktive Lösung (aus dem Lösungspuffer), den Gesamtzustand inklusive alternativer Fahrwege je Zugfahrt (aus dem Fahrwegbeobachter) sowie dispositive Vorgaben (aus der über- / -regionalen Bereichsdisposition) als Datengrundlage zurück. Er bearbeitet grundsätzlich drei Aufgaben. In einem ersten Schritt werden die Informationen aufbereitet, und zu einem Auftrag zusammengefasst. Zur Informationsaufbereitung gehören zulässige alternative Fahrwege je Zugfahrt nach objektiven Kritierien einzuschränken, Ankunfts-, Abfahrts- und Durchfahrtszeiten für die aktuelle und nachfolgende Fahrstraße berechnen, Kombination der k-maßgebenden alternativen Fahrwege je Zugfahrt[30], Belegungskonfliktsituationen erkennen und Datenübergabe an den Löser vorbereiten. Der Auftrag wird danach an einen Löser übergeben. Der Löser berechnet einen Lösungsverlauf. Die Lösungsberechnung ist Kernstück der Disposition. Die Art und Weise der Lösungsmechanismen z. B. Dispositionsverfahren der empirischen, heuristischen oder stochastischen Methoden lassen sich im Löser integrieren, wenn in den Vorbereitern die dafür notwendigen Informationen bereitgestellt werden[31]. Das Modulkonzept des Regelkreises Betriebsprozessdis-

---

[29]Vergleiche hierzu [Hla02, 57ff.].

[30]Vergleiche hierzu [Dan08] sowie [Pet07].

[31]Im Rahmen der Studienarbeiten [Sch02], [Hla02], der Master's Thesis [Cui05], im Studienprojekt Marian 3 [Dan08] und [Cui10] wurden der Regleransatz sowie die Theorie

position ist somit weitgehend unabhängig vom eigentlichen Dispositionsverfahren. Der Initial-Löser dient in erster Linie einer initialen Berechnung eines Lösungsverlaufes. Dies ist gleichbedeutend mit der Erstableitung des Dispositions- und Prognosefahrplans. Er berechnet für jeden Zug die Abfahrt-, Ankunfts- und Durchfahrtszeiten an allen Laufweg- bzw. Trassenpunkten des planmäßigen Fahrweges. Dabei ignoriert dieser die Wechselwirkungen zwischen Zügen, und betrachtet diese getrennt voneinander. Der berechnete Lösungsverlauf ist gegebenenfalls konfliktbehalftet. Der Update-Löser bezieht im Gegensatz zum Initial-Löser die momentan aktive Lösung, die damit getroffenen Vorrangentscheidungen und auch neu im System fahrende Züge in die Berechnung des Lösungsverlaufes mit ein. Er ignoriert dabei ebenfalls Wechselwirkungen zwischen Zügen, und betrachtet diese getrennt voneinander. Damit ist der berechnete Lösungsverlauf gegebenenfalls konfliktbehalftet. Die Lösungsverläufe des Initial- und Update-Lösers werden über die Konflikterkennung bewertet. Diese erkennt im Rahmen der dispositiven Verantwortung des Zugdisponenten bzw. Zuglenkers Belegungskonflikte für einen SDB. Die hierfür notwendige Analyse des Lösungsverlaufes erfolgt besonders nach Kriterien, die gegebenenfalls in den Lösungsvorgang nicht eingegangen sind. Werden keine Konflikte erkannt, so wird der berechnete Lösungsverlauf direkt an den Lösungspuffer weiter gegeben. Anderfalls erfolgt eine Datenweitergabe an den Vorbereiter für den Optimierer-Löser. Dieser ermittelt einen möglichst optimalen Lösungsverlauf. Er berücksichtigt bei der Berechnung die Wechselbeziehungen zwischen den Zügen und außerdem die Möglichkeit der alternativen Fahrwegwahl. Er produziert mit Hilfe des hinterlegten Dispositionsverfahrens konfliktfreie Lösungsverläufe unter Berücksichtigung von dispositiven Vorgaben der regionalen bzw. überregionalen Bereichsdisposition. Der Lösungsverlauf des Optimierer-Lösers wird über den Zähflüssigkeitsbewerter hinsichtlich der betrieblichen Zähflüssigkeit[32]

(Disposition mit Hilfe der linearen Optimierung) von [Mar95] angewendet und weiterentwickelt.

[32]Die Zähflüssigkeit des Betriebes lässt sich in Form von Zugfolgeverspätungsminuten pro Zugfolgeabschnitt beschreiben. Vergleiche hierzu [Mar95, 2-43ff.].

beurteilt. Diese Analyse des Lösungsverlaufes hat gegebenenfalls einen geänderten Auftrag für den Optimierer zur Folge. Die anschließende erneute Berechnung des Lösungsverlaufes erfolgt nach der Konzessionsmethode[33] nach weiteren Zielfunktionen. Der so berechnete Lösungsverlauf wird ohne weitere Bewertungsschritte anschließend an den Lösungspuffer übergeben. In diesem werden je Löser der aktuelle und aktive Lösungsverlauf verwaltet. Mit Hilfe des Bedien- und Anzeigesystems kann sich der Zugdisponent bzw. Zuglenker über die berechneten Lösungsverläufe und deren Kennzahlen informieren und einen Lösungsverlauf gültig schalten. Innerhalb der beschriebenen Löser wird der direkt umzusetzende Lösungsverlauf für ein relativ kurzes Zeitintervall berechnet. Der umzusetzende Lösungsverlauf beinhaltet in der Regel die unmittelbar einzustellenden Fahrstraßen sowie die dispositiv getroffenen Reihenfolgeentscheidungen zwischen den betrachteten Zugfahrten. Zur Entscheidungsfindung ist jedoch das zukünftig prognostizierte Systemverhalten über einen längeren Zeitraum genauso wie der zeitliche Verlauf der Führungsgröße[34] mit einzubeziehen. Auf Grundlage des vorhergesagten Systemverhaltens wird der unmittelbar bevorstehende Steuereingriff mit Hilfe eines Gütekriteriums[35] und dessen Optimum bestimmt. Mit fortschreitender Zeit verschieben sich die Zeitintervalle[36], so dass die Steuerung ständig bzw. in gewissen Abständen neu berechnet werden muss. Aufgrund unvorhersehbarer Störungen werden je Zeitschritt modifizierte Stelleingriffe als Ergebnis berechnet[37]. Verfahren dieser Art werden in der Regelungstechnik unter den

---

[33] Die Konzessionsmethode berücksichtigt einen Optimierungsspielraum für mehrere Zielfunktionen, die stufenweise angewendet werden. Vergleiche hierzu [Due79] bzw. [Hla02, 27f.].

[34] Als Führungsgröße der Betriebsprozessdisposition ist der tagesaktuelle Fahrplan definiert. Vergleiche hierzu Abbildung 3.1.

[35] Das Gütekriterium beinhaltet die Dispositionsziele im Kontext der Resultatsverantwortung für die betrachtete Hierachieebene der Betriebsprozessdisposition. Vergleiche hierzu [Mar95, 2-38f.].

[36] Die Zeitintervalle sind die des unmittelbar bevorstehende Steuereingriffs, des Verlaufs der Führungsgröße und des vorhergesagten Systemverlaufs.

[37] Vergleiche hierzu [Lun08a, 538f.].

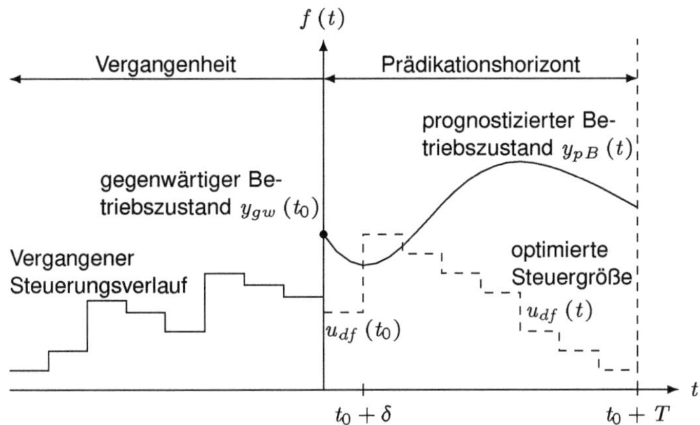

Abbildung 3.3.: Betriebsprozessdisposition nach dem Prinzip der prädiktiven Regelung [Soe90]

Begriff der Modellprädiktiven Regelungen[38] zusammengefasst und besonders bei zeitdiskreten Systemen mit langsamer Dynamik angewendet[39]. Die Zeitkonstanten im Eisenbahnbetrieb liegen gewöhnlich im Minutenbereich und erfüllen diese Forderung. Je Zeitschritt wird somit eine optimale Stellgröße für eine feste Anzahl von zukünftigen Zeitschritten berechnet. Wie in der Abbildung 3.3 dargestellt, wird für den Zeitpunkt x_0 bis zum Prädikationshorizont[40] $x_0 + T$ der Betriebszustand $y_{pB}(t)$ und darauf aufbauend die optimale Steuergröße $u_{df}(t)$ prognostiziert. Die berechnete Steuergröße $u_{df}(t_0)$ wird für den Zeitschritt $x_0 + \delta$ umgesetzt. Der Dispositionsfahrplan $t_{Dispo}(s)$ ist Bestandteil der Steuergröße.

Im nächsten Zeitzyklus wird das Optimierungsproblem mit aktualisierten Daten neu formuliert und gelöst. Notwendige Voraussetzungen für die prädiktive Regelung sind die Kenntnis über den gegenwärtigen System- bzw.

---

[38]Alternative Bezeichnungen in der Literatur sind Model Predictive Control (MPC), Moving Horizon Control (MHC) bzw. Receding Horizon Control (RHC).
[39]Vergleiche hierzu [Lun08a, 539].
[40]Der Prädikationshorizont entspricht dem Prognosehorizont t_{Ph}.

Betriebszustand. Lässt sich dieser nicht messen, so müssen Beobachter den aktuellen Zustand schätzen, sowie ein hinreichend genaues Modell, dass die interne Systemdynamik des zu regelnden Systems berücksichtigt. Wichtige Parameter für die prädiktive Regelung sind die durchaus unterschiedlichen Zeitintervalle des eigentlichen Optimierungszyklus und in dem der Beobachter die Regelstrecke abtastet. Das Zusammenwirken dieser beiden Zeitkonstanten hat entscheidenden Einfluss auf die Fähigkeit der so konstruierten Regelung, instabile Systeme zu stabilisieren und Modellunsicherheiten zu kompensieren. Der Stabilitätsnachweis insbesondere nichtlinearer Systeme unter der Berücksichtigung von Modellunsicherheiten der Regelstrecke stellt den aktuellen Forschungsgegenstand innerhalb der Regelungstechnik dar[41]. Der Stand der wissenschaftlichen Arbeiten[42] zeigen, dass für die praktische Anwendung (teil-)automatischer Regelungssysteme im Rahmen der Betriebsprozessdisposition weiterer Forschungsbedarf besteht.

3.3. Die Betriebsleitung (Zuglenker/ Zugdisponent) als bedienergeführter Regelkreis

Die Arbeitsabläufe des Reglers, wie in der Abbildung 3.2 dargestellt, lassen sich in permanente und ereignisbezogene Arbeitsabläufe unterteilen[43]. Dies entspricht weitestgehend dem Stand der Technik innerhalb der Zugdisposition. Eine derartige Einteilung ist charakteristisch für Mensch-Maschine-Systeme insbesondere auch bei der Zugdisposition[44]. Prinzipiell lassen sich vom Mensch als Bediener geführte Regelungssysteme gemäß Abbildung 3.4 darstellen.

Der Bediener, im betrachteten Fall der Zudisponent/ Zuglenker, überwacht den Produktionsprozess permanent und passt diesen im Rahmen

---

[41]Vergleiche hierzu [Hla02, 19ff.] bzw. [Lun08a, 552f.].
[42]Vergleiche hierzu [Cui05], [Dan08] und [Cui10].
[43]Vergleiche hierzu die Abbildung 3.5, Abbildung 3.6 sowie Abbildung 3.7.
[44]Vergleiche hierzu [Joh93, 84f.].

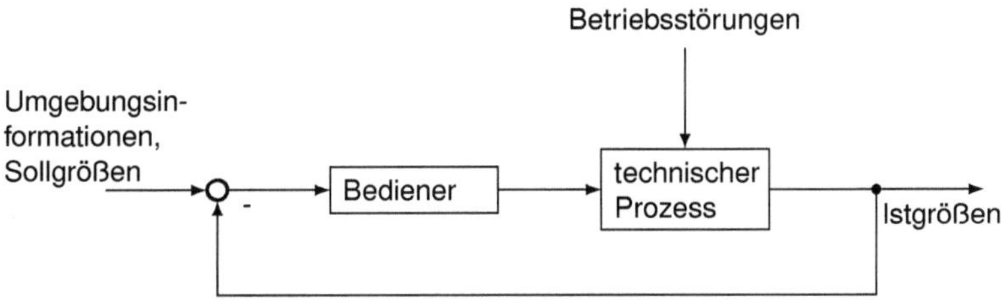

Abbildung 3.4.: Regelkreis Mensch-Maschine-System nach [Fay99, 22]

seiner Zuständigkeit gegebenenfalls an. Hierfür nimmt er Umgebungsinformationen und Sollgrößen des Produktionsprozesses, die ihm aus den unterstützenden Systemen zur Verfügung stehen, auf und verarbeitet diese. Er erzeugt Handlungen oder Handlungsanweisungen die als Stellgrößen den Produktionsprozess unmittelbar beeinflussen.

Die permanenten Arbeitsabläufe des Zugdisponenten/ Zuglenkers sind grundsätzlich Überwachungs- bzw. Kontrolltätigkeiten. Hierzu erfasst er Abweichungen zwischen Soll- und Istgrößen bzw. zwischen Soll- und prognostizierten Größen. Aus den Abweichungen leitet er notwendige Korrekturhandlungen ab.

Die ereignisbezogenen Arbeitsabläufe sind in der Regel problemlösungsorientiert. Diese beanspruchen den Zugdisponenten/ Zuglenker auf einer höheren mentalen Ebene. Hierzu ist es notwendig die Eingangsinformationen genauer zu interpretieren und zu abstrahieren. Mit Hilfe von gespeichertem Wissen werden diese abstrahierten Probleme gelöst und notwendige Korrekturhandlungen erzeugt. Neben dem operativen Betriebs- und Handlungswissen, dies beinhaltet auch praktisches Gebrauchswissen, ist für die Problemlösungstätigkeiten technisch-wissenschaftliches Funktionswissen erforderlich[45].

„...Es ist wichtig festzustellen, dass mit gutem technisch-wissenschaftlichem Funktionswissen häufig noch nicht die Vor-

---

[45]Vergleiche hierzu [Fay99, 22].

aussetzungen für das praktische Führen eines technischen Systems gegeben sind. Andererseits braucht ein Bediener mit gutem praktischen Gebrauchswissen häufig nur über einen relativ geringen Anteil zusätzlichen technisch-wissenschaftlichen Funktionswissens zu verfügen, um ein technisches System wirkungsvoll fahren zu können." [Joh93, 7]

(Ebene 0): Arbeitsabläufe der dispositiven Tätigkeit durchführen. [a, b]

{0.} : Permanente Arbeitsabläufe der dispositiven Tätigkeit durchführen.	
{1.} : Ereignisbezogene Arbeitsabläufe der dispositiven Tätigkeit durchführen.	

[a]{0.} : Siehe Abbildung 3.6.
[b]{1.} : Siehe Abbildung 3.7.

Abbildung 3.5.: (Ebene 0) Arbeitsabläufe im Grundmodell dispositiver Tätigkeit der Betriebsleitstellendienst durchführen [Her95].

In der Abbildung 3.5 sind permanente und ereignisbezogene Arbeitsabläufe in einem Ablauf dargestellt.

Die permanenten Arbeitsabläufe sind in ihrer Grundstruktur, wie in der Abbildung 3.6 aufgezeigt, weiter unterteilt. Sie gliedern sich in Tätigkeiten zur Überwachung des gegenwärtigen und zukünftig erwarteten Betriebsablaufs sowie Wahrnehmung von Störungen und Unregelmäßigkeiten im Betriebsablauf. Die Betriebssituation bzw. der Betriebsablauf lässt sich zwischen Normal- und Störsituationen bzw. zwischen Regel- und Störbetrieb unterscheiden. Im Regelbetrieb fallen überwiegend Kontrolltätigkeiten an, in Störsituationen vor allem Problemlösungstätigkeiten. Für die Unterstützung des Bedieners bei der Problemlösung besonders in Störsi-

{0.} [a] Unterprogramm (Ebene 1): Permanente Arbeitsabläufe der dispositiven Tätigkeit durchführen

		{0.2.} : Den gegenwärtigen und zukünftig erwarteten Betriebsablauf überwachen.	
		{0.3.} : Störungen und Unregelmäßigkeiten im Betriebsablauf wahrnehmen.	
	{0.1.} : Anzahl der Konflikte ≤ 0		
	{0.4.} : Informationen über Konflikt(e) speichern.		
{0.0.} : Konflikt(e) $\neq$ kritisch			

[a]{0.} : Siehe Abbildung 3.5.

Abbildung 3.6.: Permanente Arbeitsabläufe im Grundmodell dispositiver Tätigkeit der Betriebsleitstellendienst durchführen [Her95].

tuationen werden bevorzugt Unterstützungssysteme eingesetzt[46].

Die Ursachen für Abweichungen im geplanten Betriebsabauf sind zum Einen Einschränkungen der Verfügbarkeit und Zuverlässigkeit von Ressourcen (Anlagen, Betriebsmittel und Personal) und zum Anderen menschliche Fehlhandlungen, Planungsfehler sowie kurzfristige Planänderungen. Die Gründe für zeitliche Abweichungen vom Regelbetrieb und damit die Merkmalsausprägungen der jeweiligen betrieblichen Situation, die zur Urverspätung führt, sind sehr vielfältig. Sie werden mit Hilfe von Verspätungsbegründungen[47] kategorisiert.

Grundsätzlich werden Abweichungen vom Regelbetrieb während der Durchführung und Überwachung der operativen Betriebsprozesse im Eisenbahnbetrieb offenbart. Die hieraus resultierenden Urverspätungen werden als Fahrplankonflikte definiert[48].

---

[46]Vergleiche hierzu [Fay99, 22f.] sowie Abschnitt 2.4.

[47]Die Kodierungsliste der Verspätungsbegründungen nach [Ril42001, 420.9001] beinhaltet Kategorien für Ur- und Folgeverspätungen.

[48]In [Sch04, 18ff.] erfolgt eine weitere Strukturierung der Ursachen eines Fahrplankonfliktes in Verfügbarkeits-, Verhaltenskonflikt und technischer Konflikt. Diese begriffliche

Aus Fahrplankonflikten können im Bahnbetrieb weitere verschiedene Konflikte entstehen. Hierzu zählen nach Belegungs-, Umlauf- und Anschlusskonflikte. Belegungskonflikte lassen sich noch weiter in Fahrstraßen- bzw. Fahrwegkonflikte, Belegungskonflikte am planmäßigen Zielort sowie Deadlock-Konflikte unterteilen. Umlaufkonflikte werden als Anschlusskonflikte mit unbedingtem Übergang von Betriebsmitteln und Personal beschrieben. Des Weiteren wird die Struktur der Konflikte im Bahnbetrieb durch die Kategorie der Dispositionskonflikte ergänzt. In den unterschiedlichen Dispositionshierarchien werden alternative Konfliktlösungen erarbeitet. Diese führen gegebenenfalls zu weiteren Konflikten im Bahnbetrieb. Die Konfliktlösung der höchsten Ebene der Betriebsleitung ist in diesem Fall maßgebend[49].

So lange der Bediener keine Konflikte erkennt, werden die permanenten Arbeitsabläufe wiederholt. Kann der Zugdisponent einen Konflikt identifizieren, überprüft er abhängig von der Güte der gegenwärtig erkannten Betriebssituation sowie der Prognose das wahrscheinliche Eintreten des Konfliktes. Wenn der Konflikt nicht kritisch ist, so wird die Information über diesen Konflikt gespeichert bzw. aufgenommen. Bewertet er hingegen den erkannten Konflikt als kritisch, so wechselt der Bediener in die ereignisbezogenen Arbeitsabläufe, wie in der Abbildung 3.7 dargestellt.

Während der Überwachung des gegenwärtigen und zukünftig erwarteten Betriebsablaufes beobachtet der Zugdisponent/ Zuglenker die prognostizierten Zugläufe genau bis $+10$ Minuten nach der Istzeit. Ab ca. $+10$ Minuten bis ca. $+20$ Minuten nach der Istzeit schätzt der Zugdisponent/ Zuglenker die Zugfolge aufgrund seiner Erfahrung ab. Er geht in seiner Schätzung davon aus, dass jeder Triebfahrzeugführer die kürzeste bzw. planmäßige Fahrzeit anstrebt. Ab ca. $+20$ Minuten bis ca. $+60$ Minuten nach der Istzeit beobachtet der Zugdisponent/ Zuglenker den Zulauf für seinen SDB überschlägig. Die Prognose des Zulaufs wird dabei mit kür-

---

Strukturierung wird innerhalb dieser Arbeit nicht verwendet. Stattdessen werden die Ursachen für Fahrplankonflikte in verfügbarkeits-, verhaltensbedingte und technisch bedingte Fahrplanabweichungen unterteilt.

[49]Vergleiche hierzu [Mar95, 2-33ff.].

zester bzw. planmäßiger Fahrzeit berechnet.

{1.} [a] Unterprogramm (Ebene 1): Ereignisbezogene Arbeitssabläufe der dispositiven Tätigkeit durchführen

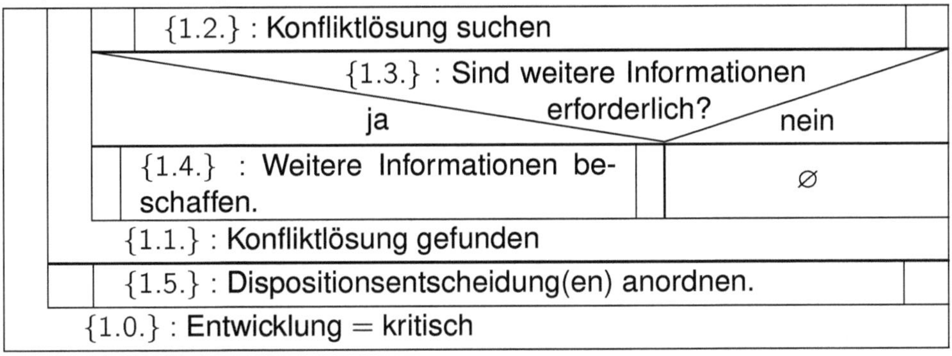

{1.2.} : Konfliktlösung suchen
{1.3.} : Sind weitere Informationen erforderlich?   ja   nein
{1.4.} : Weitere Informationen beschaffen. $\varnothing$
{1.1.} : Konfliktlösung gefunden
{1.5.} : Dispositionsentscheidung(en) anordnen.
{1.0.} : Entwicklung = kritisch

[a]{1.} : Siehe Abbildung 3.6.

Abbildung 3.7.: Ereignisbezogene Arbeitsabläufe im Grundmodell dispositiver Tätigkeit der Betriebsleitstellendienst durchführen [Her95].

Innerhalb der ereignisbezogenen Arbeitsabläufe sucht der Bediener zunächst nach einer Konfliktlösung. Werden hierfür weitere Informationen benötigt, so werden diese vom Bediener so lange beschafft, bis eine Konfliktlösung erarbeitet werden konnte, die den gegenwärtigen und zukünftig eintretenden betrieblichen Umständen Rechnung trägt.

Bei kurzfristigen Dispositionsentscheidungen muss der Zugdisponent im Telefongespräch mit dem verantwortlichen Fahrdienstleiter sicherstellen, dass sich die gewünschte Dispositionsentscheidung zeitlich noch realisieren lässt. Durch Mangel an Informationen bzgl. Störungen oder Bauarbeiten an der Eisenbahninfrastruktur, Rangierverkehr oder bereits durch den Selbstellbetrieb eingelaufene Fahrstrassen lassen sich Dispositionsentscheidungen oftmals nicht wie gewünscht realisieren. Weitere Informationen zur Lösung von Belegungskonflikten können sein (Auswahl):

- Ausrüstung des Triebfahrzeuges mit/ ohne Endgerät für die Linienförmige Zugbeeinflussung (LZB)

- Durchschnitts- bzw. Höchstgeschwindigkeit der zu disponierenden Züge

- Länge, Gewicht und Bespannung der zu disponierenden Züge bei Wahl eines Überholungshaltes

- nutzbare, freie Überholungshalte im Laufweg der zu disponierenden Züge

- Mindestzugfolgezeit bei Wahl des Überholungshaltes

- vorausichtliche Zusatzverspätung der zu disponierenden Züge für eine bestimmte Konfliktlösung

- Streckenauslastung

- Weiterer Laufweg der zu disponierenden Züge (zeitkritische Zugkreuzungen auf eingleisigen Strecken)

Für die Lösung eines Konfliktes wählt der Bediener eine akzeptable Konfliktlösung aus ggf. mehreren Alternativen aus und realisiert diese. Der Zugdisponent/ Zuglenker ordnet die Dispositionsentscheidung im Zeitraum von +1 bis +10 Minuten nach der Istzeit dem Fahrdienst gegenüber an. Die minimale, zeitliche Beschränkung gegenüber der Istzeit von +1 Minute ist dem Selbststellbetrieb der Zuglenkung geschuldet. Die maximale, zeitliche Beschränkung von +10 Minuten hängt zum Einen von der Prognosequalität und zum Anderen von der Aufnahmefähigkeit[50] des Fahrdienstes ab. Des Weiteren informiert der Zugdisponent/ Zuglenker die Triebfahrzeugführer der beteiligten Züge, und erteilt Anweisungen zur dispositiven Geschwindigkeit, die Teil der Konfliktlösung sind.

---

[50]Die Anzahl und Vielfalt der unmittelbar umzusetzenden Aufgaben im Fahrdienst stellt für mehr als +10 Minuten eine Unter- oder Überlastung des Fahrdienstes dar. So dass die Umsetzung unter Umständen nicht zum richtigen Zeitpunkt erfolgt.

4. Weiterentwicklung der bedienergeführten Regelung

In diesem Kapitel werden die Weiterentwicklungen der bedienergeführten Regelung innerhalb der Betriebsprozessdisposition beschrieben. Zunächst wird im Abschnitt 4.1 der Stand der Anwendungen wiedergegeben. Darauf aufbauend werden im nächsten Abschnitt die derzeit offenen Fragen zum dem Stand der Technik sowie die Zielstellung dieser Weiterentwicklung dargelegt. Im Abschnitt 4.3 werden die notwendigen Modifikationen gegenüber dem Stand der Technik erläutert. Die sich aus den geschilderten Veränderungen ergebenden Schlussfolgerungen sowie ein Ausblick sind Thema des letzten Abschnitts.

4.1. Stand der Anwendungen

Auf Grundlage der in Abschnitt 2.4 erläuterten gegenwärtigen, operativen Betriebsleitung (Disposition) in Deutschland wird nachfolgend der Stand der Anwendungen für die Ermittlung und Übertragung von dispositiven Geschwindigkeiten wiedergegeben. Diese Vorgehensweise ist notwendig, damit im nächsten Schritt offene Fragestellungen der heutigen Anwendungen aufgezeigt werden können. Die Übertragung von dispositiven Geschwindigkeiten war unter dem Begriff Signale für Zugpersonal über viele Jahre Bestandteil der Eisenbahn-Signalordnung (ESO)[1]. Die Signale für Zugpersonal wurden in der Regel vom zuständigen Fahrdienstleiter oder Zugdisponenten ermittelt und fernmündlich übertragen. Bereits frühzeitig gab es neben der fernmündlichen auch Übertragsmöglichkeiten per

---

[1] Vergleiche hierzu [Deu89, 92ff.].

Zugfunk[2]. Eine maßgebende Weiterentwicklung der Ermittlung und Übertragung netzbezogener dispositiver Geschwindigkeitsvorgaben erfolgte in Deutschland erst mit der Realisierung der Projekte DisKon und ZLR[3]. Diese im deutschen Eisenbahnbetrieb durchgeführten Projekte und Entwicklungsschritte repräsentieren den Stand der Wissenschaft.

Zwischenzeitlich wurden mit den Patent EP 1 754644 B1[4] sowie dem System RouteLint[5] zugbezogene Informationssysteme weiter entwickelt. In den beiden genannten Systemen werden unterschiedliche Ansätze zur betrieblich angepassten Fahrweise einzelner Züge verfolgt.

In der Japanischen Patentschrift EP 1 754644 B1 wird beispielsweise das Freifahren einer Weiche im Überholbahnhof des vorausfahrenden Zuges durch eine infrastrukturseitige Einrichtung geschätzt und an den nachfahrenden Zug mit Hilfe von Balisen übertragen. Durch Auswahl einer vorher berechneten Fahrschaulinie[6] wird die Fahrweise des nachfahrenden Zuges angepasst, so dass dieser den Engpass wenn möglich ohne außerplanmäßigen Halt oder Stutzen passieren kann. Die Fahrschaulinien sind als Datengrundlage in den fahrzeugseitigen Einrichtungen abgespeichert. Dieses System wird im japanischen Hochgeschwindigkeitsverkehr eingesetzt. Dieser Lösungsansatz ist grundsätzlich für spezielle Infrastrukturengpässe und homogene Betriebsprogramme geeignet.

Mit dem Informationssystem RouteLint werden zusätzliche Informationen wie beispielsweise Verspätungen, eingestellte Fahrwege, Infrastrukturstörungen und Zugpositionen an die beteiligten Personen, insbesondere Triebfahrzeugführer und Fahrdienstleiter, gleichmäßig automatisiert elektronisch verteilt. Es werden damit Informationsdefizite abgebaut, was zweifelsohne für einen verbesserten Betriebsablauf sorgt. Zuggeschwindigkeiten werden über RouteLint nicht übertragen oder angezeigt.

Mit dem Leitsystem „Automatic Functions (AF) Lötschberg[7]" werden

---

[2]Vergleiche hierzu [Ril479/3, 6].
[3]Vergleiche hierzu [Sch04], [Oet08a] bzw. [Oet08b].
[4]Vergleiche hierzu [Kat04].
[5]Vergleiche hierzu [Alb07] und [Alb11].
[6]Eine Fahrschaulinie ist eine Abfolge von definierten Fahrzuständen.
[7]Vergleiche hierzu [Mon09] sowie [Meh10].

für eine spezielle Infrastruktur und definierte Konfliktsituationen mit einem Zwangspunkt[8] Geschwindigkeitsvorgaben für einen Zug berechnet. Diese Vorgaben werden auf das ETCS Boardgerät des betreffenden Zuges turnusmäßig versendet. Die Geschwindigkeitsvorgaben werden analog zu den Simulationsalgorithmen von OpenTrack berechnet[9]. Die synchrone Simulationsrechnung in OpenTrack kann Geschwindigkeitsvorgaben für einen Zielpunkt in einer bestimmten Entfernung berechnen. Diese Verfahrensweise wird für das genannte Leitsystem verwendet. Eine Berücksichtigung von mehreren Zielpunkten bzw. mehreren Zügen ist innerhalb dieser Anwendung nicht vorgesehen.

Die letzte relevante Anwendung zur Ermittlung und Übertragung netzbezogener dispositiver Geschwindigkeitsvorgaben wurde im Projekt Puls 90 der Schweizerischen Bundesbahn entwickelt. Der Ansatz für Puls 90 beruht darauf, Mindestzugfolgepufferzeiten in Knotenbahnhöfen auf nahe $0s$ zu reduzieren. Darüber hinaus sollte unter Anwendung von leistungsfähigen Systemen zur Zugfolgeregelung insbesondere in Knotenbahnhöfen die vorhandene Kapazität besser ausgenutzt werden. Die Ein- und Ausbruchszeiten für Züge in Knotenbahnhöfen wurden über absolute Zeitfenster realisiert. Eine Zugfahrt zwischen benachbarten Knotenbahnhöfen wurde als zugbezogene Optimierungsaufgabe gelöst. Dabei bildeten die Aus- und Einfahrt der Knotenbahnhöfe sowie die behinderungsfreie Fahrt innerhalb der Strecke Zwangspunkte. Die Untersuchungen für dieses Projekt erfolgten über OpenTrack[10]. Die Berücksichtigung mehrerer Zwangspunkte bei der Berechnung dispositiver Geschwindigkeiten erfolgte durch manuelle Steuerung der Eingabeparameter[11]. Der gewählte Ansatz im Projekt Puls 90 ist auf die Erfordernisse des taktgeprägten Eisenbahnbetriebes in der Schweiz abgestimmt. Eine Adaption auf den deutschen Eisenbahnbetrieb ist für Teilaspekte möglich[12]. Der ge-

---

[8]Zwangspunkte sind in der betrachteten Infrastruktur Ein- oder Ausfädelung eines längeren eingleisigen Streckenabschnittes.

[9]Vergleiche hierzu [Hue01] sowie [Mon09, 43].

[10]Vergleiche hierzu [Lau07] und [Lue09].

[11]Vergleiche hierzu [Hue01, 71f.] und [Lue09, 164].

[12]Z.B. wurde im Rahmen des Projektes Puls 90 die Thematik Oszillation von Zugfahr-

wählte Ansatz wird auch in der Schweiz nicht weiter verfolgt. Das Projekt Puls 90 wurde mittlerweile eingestellt. Seit April 2009 setzt die Betriebsführung der SBB Infrastruktur das Rail Control System Disposition (RCS-D) ein. Dieses Dispositionssystem schafft Informationsparität zwischen den Beteiligten der Betriebsführung. Des Weiteren disponiert das EIU „SBB Infrastruktur Anschlusskonflikte" für Reisende. Anschlüsse und Anschlusskonflikte werden den Disponenten in einer Anschlussmatrix offenbart. Diese wird auf Grundlage der prognostizierten Fahr- und Haltezeiten erzeugt. Nicht gehaltene Anschlüsse werden dadurch offenbart, dass die gegenseitige Behinderungen der betrachteten Züge bei der makroskopischen Berechnung der Fahr- und Haltezeiten mit berücksichtigt werden. Dies erfolgt unter Beibehaltung der Zugreihenfolge und unter Anpassung der Fahr- und Haltezeiten des nachfahrenden Zuges. Angepasste Prognosefahr- und -haltezeiten werden automatisch als Fahrempfehlung an die jeweiligen Triebfahrzeugführer versendet. Bei Abweichungen von der gewünschten Fahrweise werden die berechneten Fahrempfehlungen aktualisiert und periodisch erneut versendet[13].

4.2. Offene Fragen und Zielstellung

Im Rahmen der teilautomatischen Disposition von Belegungs- und Anschlusskonflikten[14] werden für erkannte Belegungskonflikte zwischen zwei prognostizierten Zugfahrten Konfliktlösungen auf Anfrage des Bedieners bzw. Zugdisponenten berechnet. Das heißt, die Betriebsprozessdisposition bleibt nach Stand der Wissenschaft weiterhin bedienerorientiert. Bei der Berechnung der Konfliktlösungen bleibt derzeit unberücksichtigt, dass verschiedene Belegungskonflikte und deren Konfliktlösungen sich ggf. gegenseitig beeinflussen. Die Wahl der Konfliktlösung und die Reihenfolge,

---

ten bei der Realisierung von Fahrempfehlungen durch den Triebfahrzeugführer näher untersucht. Die Untersuchungsergebnisse sind grundsätzlich für den deutschen Eisenbahnbetrieb anwendbar. Vergleiche hierzu [Lue09, 115f.].

[13]Vergleiche hierzu [Ach09].

[14]Vergleiche hierzu [Sch04] und [Oet08a].

in der die Belegungskonflikte vom Bediener bearbeitet werden, sind für die Güte der Gesamtlösung dem belegungskonfliktfreien Dispositionsfahrplan entscheidend. Eine Berücksichtigung von mikroskopischen Wechselwirkungen der berechneten Konfliktlösungen mit der prognostizierten Betriebssituation oder Konfliktlösung weiterer Belegungskonflikte im Kontext der verschiedenen Dispositionsebenen (makroskopische Netzwirkung) und deren Verantwortungsbereichen[15] gehören derzeit noch nicht zum Stand der Wissenschaft.

Die Zuglaufregelung erfolgt auf Grundlage der teilautomatischen Disposition[16]. Für die Zuglaufregelung sollte als Teil der realisierten Konfliktlösung nicht nur der Belegungskonflikt zwischen den beiden betrachteten Zügen gelöst werden. Es ist weiterhin notwendig, auch die Zugfahrten belegungskonfliktfrei zu prognostizieren und zu regeln, die die beiden betrachteten Zugfahrten des gelösten Belegungskonfliktes zeitlich beeinflussen. Eine Möglichkeit hierzu bietet die Berechnung eines kompletten Dispositionsfahrplans[17]. In der praktischen Anwendung für die bedienergeführte Betriebsprozessdisposition hat sich diese Vorgehensweise jedoch als nicht zielführend herausgestellt, da

- ein automatisch berechneter Dispositionsfahrplan meist viele Konfliktlösungsmaßnahmen beinhaltet, die der Zugdisponent auf Umsetzbarkeit und deren betriebliche Auswirkungen in Echtzeit im Turnus der Berechnung prüfen muss bevor er diese als Maßnahmenbündel akzeptiert. Mit den derzeitigen Arbeitsmitteln ist der Zugdisponent für diese Arbeit überfordert.

- ein automatisch berechneter Dispositionsfahrplan nach dem Stand der Wissenschaft keine vor Beginn der Berechnung bereits dispositiv festgelegten Zugreihenfolgen im Berechnungsablauf berücksichtigt.

- für die automatische Berechnung eines Dispositionsfahrplans nicht

---

[15]Vergleiche hierzu Abbildung 2.1.

[16]Vergleiche hierzu [Sch04, 8] und [Oet08b].

[17]Vergleiche hierzu [Sch04] bzw. Abschnitt 3.2.

alle möglichen Konfliktlösungsmaßnahmen berücksichtigt werden[18].

Die automatische Berechnung eines Dispositionsfahrplans für die Zuglaufregelung ist derzeit nicht anwendbar. Im Rahmen der Zuglaufregelung ist jedoch eine belegungskonfliktfreie Zuglaufprognose notwendig. Diese kann erreicht werden, indem der Zugdisponent alle auftretenden Belegungskonflikte, die für die zu regelnden Zugfahrten relevant sind, teilautomatisch im System löst. Diese Vorgehensweise würde auch assistenzgestützt für den Zugdisponenten einen zeitlichen Mehraufwand und eine Änderung seiner Arbeitsweise bedeuten, da er gegenwärtig nicht alle prognostizierten Belegungskonflikte im System löst. Der Zugdisponent löst grundsätzlich nur die für die Reihenfolgeregelung der Züge relevanten Belegungskonflikte[19].

Eine weitere Möglichkeit ist es, unter Beibehaltung der ggf. dispositiv angeordneten Zugreihenfolge das Zuggefüge in der Prognoserechnung belegungskonfliktfrei zu berechnen[20]. Diese Vorgehensweise verändert die Prognoserechnung im Grundsatz von der zugweisen Prognose hin zur belegungskonfliktfreien Prognose eines Zuggefüges. Der Anstoß Prognoserechnung verändert sich ebenfalls von zugbezogen und ereignisorientiert hin zu zuggefügebezogen und zeitorientiert. Neben der Prognoserechnung verändert sich ebenfalls die Art und Weise wie erkannte Belegungskonflikte dem Disponenten offenbart werden. Fachlich lässt sich diese Lösung für die bedienergeführte Betriebsprozessdisposition in Deutschland grundsätzlich adaptieren.

Zielstellung dieser Arbeit ist es, die bedienergeführte Betriebsprozessdisposition in Deutschland unter Verwendung einer zugbezogenen, ereignisgesteuerten Prognoserechnung nach dem Stand der Technik so weiter zu entwickeln, dass durch eine automatische Berechnung eines belegungskonfliktfreien Dispositionsfahrplans unter Beibehaltung der disposi-

---

[18]Hierzu zählen beispielsweise der Gleiswechselbetrieb bzw. die Umleitung unter erleichterten Bedingungen sowie die Berücksichtigung von Störungen und Verfügbarkeitseinschränkungen oder Lademaßeinschränkungen.

[19]Vergleiche hierzu Abschnitt 2.4.

[20]Vergleiche hierzu [Ach09].

tiv angeordneten Reihenfolge der Zugfahrten keine weiteren Bedienhandlungen des Zugdisponenten für die Ermittlung der Datengrundlage zur Zuglaufregelung notwendig sind. Dieser Aspekt wird im nachfolgenden Abschnitt untersucht.

4.3. Modifizierungen gegenüber dem Stand der Technik

Gegenüber dem Stand der Technik werden die ereignisbezogenen Arbeitabläufe im Grundmodell dispositiver Tätigkeiten[21] weiter entwickelt. Die Fortentwicklungen sind in Abbildung 4.1 abgebildet und werden im Folgenden erläutert.

Wenn der Zugdisponent im Rahmen der ereignisbezogenen Arbeitsabläufe eine Konfliktlösung gefunden hat, so wird im nächsten Arbeitsschritt hinterfragt, ob mit der gefundenen Konfliktlösung eine geänderte Zugreihenfolgeregelung angeordnet werden soll. Ist dies der Fall, so wird zum Einen diese Konfliktlösung gegenüber dem jeweils zuständigen Fahrdienstleiter angeordnet. Abhängig von den technischen Rand- und Rahmenbedingungen erfolgt die Anordnung gegenüber dem Fahrdienstleiter fernmündlich (Zugdisponent) oder mit Hilfe des steuernden Durchgriffs (Zuglenker). Zum Anderen wird diese Konfliktlösung mit Änderung der Zugreihenfolge in den Dispositionsfahrplan eingearbeitet. Die Einarbeitung der geänderten Zugreihenfolgeregelungen in Dispositionsfahrplan entspricht dem Arbeitsablauf nach dem Stand der Technik. Dabei bleiben vorhandene Wechselwirkungen zwischen Zugfahrten, deren prognostizierte Reihenfolge dispositiv nicht verändert wird, unberücksichtigt.

Anschließend entscheidet der Zugdisponent, ob im nächsten Arbeitsschritt ein belegungskonfliktfreier Dispoisitionfahrplan bis zum Fahrempfehlungshorizont t_{Feh} berechnet werden soll.

---

[21]Vergleiche hierzu [Her95].

{1.} [a] Unterprogramm (Ebene 1): Ereignisbezogene Arbeitssabläufe der dispositiven Tätigkeit durchführen [b, c]

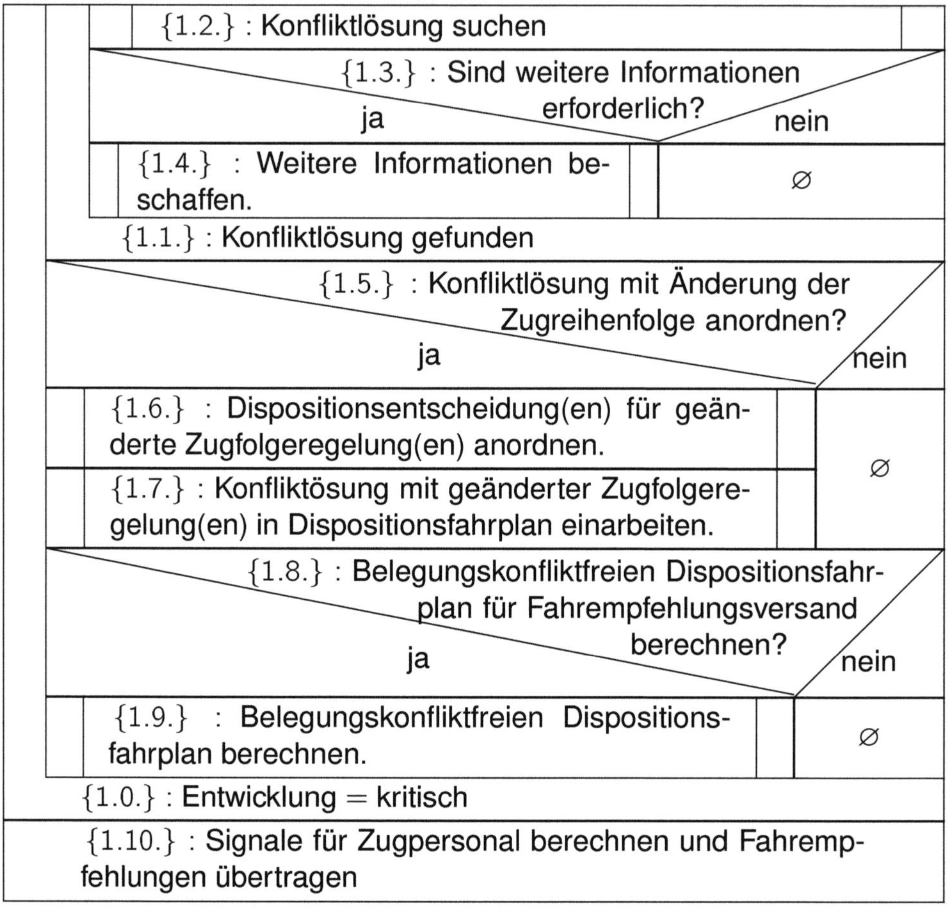

{1.2.} : Konfliktlösung suchen

| {1.3.} : Sind weitere Informationen erforderlich? |
| ja / nein |

{1.4.} : Weitere Informationen beschaffen.	∅

{1.1.} : Konfliktlösung gefunden

| {1.5.} : Konfliktlösung mit Änderung der Zugreihenfolge anordnen? |
| ja / nein |

{1.6.} : Dispositionsentscheidung(en) für geänderte Zugfolgeregelung(en) anordnen. {1.7.} : Konfliktösung mit geänderter Zugfolgeregelung(en) in Dispositionsfahrplan einarbeiten.	∅

| {1.8.} : Belegungskonfliktfreien Dispositionsfahrplan für Fahrempfehlungsversand berechnen? |
| ja / nein |

{1.9.} : Belegungskonfliktfreien Dispositionsfahrplan berechnen.	∅

{1.0.} : Entwicklung = kritisch

{1.10.} : Signale für Zugpersonal berechnen und Fahrempfehlungen übertragen

[a]{1.} : Siehe Abbildung 3.6.
[b]{1.9.} : Siehe Kapitel 5.
[c]{1.10.} : Siehe Kapitel 8.

Abbildung 4.1.: Modifizierte ereignisbezogene Arbeitsabläufe im Grundmodell dispositiver Tätigkeit des Betriebsleitstellendienstes durchführen.

Der Fahrempfehlungshorizont t_{Feh} befindet sich zeitlich zwischen der Istzeit t_{Iz} und dem Prognosehorizont t_{Ph}. Er wird als zeitliche Grenze eingeführt, bis zu dem der belegungskonfliktfreie Dispositionsfahrplan sowie dispositive Geschwindigkeitsvorgaben berechnet werden. Einen Fahrempfehlungshorizont t_{Feh} zu definieren, ist aus zwei Gründen heraus sinnvoll. Zum Einen ordnet der Zugdisponent Zugreihenfolgeänderungen in der Regel nur bis zu einer zeitlichen Vorausschau von $+10$ Minuten an[22]. Die Berechnung dispositiver Geschwindigkeiten ist in diesem Zeitbereich relevant. Zum Anderen nimmt die Güte der prognostizierten Zugfahrten (Zeit-Wege-Linien) infolge der stochastischen Einflüsse im Betriebsablauf mit voranschreitender Zeit ab. Die Berechnung dispositiver Geschwindigkeiten ist demnach nur für eine zeitlich begrenzte Vorausschau sinnvoll[23]. Wenn der Zugdisponent sich für die Berechnung eines belegungskonfliktfreien Dispositionsfahrplans entscheidet, wird dieser automatisch unter Einhaltung der dispositiv angeordneten und prognostizierten Zugreihenfolge berechnet. Bei der Berechnung werden Belegungskonflikte zwischen Zugfahrten durch zeitliche Anpassungen der prognostizierten Fahr- und Haltezeiten gelöst. Im so berechneten Trassengefüge werden Wechselwirkungen zwischen Zugfahrten berücksichtigt. Im Anschluss daran begutachtet der Zugdisponent den berechneten belegungskonfliktfreien Dispositionsfahrplan. Hierbei prüft der Zugdisponent, in wie weit der im Dispositionsfahrplan berechnete zukünftige Betriebsablauf unkritisch ist und seinen Erwartungen entspricht. Müssen weitere Vorrangentscheidungen vom Zudisponenten angeordnet werden, so kann die bisher beschriebene Prozedur erneut durchlaufen werden. Auf Grundlage des berechneten, belegungskonfliktfreien Dispositionsfahrplans erfolgt der nächste Iterationsschritt. Sind alle Konfliktlösungsentscheidungen zur Zugfolgeregelung bis zum Fahrempfehlungshorizont t_{Feh} im belegungskonfliktfreien Dispositionsfahrplan berücksichtigt und ist der zu erwartende zukünftige Betriebsablauf aus Sicht des Zugdisponenten unkritisch, können im nächsten Arbeitsschritt die Signale für das Zugpersonal berechnet sowie Fahrempfeh-

---

[22]Vergleiche hierzu Abschnitt 3.3.
[23]Vergleiche hierzu [Fra07].

lungen übertragen werden. Die Anordnung der Signale für Zugpersonal (Fahrempfehlungen) erfolgt derzeit grundsätzlich fernmündlich[24]. Nachdem die Fahrempfehlungen übertragen wurden, wird dem Zugdisponenten der Fahrempfehlungshorizont t_{Feh} durch eine waagerechte Linie mit fester Uhrzeit als zusätzlicher Zeithorizont im Zeit-Wege-Linienbild angezeigt. Der Zugdisponent sieht anhand dieser Information, bis zu welchem Zeitpunkt dispositive Geschwindigkeiten als Fahrempfehlung versendet wurden. Er weiß damit, wann die Berechnung eines belegungskonfliktfreien Dispositionsfahrplan sowie das Berechnen und Versenden von Signalen für Zugpersonal ggf. erneut durchzuführen ist. Der Zugdisponent kann den Zeitpunkt des Berechnungsanstoßes aus der gegenwärtigen oder zukünftig zu erwartenden Betriebssituation heraus eigenständig entscheiden.

4.4. Schlussfolgerung und Ausblick

Im Vergleich zum Stand der Technik werden im weiterentwickelten Verfahrensablauf für ergebnisbezogene Arbeitsabläufe von dispositiven Tätigkeiten zunächst Dispositionsentscheidungen mit geänderter Zugreihenfolge angeordnet. Mit der Berechnung des belegungskonfliktfreien Dispositionsfahrplans bis zum Fahrempfehlungshorizont t_{Feh} werden danach Wechselwirkungen im Trassengefüge unter Einhaltung der dispositiv geänderten Zugreihenfolge berücksichtigt. Erst im Anschluss daran erfolgt die Berechnung und Übertragung von Fahrempfehlungen. Die so ermittelten Fahrempfehlungen bzw. dispositiven Geschwindigkeiten basieren auf einem belegungskonfliktfreien Trassengefüge. Damit verbessert sich die Güte der zu versendenden Fahrempfehlung im Vergleich zum Stand der Technik bzw. Stand der Wissenschaft[25].

Im weiterentwickelten Verfahrensablauf sind vom Zugdisponent mit dem Berechnungsanstoß und der Prüfung und Zustimmung des belegungskonfliktfreien Dispositionsfahrplans im Vergleich zum Stand der Technik[26] zu-

---

[24] Vergleiche hierzu Kapitel 8.
[25] Vergleiche hierzu [Oet08b].
[26] Vergleiche hierzu [Her95] bzw. [Ach09].

sätzliche Bedienhandlungen durchzuführen. Der Mehraufwand in der Bedienung reduziert gleichzeitig das notwendige Vorstellungsvermögen für den Zugdisponenten bei der Konfliktlösung insbesondere von Mehrzugkonflikten. Dies wird erreicht, weil mit der Berechnung des belegungskonfliktfreien Dispositionsfahrplans die zeitlichen Auswirkungen von Dispositionsentscheidungen mit oder ohne Zugreihenfolgeänderung im Trassengefüge dem Zugdisponenten visualisiert werden. Der Berechnungsanstoß durch den Zugdisponenten erfolgt dabei ereignisgesteuert, passend zum gegenwärtigen Betriebsablauf und zum Bearbeitungsstand der Zugdisposition.

Der zeitliche Mehraufwand für die weiterentwickelten, ergebnisbezogenen Arbeitsabläufe im Vergleich zum Stand der Technik ist abhängig von der zeitlichen Größe des Fahrempfehlungshorizonts t_{Feh}, der Anzahl der Iterationsschritte mit berechnetem belegungskonfliktfreien Dispositionsfahrplan sowie Art, Anzahl und Umfang der Abweichungen vom Regelbetriebsablauf bzw. Störfälle.

Die zeitliche Größe des Fahrempfehlungshorizonts t_{Feh} hat Einfluss auf die Anzahl der zu betrachteten Züge und Belegungskonflikte, die für die Berechnung des belegungskonfliktfreien Dispositionsfahrplans berücksichtigt werden müssen, sowie die Konvergenzgeschwindigkeit zur Berechnung eines belegungskonfliktfreien Dispositionsfahrplans.

Damit die ermittelten Fahrempfehlungen zeitnah nach Anordnung der Dispositionsentscheidung an die betreffenden Triebfahrzeugführer übertragen werden kann, muss die Berechnung des belegungskonfliktfreien Dispositionsfahrplans in wenigen Sekunden ($< 10s$) erfolgen, so dass ein Zugdisponent unmittelbar nach Berechnungsanstoß das Berechnungsergebnis prüfen kann.

Die Anzahl der Iterationsschritte mit berechnetem belegungskonfliktfreien Dispositionsfahrplan ist abhängig davon, wie oft die Berechnung vom Zugdisponenten während der ereignisbezogenen Arbeitsabläufe angestoßen wird. Erfolgt dieser mehrfach, so führen zwischenzeitliche Berechnungen zu Veränderungen im prognostizierten Trassengefüge, welche aus Sicht des Zugdisponenten zu einer kritischen Entwicklung des zukünftig zu erwartenden Betriebsablaufs führen. Dies kann durch weitere Konfliktlösungen verändert werden. Durch eine wiederholte Berechnung des belegungskonfliktfreien Dispositionsfahrplans wird die Konvergenzgeschwindigkeit der ereignisbezogenen Arbeitsabläufe im Vergleich zum Stand der Technik beeinflusst. Mit der Berechnung des belegungskonfliktfreien Dispositionsfahrplans verbessert sich die Güte der Prognose, weil Wechselwirkungen zwischen Zugfahrten im Trassengefüge berücksichtigt werden. Kritische Entwicklungen im prognostizierten Betriebsablauf werden damit frühzeitiger offenbart. Komplizierte Mehrzugbelegungskonflikte können mit Hilfe des belegungskonfliktfrei berechneten Dispositionsfahrplans schrittweise gelöst werden. Die genannten Punkte reduzieren die Komplexität ereignisbezogener Arbeitsabläufe und haben positive Auswirkungen auf die Stabilität des dispositiv veränderten Betriebsablaufs. Dies hat Einfluss auf die Güte der Zugdisposition.

Mit dem weiterentwickelten Verfahrensablauf erfolgt die Konfliktlösung von Belegungskonflikten unter Einbeziehung von Wechselwirkungen im Trassengefüge. Mit dieser Vorgehensweise wird die Lücke zwischen der situationsabhängigen Konfliktlösung zur Änderung der Zugreihenfolge nach dem Stand der Technik und der prädiktiven Regelung teilweise geschlossen. Das Ergebnis dieser Weiterentwicklung ist vergleichbar mit der prädiktiven Regelung, da ein belegungskonfliktfreier Dispositionsfahrplan berechnet wird. Im Unterschied zur prädiktiven Regelung werden die erkannten Belegungskonflikte und Wechselwirkungen aller Zugfahrten im Trassengefüge nicht gleichzeitig bei der Berechnung der Konfliktlösung betrachtet. Dies erfolgt im geschilderten Verfahren schrittweise.

Eine mögliche Weiterentwicklung ist die Bewertung des berechneten belegungskonfliktfreien Dispositionsfahrplans hinsichtlich Betriebsqualität und Stabilität. Damit würde der Zugdisponent über definierte Kennzahlen eine Rückmeldung zur Güte der Zugdisposition und deren Stabilität erhalten. Dieser Aspekt der dargelegten Weiterentwicklung gehört zum weiteren Forschungsbedarf.

5. Belegungskonfliktfreien Dispositionsfahrplan bearbeiten

Wie ein belegungskonfliktfreier Dispositionsfahrplan bearbeitet wird, ist Thema dieses Kapitels. Hierbei werden ausgewählte Aspekte untersucht. Zunächst wird die Art und Weise, wie Belegungskonflikte im Trassengefüge gelöst werden, thematisiert. Verklemmte Zugreihenfolgen bzw. Deadlocks werden in diesem Zusammenhang mit berücksichtigt. Zuletzt werden die zeitlichen Anpassungen insbesondere von Fahrzeiten beim Lösen von Belegungskonflikten diskutiert. Das Kapitel gliedert sich in vier Abschnitte. Zunächst wird der Stand der Anwendungen beschrieben. Im Anschluss daran werden offene Fragen zum Stand der Anwendungen sowie die Zielstellung beschrieben. Im Abschnitt 5.3 wird erläutert, wie Belegungskonfliktsituationen bearbeitet werden. Abschließend werden Schlussfolgerungen und Ausblick formuliert.

5.1. Stand der Anwendungen

Für die Berechnung eines belegungskonfliktfreien Dispositionsfahrplans existieren nach dem Stand der Wissenschaft im Rahmen der prädiktiven Regelung drei grundsätzliche Verfahrensweisen. Diese sind Optimierungsverfahren[1], asychrone Berechnung eines Dispositionsfahrplans[2] sowie synchrone Simulation des Betriebsablaufs[3]. In [Weg05] werden an Weichen, Kreuzungen und Signalen im betrachteten Netz Reihenfolgelisten von Zügen separat optimiert. Auf Grundlage einer Startlösung wird

---

[1] Vergleiche hierzu [Mar95] oder [Weg05].
[2] Vergleiche hierzu [Kuc11].
[3] Vergleiche hierzu [Cui10].

diese mit Hilfe von genetischen Algorithmen verbessert. Der Berechnung eines Dispositionsfahrplan mit Hilfe der linearen Optimierung nach [Mar95] wurde in verschiedenen Arbeiten weiterentwickelt. Der aktuelle Anwendungsstand wird im Abschnitt 3.2 beschrieben. Neben den genannten Optimierungsverfahren wird in [Kuc11] zur Berechnung eines belegungskonfliktfreien Dispositionsfahrplan ein asynchroner Ansatz weiterentwickelt. Die betrachteten Züge im Trassengefüge werden nach ihrem Rang sortiert und nacheinander bei der Berechnung des Dispositionsfahrplans berücksichtigt. Mit der angewendeten asynchronen Verfahrensweise im betrachteten Untersuchungsgebiet wird eine verklemmungsfreie Zugreihenfolge sichergestellt. Eine weitere Möglichkeit besteht darin, zukünftige Belegungskonflikte durch synchrone Simulation des Betriebsablaufs zu lösen. Dieser Ansatz wird für die Zugdisposition im Löschbergtunnel[4] und im Projekt Puls 90[5] verwendet. Diese Verfahrensweise wird im Grundsatz in [Cui10] weiter entwickelt. Dabei wird der Bahnbetrieb ausgehend von der aktuellen Betriebssituation zunächst mikroskopisch synchron simuliert. Die Zugreihenfolge in der Simulation wird bei Konfliktsituationen als Warteschlange gelöst (First In, First Out). Höherrangige Züge können zusätzlich Infrastrukturelemente (Blockabschnitte) für die zukünftige Benutzung reservieren. Die angewendete Vorgehensweise in [Cui10] dient u.a. der Deadlockvermeidung. Hierbei werden Deadlocks mit Hilfe des Banker-Algorithmus vermieden. Die Anwendung und Erweiterung des Banker-Algorithmus auf die Deadlockproblematik im Eisenbahnbetrieb ist patentiert[6]. Neben der Deadlockfreiheit der Zugreihenfolge im berechneten Dispositionsfahrplan sind grundsätzlich Pufferzeiten zu berücksichtigen. Nach dem Stand der Technik werden in [Ril402.0301] Pufferzeiten für die Fahrplankonstruktion allgemein definiert. Die Verwendung von Pufferzeiten wird nach dem Stand der Wissenschaft insbesondere bei makroskopischen Untersuchungen zur Fahrplanstabilität in [Bü10] weiterentwickelt.

Die belegungskonfliktfreie Prognoserechnung im Rail Control System -

---

[4]Vergleiche hierzu [Mon09] sowie [Meh10].
[5]Vergleiche hierzu [Lau07] sowie [Lue09].
[6]Vergleiche hierzu [Mar10] und [Mar11].

Disposition (RSC-D) der SBB Infrastruktur wird in der Literatur nicht ausreichend beschrieben[7]. Eine grundlegende Auseinandersetzung mit dieser Verfahrensweise ist somit nicht möglich.

In [Jae16] werden voneinander abhängige Zugfahrten über einen Ereignisgraph modelliert. Gemeinsam befahrene Wege werden als Abfolge von Gleisfreimeldeabschnitten modelliert. Ziel des Verfahrens ist die Berechnung von konfliktfreien Trassen mit Pufferzeiten im Trassengefüge unter vereinfachten fahrdynamischen Randbedingungen. Aktuell erfolgt eine Weiterentwicklung des Verfahrens unter Berücksichtigung alternativer Algorithmen, um die Rechenzeit für eine Echtzeitanwendung weiter zu reduzieren. Dieser Verfahrensansatz wird in der Literatur nicht ausreichend beschrieben. Eine grundlegende Auseinandersetzung mit dieser Verfahrensweise erfolgt deshalb nicht.

5.2. Offene Fragestellung und Zielstellung

Für die Berechnung eines belegungskonfliktfreien Dispositionsfahrplans im Rahmen der weiterentwickelten, bedienergeführten Regelung ergibt sich die Anforderung, dass vom Zugdisponenten dispositiv festgelegte Zugreihenfolgen im Berechnungsablauf berücksichtigt werden sollen[8]. Nach dem Stand der Anwendungen wird diese Voraussetzung von keinem der genannten Verfahren erfüllt. Darüber hinaus haben die genannten Vorgehensweisen das Ziel, einen Dispositionsfahrplan mit Anpassung der Zugreihenfolge regelbasiert oder mit Hilfe von Optimierungsansätzen eigenständig zu berechnen. Im Gegensatz dazu sollen im Kontext der weiterentwickelten, bedienergeführten Regelung vom Zugdisponenten dispositiv geänderte und prognostizierte Zugreihenfolgen bei der Kalkulation des belegungskonfliktfreien Dispositionsfahrplans berücksichtigt. Ziel dieser Arbeit ist es, eine Verfahrensweise zu entwickeln, in der abhängig von einer teilweise dispositiv festgelegten Zugreihenfolge Belegungskonfliktsi-

---

[7]Vergleiche hierzu [Ach09].
[8]Vergleiche hierzu Abschnitt 4.2.

tuationen im Trassengefüge unter Anpassung von Fahr- und Haltezeiten gelöst werden können. Dabei sollen alle zeitlichen Zwangspunkte vorausfahrender Züge berücksichtigt werden. Des Weiteren werden nach dem Stand der Wissenschaft bei der Berechnung eines belegungskonfliktfreien Dispositionsfahrplans Deadlock-Konflikte unter eigenständiger Anpassung der Zugreihenfolge erkannt bzw. vermieden[9]. Dies schließt die Deadlockerkennung und -vermeidung mit ein. Der Ansatz von [Cui10] wird in kleinräumigen Untersuchungsgebieten (Bahnhof, Rangierverkehr) angewendet. Die Methodik zur Abgrenzung der zu betrachtenden Fahrweglänge ist noch weiter zu entwickeln. Ein Schwerpunkt der Weiterentwicklung liegt somit in der noch stärkeren Eingrenzung des Zeitpunkts für die Durchführung eines Deadlock-Tests. Derzeit werden Betriebskonzepte mit akzeptabler Systemperformance in polynomialem Zeitaufwand [Cui10] simuliert. Das Zeitverhalten für Berechnung ist damit größer als quadratisch. In der Konsequenz skaliert dieser Verfahrensansatz für die praktische Anwendung in größeren Infrastrukturnetzen, beispielsweise in einem SDB nicht. Die Aufgabe der Deadlockerkennung im Rahmen der weiterentwickelten, bedienergeführten Regelung, ist es, verklemmte Zugreihenfolgen während der Berechnung des belegungskonfliktfreien Dispositionsfahrplans zu offenbaren. Damit besteht für den Zugdisponent weiterhin die Aufgabe, diese durch dispositive Änderung der Zugreihenfolge oder alternative Wege zu lösen. Die Deadlockvermeidung sowie die dispositive Änderung der Zugreihenfolge bleiben Aufgabe des Zugdisponenten.

Eine weiteres Forschungsthema sind die Verwendung von Pufferzeiten für die Berechnung eines Dispositionsfahrplans zur unmittelbaren, betrieblichen Umsetzung[10]. Die Art und Weise sowie die anzuwendende Größenordnung gehören zum weiteren Forschungsbedarf.

---

[9]Vergleiche hierzu [Mar95], Abschnitt 3.2, [Cui10] sowie [Kuc11].

[10]Hierzu zählen nach der Istzeit die ersten 10 Minuten der Prognose. Dies ist der Zeitraum, in dem die Zugreihenfolge dispositiv verändert wird, sowie Fahrempfehlungen mit dispositiven Geschwindigkeiten realisiert werden.

5.3. Bearbeitung

In der Abbildung 5.1 ist die Bearbeitungsreihenfolge für die Berechnung eines belegungskonfliktfreien Dispositionsfahrplans dargestellt. Im ersten Schritt werden die prognostizierten Fahrplantrassen eingelesen. Die Prognoserechnung erfolgt im Rahmen der permanenten Arbeitsabläufe[11]. Die Grundinformationen einer prognostizierten Fahrplantrasse sind neben der Zeit-Wege-Linie die Sperrzeiten der Zugfahrt. Die Berechnung der Sperrzeiten erfolgt auf Basis der ermittelten Zeit-Wege-Linie[12]. Die prognostizierte Betriebssituation beinhaltet alle gegenwärtig durchgeführten, zukünftig beginnenden und einbrechenden Zugfahrten sowie deren Fahrplandaten im betrachteten SDB. Gegenwärtig durchgeführte Zugfahrten im betrachteten SDB werden über ihren aktuellen Standort identifiziert. Die zukünftig, beginnenden Zugfahrten, deren Startbahnhof im betrachteten SDB liegt, werden grundsätzlich aus dem Gesamtfahrplan eines Betriebstages[13] identifiziert. Für die aktuelle Bearbeitung sind nur diejenigen Zugfahrten interessant, deren Abfahrtszeitpunkt am Startbahnhof zwischen Istzeit t_{Iz} und zeitlichem Fahrempfehlungshorizont t_{Feh} liegt. Einbrechende Zugfahrten lassen sich über den prognostizierten Laufweg identifizieren. Die zeitlich relevanten einbrechenden Zugfahrten brechen zwischen Istzeit t_{Iz} und zeitlichem Fahrempfehlungshorizont t_{Feh} im betrachteten SDB ein. Die Fahrplandaten je Zugfahrt beinhalten grundsätzlich den gleisgenauen Weg, diskret prognostizierte Ankunfts- und Abfahrtszeiten für planmäßige Halte und Durchfahrtszeiten je Zugmeldestelle, fahrdynamisch relevante Eigenschaften des Zuges und den aktuellen Standort.

Nach dem Einlesen aller prognostizierten Fahrplantrassen inklusive der berechneten Sperrzeiten erfolgt im nächsten Schritt initial je Freimeldeabschnitt der prognostizierten Laufwege im SDB ein Vergleich der berechneten Sperrzeiten zweier Zugfahrten über alle Fahrplantrassen.

---

[11]Vergleiche hierzu Abbildung 3.6.
[12]Vergleiche hierzu Abschnitt 7.5.
[13]Ein Betriebstag beginnt bei der Eisenbahn um 0:00 Uhr und endet um 23:59:59 Uhr.

{1.9.} [a] Unterprogramm (Ebene 2): Belegungskonfliktfreien Dispositionsfahrplan berechnen. [b, c, d]

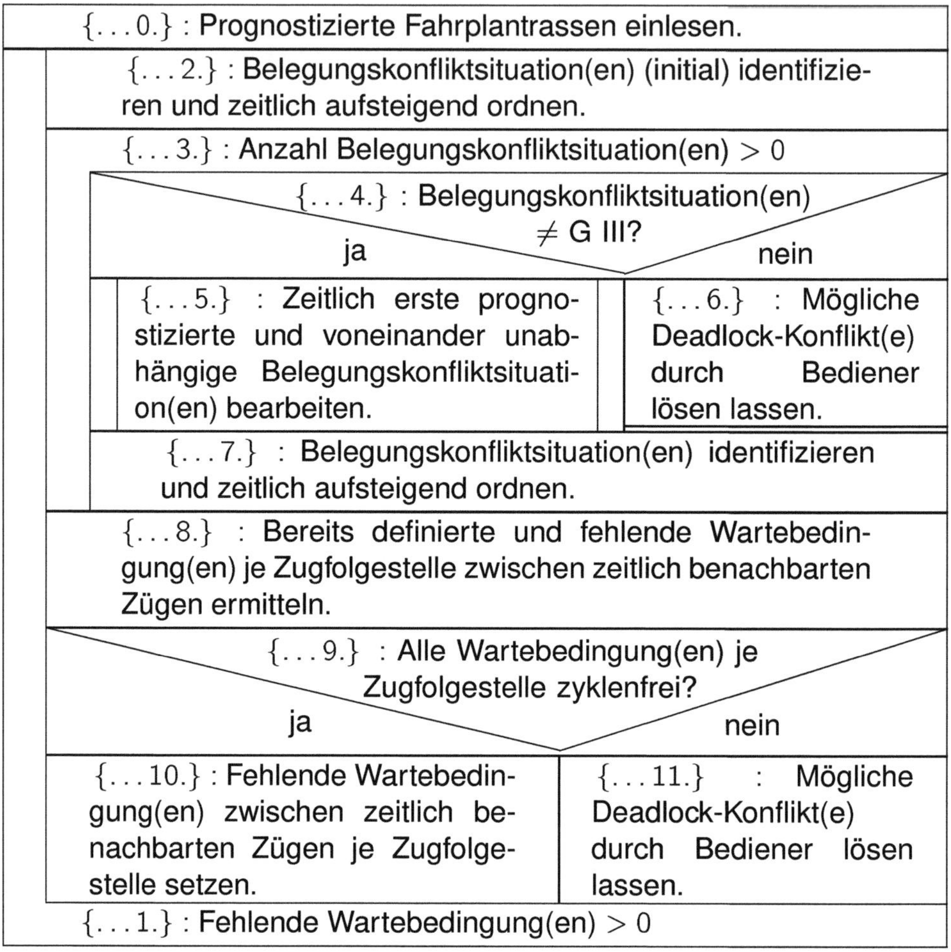

<table>
<tr><td colspan="2">{...0.} : Prognostizierte Fahrplantrassen einlesen.</td></tr>
<tr><td></td><td>{...2.} : Belegungskonfliktsituation(en) (initial) identifizieren und zeitlich aufsteigend ordnen.</td></tr>
<tr><td></td><td>

{...3.} : Anzahl Belegungskonfliktsituation(en) > 0

{...4.} : Belegungskonfliktsituation(en) $\neq$ G III?

ja / nein

| {...5.} : Zeitlich erste prognostizierte und voneinander unabhängige Belegungskonfliktsituation(en) bearbeiten. | {...6.} : Mögliche Deadlock-Konflikt(e) durch Bediener lösen lassen. |

{...7.} : Belegungskonfliktsituation(en) identifizieren und zeitlich aufsteigend ordnen.
</td></tr>
<tr><td colspan="2">{...8.} : Bereits definierte und fehlende Wartebedingung(en) je Zugfolgestelle zwischen zeitlich benachbarten Zügen ermitteln.</td></tr>
<tr><td colspan="2">

{...9.} : Alle Wartebedingung(en) je Zugfolgestelle zyklenfrei?

ja / nein

| {...10.} : Fehlende Wartebedingung(en) zwischen zeitlich benachbarten Zügen je Zugfolgestelle setzen. | {...11.} : Mögliche Deadlock-Konflikt(e) durch Bediener lösen lassen. |
</td></tr>
<tr><td></td><td>{...1.} : Fehlende Wartebedingung(en) > 0</td></tr>
</table>

[a]{1.9.} : Siehe Abbildung 4.1.
[b]{1.9.2.} : Siehe Kapitel 6.
[c]{1.9.5.} : Siehe Abbildung 5.2.
[d]{1.9.7.} : Siehe Kapitel 6.

Abbildung 5.1.: Belegungskonfliktfreien Dispositionsfahrplan berechnen.

Überlappungen von Sperrzeiten als auch Unterschreitungen der Mindestzugfolgepufferzeit t_{MZP} können somit erkannt werden. Für je zwei Zugfahrten ist anschließend die Information verfügbar, ob eine Sperrzeitenüberlappung oder Unterschreitung der Mindestzugfolgepufferzeit und damit ein Belegungskonflikt oder ein potentieller Belegungskonflikt vorliegt. Im weiteren Verfahrensablauf wird ein Belegungskonflikt bereits mit Unterschreitung der Mindestzugfolgepufferzeit detektiert. Auf Basis der zeitlich ersten Sperrzeitüberschneidung je Belegungskonflikt werden Belegungskonfliktsituationen identifiziert[14]. Die zeitlich erste Sperrzeitüberlappung bzw. Unterschreitung der Mindestzugfolgepufferzeit über alle betrachteten Zugfahrten charakterisiert die erste Belegungskonfliktsituation. Alle weiteren lassen sich über dieses Merkmal zeitlich aufsteigend sortieren. Im anschließenden Bearbeitungsschritt (vgl. Abbildung 5.1) erfolgt innerhalb einer zählergesteuerten Schleife die Bearbeitung der Belegungskonfliktsituationen. Innerhalb dieser Schleife wird mit Hilfe einer alternativen Verzweigung anschließend überprüft, ob die zu bearbeitende Belegungskonfliktsituation ungleich Gruppe III (G III) ist[15]. Belegungskonfliktsituationen der Gruppe III entsprechen möglichen Deadlock-Konflikten zwischen jeweils zwei Zugfahrten. Befinden sich bei einer Gegenfahrt beide Züge bereits auf dem betrachteten, gemeinsamen Wegabschnitt, so wird ein möglicher Deadlock-Konflikt zwischen den beiden Zugfahrten prognostiziert. Ohne alternative Wegwahl ist diese Belegungskonfliktsituation nicht lösbar. In diesem Fall wird der Programmablauf gestoppt. Der offenbarte, mögliche Deadlock-Konflikt wird dem Zugdisponent dargestellt. Die Berechnung kann benutzergesteuert abgebrochen werden oder der mögliche Deadlock-Konflikt kann durch den Bediener gelöst werden. Die hierfür notwendigen Änderungen in der Zugreihenfolge oder alternative Wegwahl werden im weiteren Verfahrensablauf berücksichtigt. Nach bedienergesteuerter Lösung des möglichen Deadlock-Konfliktes kann die Berechnung des belegungskonfliktfreien Dispositionsfahrplans weiter durchgeführt werden.

---

[14]Vergleiche hierzu Kapitel 6.
[15]Die Gruppierung der Belegungskonfliktsituationen wird im Kapitel 6 eingeführt.

Wenn Belegungskonfliktsituationen der Gruppe I oder II offenbart sind, werden anschließend die zeitlich erste und alle weiteren Belegungskonfliktsituationen bearbeitet, die voneinander unabhängig sind. Die Art und Weise, wie diese Bearbeitung erfolgt, wird im Unterabschnitt 5.3.2 erläutert. Belegungskonfliktsituationen sind voneinander unabhängig, wenn diese jeweils für unterschiedliche Zugpaare bestehen und (wenn zutreffend) den selben vorausfahrenden Zug in der prognostizierten oder dispositiv angeordneten Zugreihenfolge und unterschiedliche nachfahrende Züge aufweisen. Belegungskonfliktsituationen mit derartigen Merkmalen beeinflussen sich nicht gegenseitig und können in einem Iterationsschritt gleichzeitig bearbeitet werden. Während der Bearbeitung wird jeweils der nachfahrende Zug zeitlich angepasst. Mit der getroffenen Auswahl werden somit nur unterschiedliche Züge im Iterationsschritt zeitlich verändert. Diese Vorgehensweise ist eine Optimierung dieses Verfahrensschrittes. Ziel dieser Optimierung ist eine zeitlich schnellere Berechnung des belegungskonfliktfreien Dispositionsfahrplans[16]. Zum Abschluss werden innerhalb der zählergebundenen Schleife die Belegungskonfliktsituationen erneut identifiziert und zeitlich aufsteigend sortiert. Dies erfolgt, damit im anschließenden Iterationsschritt die nächsten Belegungskonfliktsituationen bearbeitet werden können. In dem erkannte Belegungskonfliktsituationen gelöst werden, können neue entstehen oder bestehende sich verändern. Je Iterationsschritt wird die Liste der zu bearbeitenden Belegungskonfliktsituationen neu bestimmt und ggf. anteilig bearbeitet. Mit dieser Vorgehensweise werden erkannte Belegungskonflikte der Gruppe I oder II durch zeitliche Anpassungen des jeweils nachfahrenden Zuges gelöst. Belegungskonfliktsituationen der Gruppe III müssen durch den Zugdisponenten gelöst werden, oder führen zum Abbruch der Berechnungen.

Sind alle Belegungskonfliktsituationen gelöst, so werden im nächsten Arbeitsschritt fehlende Wartebedingungen je Zugfolgestelle zwischen zeitlich benachbarten Zügen bestimmt. Im Verfahrensablauf werden Wartebedingungen gesetzt. Mit Hilfe dieser ist ein deadlockfreier Eisenbahnbetrieb sicher gestellt.

---

[16]Vergleiche hierzu Abschnitt 9.3.

„Bei fahrplanbasierter Zuglenkung mit vollständiger Hinterlegung aller Wartebedingungen ist automatisch ein deadlockfreier Betrieb gewährleistet, da die durch den Dispositionsfahrplan vorgegebene Zugreihenfolge durch die Zuglenkanlage nicht geändert wird." [Pac04, 242]

Die dispositive Zugreihenfolge über alle Zugfolgestellen ist Ergebnis der Konfliktlösung[17]. Für die manuelle Konfliktlösung je SDB ist es im bestehenden Leitsystem möglich, Wartebedingungen für die Zugreihenfolge zwischen zeitlich benachbarten Zügen an Zugfolgestellen zu formulieren. Wartebedingungen werden im berechneten Dispositionsfahrplan zwischen zeitlich benachbarten Zügen je Zugfolgestelle gesetzt und anschließend im Zuglenkplan berücksichtigt[18].

Aus der Disposition sowie der Bearbeitung der erkannten Belegungskonfliktsituationen werden Wartebedingungen zwischen jeweils zwei Zügen gesetzt. Hierbei ist nicht sichergestellt, dass für alle zeitlich benachbarten Züge je Zugfolgestelle eine Wartebedingung gesetzt wird. Deshalb werden fehlende Wartebedingungen im Anschluss an die Bearbeitung der Belegungskonfliktsituationen bestimmt.

Werden Wartebedingungen zwischen jeweils zwei Zügen im Dispositionsfahrplan gesetzt, so können dadurch Zyklen von Wartebedingungen entstehen. Diese lassen keine eindeutige Zugreihenfolge zu und stellen Deadlocksituationen zwischen mehreren Zügen dar. Es ist somit vor dem Setzen von Wartebedingung über eine alternative Verzweigung zusätzlich zu prüfen, ob dadurch ein Zyklus von Wartebeziehungen entsteht. Die Art und Weise wie die Prüfung auf Zyklenfreiheit erfolgt, wird im Unterabschnitt 5.3.1 diskutiert. Sind alle Wartebedingungen je Zugfolgestelle zyklenfrei, so können diese im berechneten belegungskonfliktfreien Dispositionsfahrplan gesetzt werden. Wenn bei der Prüfung Zyklen zwischen Wartebedingungen offenbart wurden, so liegt ein Deadlock-Konflikt zwischen

---

[17]Vergleiche hierzu Abbildung 3.7.

[18]In den Zuglenkplänen kann die Gleisbenutzung für die im Fahrplan vorgesehene Zugreihenfolge in Form von Wartebedingungen hinterlegt werden. Vergleiche hierzu [Pac04, 239].

mehreren Zügen vor. Der Programmablauf wird in diesem Fall gestoppt. Der Deadlock-Konflikt wird dem Bediener dargestellt. Dieser kann die Berechnung abbrechen oder den erkannten Zyklus von Wartebedingungen auflösen. Hierbei werden die gesetzten Wartebedingungen, die Bestandteil des offenbarten Zykluses sind, vom Bediener programmmunterstützt gelöscht. Zudem können zur Lösung des Deadlock-Konfliktes weitere Anpassungen der Zugreihenfolge oder Wege der Züge notwendig werden. Im Anschluss kann der Berechnungsvorgang fortgesetzt werden. Die gelöschten Wartebedingungen werden im weiteren Verfahrensablauf als fehlende Wartebedingungen interpretiert. Im letzten Bearbeitungsschritt wird geprüft, ob es fehlende Wartebedingungen im berechneten belegungskonfliktfreien Dispositionsfahrplan gibt. Dies ist genau dann der Fall, wenn zur Laufzeit des Programms vom Zugdisponenten die Wartebedingungen, die Bestandteil eines Zykluses waren, gelöst wurden. In diesem Fall erfolgt im Programmablauf die erneute Identifizierung von Belegungskonfliktsituationen. Gibt es keine fehlenden Wartebedigungen, so wird der Programmablauf beendet.

5.3.1. Wartebedingungen auf Zyklenfreiheit prüfen

Je Zugfolgestelle sind bestehende Wartebedingungen des belegungskonfliktfreien Dispositionsfahrplans einzulesen. Darüber hinaus werden je Zugfolgestelle zeitlich benachbarte Zuge gemäß Dispositionsfahrplan identifiziert. Bereits bestehende Wartebedingungen lassen sich aus den eingelesenen Wartebedingungen ermitteln. Für die restlichen Zugpaare sind diese im nächsten Schritt zu bestimmen. Hierzu werden die gemeinsamen Laufwege und zeitlichen Lagen der Zugpaare verglichen und bezogen auf die betrachtete Zugfolgestelle die daraus resultierende Wartebedingung bestimmt. Über alle Wartebedingungen ist im nächsten Schritt zu prüfen, ob diese je Zugfolgestelle zyklenfrei im belegungskonfliktfreien Dispositionsfahrplan gesetzt werden können. Dies erfolgt mittels eines Ressourcen- oder Betriebsmittelgraphen, der auf die spezifischen Eigenschaften des Eisenbahnbetriebs abgestimmt ist. Auf diesem werden die Zugbewegungen unter Berücksichtigung der gesetzten Wartebedingungen propagiert. Die Verfahrensweise ist in [Neu14] beschrieben. Sie wird in der Eisenbahnbetriebssimulation SimPort[19] für die Deadlockerkennung und -vermeidung eingesetzt. Hierzu zählt ebenfalls die Erkennung und Vermeidung von Zyklen infolge gesetzter Wartebedingungen.

5.3.2. Fahrplantrassen berechnen

Die zeitlich ersten prognostizierten und voneinander unabhängig lösbaren Belegungskonfliktsituationen werden, wie in Abbildung 5.2 dargestellt, zunächst eingelesen und anschließend über eine zählergebundene Schleife bearbeitet. Die Verarbeitung kann, abhängig von der gewählten Rechentechnik, parallel erfolgen. Für die betrachtete Belegungskonfliktsituation werden zunächst geprüft, ob diese der Gruppe II (GII) zugeordnet und gleichzeitig für diese die Zugreihenfolge über eine Wartebedingung angeordnet ist. Ist dies nicht der Fall, so wird im Anschluss die zeitlich früher durchgeführte Fahrplantrasse eingelesen. Im genannten Fall ist dies der vorausfahrende Zug. Im anderen Fall wird im Anschluss die Fahrplantrasse mit Vorrang eingelesen. Für Belegungskonfliktsituationen der Gruppe II (GII) lässt sich im Verfahren eine Zugreihenfolge dispositiv festlegen. Nur für diese Gruppe von Belegungskonfliktsituationen ist die Zugreihenfolge vor Beginn des betrachteten, gemeinsamen Wegabschnittes beider Züge ohne alternative Fahrwegwahl veränderbar. Für die Lösung einer Belegungskonfliktsituation werden für den nachfahrenden Zug im nächsten Bearbeitungsschritt frühestmögliche Beförderungszeitpunkte bestimmt. Die Vorgehensweise wird im Unterabschnitt 5.3.3 beschrieben. Danach wird die Zeit-Wege-Linie des nachrangigen bzw. nachfahrenden Zuges unter Berücksichtigung der frühestmöglichen, behinderungfreien Beförderungszeitpunkte knickfrei prognostiziert. Die Art und Weise wird im Kapitel 7 beschrieben. Auf Grundlage der prognostizierten Fahrzeiten erfolgt im nächsten Bearbeitungsschritt die Ermittlung der Sperrzeiten. Dies wird im Abschnitt 7.5 näher erläutert.

---

[19]Dies ist ein Softwareprodukt der DB Netz AG.

{1.9.5.} [a] Unterprogramm (Ebene 3): Zeitlich erste prognostizierte und voneinander unabhängige Belegungskonfliktsituation bearbeiten. [b, c, d]

{...0.} : Die Zeitlich erste prognostizierte und voneinander unabhängige Belegungskonfliktsituation lesen.
{...1.} : Belegungskonfliktsituation(en) (parallel) bearbeiten.

{...2.} : Ist BKS = G II und wurde eine Wartebedingung gesetzt?

ja   nein

{...3.} : Die Fahrplantrasse ohne Wartebedingung Zugreihenfolge einlesen.	{...4.} : Die zeitlich früher durchgeführte Fahrplantrasse lesen.

{...5.} : Die frühestmöglichen Beförderungszeitpunkte für den nachfahrenden (2.) Zug ermitteln.
{...6.} : Die Zeit-Wege-Linie für den 2. Zug berechnen.
{...7.} : Die Sperrzeiten für den 2. Zug bestimmen.
{...8.} : Die Wartebedingung für den 2. Zug bestimmen.

{...9.} : Wartebedingung(en) je Zugfolgestelle zyklenfrei?

ja   nein

{...10.} : Wartebedingung(en) je Zugfolgestelle setzen.	{...11.} : Deadlock-Konflikt(e) durch Bediener lösen lassen.

[a]{1.9.5.} : Siehe Abbildung 5.1.
[b]{1.9.5.5.} : Siehe Unterabschnitt 5.3.3.
[c]{1.9.5.6.} : Siehe Abschnitt 7.4.
[d]{1.9.5.7.} : Siehe Abschnitt 7.5.

Abbildung 5.2.: Zeitlich erste prognostizierte Belegungskonfliktsituation bearbeiten.

Im anschließenden Bearbeitungsschritt wird die Wartebedingung Zugreihenfolge für den nachfahrenden Zug bestimmt. Dies erfolgt je Zugfolgestelle innerhalb des betrachteten, gemeinsamen Wegabschnitts sowie an dessen Randbereichen. Die Wartebedingung Zugreihenfolge enthält dabei für den nachfahrenden Zug je Zugfolgestelle die Information, auf welchen Zug dieser warten muss[20].

Nach dem Bestimmen der Wartebedingung Zugreihenfolge wird anschließend je Zugfolgestelle geprüft, ob diese zyklenfrei gesetzt werden kann. Die Vorgehensweise wurde im Unterabschnitt 5.3.1 beschrieben. Ist dies der Fall, so wird die Wartebedingung Zugreihenfolge gesetzt und das Unterprogramm beendet. Ist dies nicht der Fall, so liegt ein Deadlock-Konflikt zwischen mehreren Zügen vor. Der Deadlock-Konflikt wird dem Bediener dargestellt. Dieser kann die Berechnung abbrechen oder den erkannten Zyklus von Wartebedingungen auflösen. Diese Vorgehensweise erfolgt wie zu Abbildung 5.1 beschrieben.

5.3.3. Frühestmögliche Beförderungszeitpunkte bestimmen

Ein frühestmöglicher Beförderungszeitpunkt $t_{fB}\left(s_j\right)$ stellt für eine Zugfolgestelle im Laufweg eines Zuges den zeitlich frühesten Durchfahrtszeitpunkt dar und ist abhängig von den Sperrzeiten des vorausfahrenden Zuges. Für eine Fahrt des nachfolgenden Zuges muss eine durch den vorausfahrenden Zug belegte Fahrstraße frei gefahren und für die nächste Zugfahrt wieder eingestellt sein. Die frühestmöglichen Beförderungszeitpunkte einer Belegungskonfliktsituation beschreiben die belegungskonfliktfreie Zugfolge im zeitlichen Abstand der Mindestzugfolgezeiten verlängert um die Mindestzugfolgepufferzeit t_{MZP}. Die Mindestzugfolgepufferzeiten sind ein Parameter des Verfahrens und werden ergänzt, damit das im Verfahren bestimmte Fahrplangefüge Mindeststabilitätsanforderungen der eisenbahnbetrieblichen Fahrplankonstruktion erfüllt[21]. Für die Lösung einer Belegungskonfliktsituation werden für den nachfahrenden Zug frühest-

---

[20]Vergleiche hierzu Unterabschnitt 5.3.1.
[21]Zur Verwendung von Pufferzeiten vergleiche hierzu Abschnitt 5.1 und Abschnitt 5.2.

mögliche Beförderungszeitpunkte $t_{fB}(s_1), \ldots, t_{fB}(s_n)$ als in Fahrtrichtung geordnete Liste bestimmt. Dies erfolgt auf Grundlage der Sperrzeiten des vorausfahrenden Zuges für jede Zugfolgestelle in Fahrtrichtung im betrachteten, gemeinsamen Wegabschnitt sowie am Rand des betrachteten, gemeinsamen Wegabschnittes für Einfädelungsweichen oder Kreuzungen, die durch beide Züge belegt werden. Mit jeder Lösung einer Belegungskonfliktsituation wird je Zug eine derartige Liste initial angelegt oder sofern vorhanden aktualisiert. Über die frühestmöglichen Beförderungszeitpunkte eines Zuges werden zeitliche Zwangspunkte aller vorausfahrenden Züge identifiziert und im Verfahrensablauf berücksichtigt. Ein frühestmöglicher Beförderungszeitpunkt t_{fB} für Zug $Z2$ berechnet sich am Ort $s_{j,Zfst}$ wie folgt.

$$t_{fB,Z2}\left(s_{j,Zfst}\right) = \ldots \tag{5.1}$$

$$\begin{cases}
\ldots = t_{Rf,Z1} + t_{Fa,Z1} + t_{MZP} + t_{Fb,Z2} + t_{Si,Z2} + t_{Af,Z2} = \ldots \\[4pt]
\ldots = t_{Df,Z1}\left(s_{l,Zss,Zg2}\right) - t_{Df,Z1}\left(s_{k,Zfst,Zg1}\right) + t_{Fa,Z1}\left(s_{l,Zss}\right) + \ldots \\[4pt]
\ldots + t_{MZP} + t_{Fb,Z2}\left(s_{j,Zfst}\right) + t_{Si,Z2}\left(s_{BEPZfst}\right) + \ldots \\[4pt]
\ldots + t_{Df,Z2}\left(s_{j,Zfst,Zg1}\right) - t_{Df,Z2}\left(s_{BEPZfst,Zg1}\right) \\[4pt]
\text{Für eine unbehinderte Fahrt von Zug } Z2 \text{ gilt:} \\[4pt]
s_{ZS} \leq s_{BEPZfst} \leq s_{j,Zfst} < s_{k,Zfst} < s_{l,Zss} \\[4pt]
\ldots = t_{Rf,Z1} + t_{Fa,Z1} + t_{MZP} + t_{Fb,Z2} + t_{Re,Z2} + t_{Af,Z2} = \ldots \\[4pt]
\ldots = t_{Df,Z1}\left(s_{l,Zss,Zg2}\right) - t_{Df,Z1}\left(s_{k,Zfst,Zg1}\right) + t_{Fa,Z1}\left(s_{l,Zss}\right) + \ldots \\[4pt]
\ldots + t_{MZP} + t_{Fb,Z2}\left(s_{j,Zfst}\right) + t_{Re,Z2}\left(s_{ZS}\right) + t_{Df,Z2}\left(s_{j,Zfst,Zg1}\right) - \ldots \\[4pt]
\ldots - t_{Ab,Z1}\left(s_{ZS,Zg1}\right) \\[4pt]
\text{Für eine unbehinderte Fahrt von Zug } Z2 \text{ ab Halt} \\[4pt]
\text{am Zugstandort } ZS \text{ gilt: } s_{BEPZfst} \leq s_{ZS} \leq s_{j,Zfst} < s_{k,Zfst} < s_{l,Zss}
\end{cases}$$

Wie in Abbildung 5.2 dargestellt, wird für die Bestimmung der frühestmöglichen Beförderungszeitpunkte zunächst die Fahrplantrasse eingelesen, welche im Rahmen der betrachteten Belegungskonfliktsituation zeitlich voraus fährt oder fahren soll. Aus den Sperrzeiten dieser Fahrplantrasse werden die Zeitanteile des Zuges $Z1$ für die Berechnung der frühestmöglichen Beförderungszeitpunkte bestimmt. Anschließend werden die Zeitanteile des nachfahrenden Zuges $Z2$ auf Grundlage der im Verfahrensverlauf aktuell prognostizierten Fahrplantrasse identifiziert. Zusammengeführt können gemäß abgebildeter Formel die frühestmöglichen Beförderungszeitpunkte je Zugfolgestelle des nachfahrenden Zuges ermittelt werden. Definierte frühestmögliche Beförderungszeitpunkte ergänzen die zeitlichen Vorgaben der Fahrplandaten eines Zuges.

Beispielhaft werden für die in Abschnitt B.1 aufgeführten Belegungskonfliktsituationen die Indizes für die Berechnung der ersten, i.[22] und letzten frühestmöglichen Beförderungszeitpunkte in Tabelle B.2 aufgelöst dargestellt.

5.4. Schlussfolgerung und Ausblick

Mit dem Programmstart erfolgt unter Berücksichtigung der gegenwärtigen und dispositiv angeordneten Zugreihenfolge sowie gegenseitigen Beeinflussung der Zugfahrten eine Art situationsbedingte Simulation der zukünftigen Betriebssituation ausschließlich für die Zuglaufregelung. Diese situationsbedingte Betriebssimulation hat den Vorteil gegenüber dem Stand der Anwendungen, dass über die frühestmöglichen Beförderungszeitpunkte mehrere zeitliche Zwangspunkte für die vorausschauende Berechnung der Fahrplantrassen[23] und dispositiv angeordnete Zugreihenfolgen über Wartebedingungen Zugreihenfolge berücksichtigt werden. Die Prognose der betrachteten Zugfahrten im Trassengefüge erfolgt mit dieser Art der Berechnung unter Berücksichtigung der vorausfahrenden Züge. Dieser Verfahrensschritt konvergiert, wenn der Grenzwert für die Anzahl der Bele-

---

[22]Dies erfolgt ausschließlich für Belegungskonfliktsituationen, die als Folgefahrt definiert sind. Für Gegenfahrten reicht im Grundsatz die Berücksichtigung der ersten bzw. letzten gemeinsamen Sperrzeit zur Berechnung der frühestmöglichen Beförderungszeitpunkte. Fahr- und Sperrzeiten verhalten sich in der Regel monoton.

[23]Dieser Aspekt ist insbesondere für die Zuglaufregelung wichtig, da bei dieser eine vorausschauende Fahrweise zur Vermeidung von zusätzlichen Halten notwendig ist.

gungskonfliktsituationen BKS über alle Iterationsschritte n $\lim_{i \to n} BKS_i = 0$ und für die fehlenden Wartebedingungen fWB über alle Iterationsschritte m $\lim_{j \to m} fWB_j = 0$ ist. Das Erreichen des Grenzwertes der Belegungskonfliktsituationen und damit die Konvergenz des Verfahrens wird dadurch sichergestellt, dass die Anzahl der betrachteten Züge konstant ist und jede erkannte Belegungskonfliktsituation im betrachteten gemeinsamen Wegabschnitt in der Regel einmal gelöst wird. Des Weiteren wird mit Erlangen des Grenzwertes der Belegungskonfliktsituationen zwingend der Grenzwert der fehlenden Wartebedingungen erreicht. Wenn keine Belegungskonfliktsituation mehr erkannt werden, können alle fehlenden Wartebedingungen gesetzt und geprüft werden. Dies wird unter der Voraussetzung erreicht, dass keine möglichen Deadlock-Konflikte mehr offenbart werden. Im vorgestellten Verfahrensablauf wird die vom Zugdisponenten gewünschte Zugreihenfolge zur unmittelbaren Umsetzung auf mögliche Deadlock-Konflikte zweistufig geprüft. Deadlockgefährdende Belegungskonfliktsituationen zwischen zwei Züge werden direkt bei der Klassifikation offenbart. Zyklische Wartebedingungen werden beim Setzen neuer „Wartebedingungen Zugreihenfolge" geprüft.

6. Belegungskonfliktsituationen erkennen und klassifizieren

In diesem Kapitel erfolgt die Beschreibung was Belegungskonfliktsituationen sind, wie diese im Kontext der weiterentwickelten bedienergeführten Regelung erkannt und bearbeitet werden. Im folgenden Abschnitt wird der Stand der Anwendungen reflektiert. Darauf aufbauend werden im Abschnitt 6.2 die derzeit offenen Fragen zum Stand der Anwendungen sowie der Zielstellung dieser Weiterentwicklung dargelegt. Im letzten Abschnitt dieses Kapitels werden Schlussfolgerungen und Ausblick formuliert.

6.1. Stand der Anwendungen

Der Zugdisponent erkennt Belegungskonflikte[1] in der Regel durch den Vergleich von prognostizierten Zeit-Wege-Linien verschiedener Zugfahrten. Dabei verwendet er Werkzeuge wie beispielsweise Streckenspiegel und Zeit-Wege-Linien-Bilder. Leitsysteme wie LeiDis-S/K[2] oder LeiDis-N[3] stellen derartige Werkzeuge zur Zugdisposition zur Verfügung. Darüber hinaus gibt es in den genannten Systemen Module zur automatischen Konflikterkennung. Diese sind derzeit in der Erprobung bzw. fachlich nicht abgenommen[4].

Ein Belegungskonflikt wird erkannt, wenn im selben Weg zweier prognostizierter Fahrplantrassen sich deren Sperrzeiten zeitlich überlagern.

---

[1] Die Art und Weise wie ein Zugdisponent Konflikte erkennt, wird im Abschnitt 3.3 näher beschrieben.

[2] Vergleiche hierzu Abschnitt 2.4 sowie [Kro07, 87].

[3] Vergleiche hierzu [Kun08].

[4] Vergleiche hierzu [Kro07, 91].

Sperrzeitüberlagerungen werden dabei innerhalb von Freimeldeabschnitten der Infrastruktur offenbart[5]. Diese Art und Weise, Belegungskonflikte zu erkennen, gehört zum Stand der Technik. Aktuelle wissenschaftliche Arbeiten gebrauchen diesen Sachverhalt[6].

[Kuc11] führt zur Desensibilisierung der Konflikterkennung einen Dispositionshorizont ein. Zum Einen werden Belegungskonflikte bis zu diesem erkannt. Zum Anderen wird für erkannte Belegungskonflikte eine Toleranzzeit eingeführt, die mit zunehmender zeitlicher Entfernung von der Istzeit bis zum Dispositionshorizont linear vergrößert wird. Belegungskonflikte, deren Sperrzeitüberlappung kleiner als die Toleranzzeit ist, werden im weiteren Verfahrensablauf nicht weiter berücksichtigt. Dies gilt insbesondere für Belegungskonflikte, die als Folgefahrt erkannt werden. Gegenfahrten werden infolge der Deadlockgefahr uneingeschränkt erkannt.

Die in [Cui10] verwendeten Grundlagen zur Erkennung von Belegungskonflikten basieren auf der wissenschaftlichen Arbeit von [Mar95]. Diese wurden in verschiedenen Arbeiten angewendet und weiterentwickelt[7]. Beim Erkennen von Belegungkonflikten werden zusätzlich die Fahrwege der prognostizierten Fahrplantrassen verglichen. Hieraus werden eisenbahnbetriebliche Konfliktsituationen als Voraussetzung für die spätere Konfliktlösung identifiziert. In [Hla02] wurde dieses Vorgehen regelungstechnisch formalisiert.

6.2. Offene Fragestellung und Zielstellung

In der Zugdisposition werden, abhängig von der Güte der Prognose, erkannte und potentiell mögliche prognostizierte Belegungskonflikte auf ihr wahrscheinliches Eintreten bewertet. Hier sind u.a.

- Schätzfehler bei den nicht messbaren Eingangsgrößen der gegen-

---

[5]In [Sch05] wird hierfür u.a. Belegungselement und im Rahmen der Konflikterkennung Konfliktelement als äquivalenter Begriffe verwendet.

[6]Vergleiche hierzu [Weg05] bzw. [Weg06], [Cui10] und [Kuc11].

[7]Vergleiche hierzu [Hla02], [Sch02], [Cui05] und [Lan08].

wärtigen Betriebssituation

- Messfehler bei den messbaren Eingangsgrößen der gegenwärtigen Betriebssituation

- Modellunsicherheiten innerhalb der Fahrzeiten-, Sperrzeiten- und Prognoserechnung

zu berücksichtigen. Der hieraus resultierende mittlere Fehler der Zuglaufprognose ohne Eintreten von Urverspätungen und im für die Betriebsprozessdisposition relevanten Zeitfenster wird von Zugdisponenten auf ± 2 Minuten geschätzt[8]. Die Konflikterkennung bzw. die Identifizierung von Belegungskonfliktsituationen muss die Prognosegüte als auch die vom Zugdisponenten praktizierten Regeln hierzu berücksichtigen[9]. Einen Ansatz hierfür liefert [Kuc11]. In wie weit diese Aspekte zu einer Verbesserung der Prognosegüte führen, ist Thema zukünftiger Forschungsarbeiten.

Für die Berechnung eines belegungskonfliktfreien Dispositionsfahrplan im Kontext der weiterentwickelten, bedienergeführten Regelung ist eine automatisierte Erkennung von Belegungskonflikten Voraussetzung. Darüber hinaus sind Belegungskonflikte in der Art zu erkennen, dass der gemeinsame Laufweg, auf dem die Sperrzeitüberlappung beginnt, identifiziert wird. Des Weiteren sind Belegungskonflikte so zu klassifizieren, dass die Reihenfolge und anschließende zeitliche Anpassung ggf. beider am Konflikt beteiligten Züge sich aus der erkannten eisenbahnbetrieblichen Situation ableiten lässt. Die Art und Weise der Konflikterkennung in den Leitsystemen als auch in den wissenschaftlichen Arbeiten von [Weg05] und [Kuc11] reichen hierfür nicht aus. Die Konflikterkennung nach dem Stand der Technik identifiziert Belegungskonflikte auf einzelnen Belegungs- bzw. Konfliktelementen. Eine Gruppierung der erkannten Belegungskonflikte über alle Belegungselemente im gemeinsamen Laufweg zwischen zwei Zügen erfolgt nicht. Darüber hinaus wird in [Kuc11] der

---

[8]Dieser Wert beruht auf praktischem Gebrauchswissen und ist nicht statistisch gesichert. Aussagen über dessen zeitlichen Verlauf sind derzeit nicht untersucht.

[9]Vergleiche hierzu Abschnitt 3.3 sowie die Thematik Konflitkfrüherkennung in [Fay99, 98].

gemeinsame Laufweg beider Züge, in dem der Belegungskonflikt erkannt wird, verfahrensbedingt ggf. auf einen Überhol- oder Begegnungsabschnitt reduziert. Für die Berechnung des belegungskonfliktfreien Dispositionsfahrplans ist diese zusätzliche Unterteilung des gemeinsamen Laufwegs nicht notwendig. Alle dispositiv geänderten Zugreihenfolgen sind im Dispositionsfahrplan hinterlegt. Damit sind die Laufwege der Züge bereits in tatsächlich verwendete Überhol- und Begegnungsabschnitte unterteilt. Eine weitere Unterteilung vergrößert unnötig die Schritte für die Berechnung des belegungskonfliktfreien Dispositionsfahrplans.

Die Belegungskonflikte werden nach dem Stand der Technik in Folge- oder Gegenfahrtkonflikte eingeteilt. Was für eine Klassifizierung der eisenbahnbetrieblichen Situation hinsichtlich Reihenfolge und anschließende zeitliche Anpassung der Züge nicht ausreicht. Die Art und Weise, wie Belegungskonflikte gemäß [Hla02] erkannt werden, erfüllt die Erfordernisse der weiterentwickelten, bedienergeführten Regelung weitgehend. Verfahrensbedingt wird hier der gemeinsame Laufweg beider Züge, auf dem ein Belegungskonflikt zeitlich erkannt wurde, verglichen und als eisenbahnbetriebliche Situation eingeordnet. Die in [Hla02] beschriebenen Kombinationsmöglichkeiten gemeinsamer Laufwege und der möglichen eisenbahnbetrieblichen Situationen sind im Kontext der weiterentwickelten, bedienergeführten Regelung unvollständig. Nach [Hla02] können beispielsweise keine echten, höhengleichen Kreuzungen oder Einfädelungen mit Folgefahrt und anschließender Ausfädelung als eisenbahnbetriebliche Situation klassifiziert werden. Zielstellung dieser Arbeit ist es, die Konflikterkennung nach [Hla02] in der Art zu ergänzen, diese den Anforderungen der weiterentwickelten, bedienergeführten Regelung genügt. Dieser Aspekt wird im nachfolgenden Abschnitt untersucht.

6.3. Erkennung und Klassifizierung

Eine Belegungskonfliktsituation beschreibt abhängig vom Fahrweg beider am Belegungskonflikt beteiligten Züge eine bestimmte eisenbahnbetriebliche Konfliktsituation zwischen zwei prognostizierten Fahrplantrassen. Gemeinsame Fahrwege der betrachteten Zugfahrten werden dabei jeweils über eine Belegungskonfliktsituation kategorisiert. Über diese Abstraktion werden zeitliche Wechselwirkungen oder eine Reihenfolgeänderung zwischen diesen Zügen im Verfahrensablauf berücksichtigt. Jede Belegungskonfliktsituation wird mit Hilfe von Elementarsituationen beim Vergleich der prognostizierten und dispositiv veränderten Fahrwege identifiziert.

> „...Vergleicht man zwei beliebige Pfade in einem Graphen miteinander, so treten bei der Analyse der Berührungen, Überschneidungen usw. eine Reihe von Konstellationen auf, die hier als Elementarsituationen bezeichnet werden sollen. Elementarsituationen treten an allen Knoten auf, die die beiden betrachteten Pfade gemeinsam haben. Sie lassen sich unterteilen in
>
> - Situationen an Knoten, die nicht Ende oder Anfang eines der beiden Pfade sind und
>
> - Situationen, in denen wenigstens einer der beiden Pfade am betrachteten Knoten endet oder beginnt." [Hla02, 36]

Für den Vergleich der prognostizierten Fahrwege beider am Konflikt beteiligten Züge werden die Laufwege beider Züge fahrtrichtungsgebunden auf der Ebene eines Freimeldeabschnittsgraphs überlagert[10]. Es werden die Pfade innerhalb des gemeinsamen Laufwegabschnitts, in dem der Belegungskonflikt erkannt wurde, näher untersucht. Für diesen Bereich wird die Abfolge von Elementarsituationen[11] bestimmt.

---

[10]Vergleiche hierzu [Hla02, 35].
[11]Vergleiche hierzu im Anhang Tabelle B.1.

Belegungskonflikte im Bereich von Durchrutschwegen mit veränderlicher Zugreihenfolge sind grundsätzlich von allen anderen Belegungskonflikten zu unterscheiden. Dies ist notwendig, um die Zugreihenfolge für einen Durchrutschwegkonflikt eigenständig lösen zu können. Existieren für die am Belegungskonflikt beteiligten Züge im betrachteten gemeinsamen Fahrwegabschnitt Belegungskonflikte im Bereich von Durchrutschwegen und weitere Belegungskonflikte, so sind diese in ihrer prognostizierten Lage zeitlich aufsteigend nacheinander getrennt abzuarbeiten.

Die Sequenz von Elementarsituationen wird im nächsten Schritt, gemäß Tabelle 6.1, zu einer Belegungskonfliktsituation klassifiziert[12]. Die erfasste Reihenfolge der Elementarsituationen ist grundsätzlich geprägt durch eine Anfangssituation, gegebenenfalls Folgesituationen und einer Endsituation. Für Belegungskonflikte, die ausschließlich an Kreuzungen, einfachen oder doppelten Kreuzungsweichen erkannt werden, gilt eine Ausnahme. In diesen Fällen wird nur eine Einzelelementarsituation erkannt. Die identifizierte Belegungskonfliktsituation gilt für beide Zugfahrten. Sie ist gemeinsam mit der prognostizierten oder dispositiv vorgegebenen Reihenfolge der Zugfahrten ein Merkmal jedes Belegungskonfliktes.

Tabelle 6.1.: Belegungskonfliktsituationen als Abfolge von Elementarsituation

Name	Bereich	Elementarsituation
Folgefahrt (FF)	Anfangssituation	FOLLOW AT BEGIN oder FOLLOW AT BOTH BEGIN oder FOLLOW
	Folgesituation(en)	FOLLOW
	Endsituation	FOLLOW AT END oder FOLLOW AT BOTH END
	Einzelsituation	CONTINUE
		...

---

[12]Vergleiche hierzu im Anhang Tabelle B.1.

Name	**Bereich**	**Elementarsituation**
Folgefahrt mit anschließender Ausfädelung (FFA)	Anfangssituation	FOLLOW AT BEGIN oder FOLLOW AT BOTH BEGIN oder FOLLOW
	Folgesituation(en)	FOLLOW
	Endsituation	FORK
Einfädelung mit anschließender Folgefahrt (EFF)	Anfangssituation	JOIN
	Folgesituation(en) Endsituation	FOLLOW FOLLOW AT END oder FOLLOW AT BOTH END
Einfädelung[13] mit anschließender Ausfädelung[14]	Anfangssituation	JOIN
	Folgesituation(en)	FOLLOW
	Endsituation	FORK
	Einzelsituation	CROSS[15]
Gegenfahrt (GFoRZ)[16], (GFmRZ)[17]	Anfangs- bzw. Endsituation[18]	SLIP OUT oder SLIP INTO oder BLOCK AT BEGIN oder BLOCK AT END oder CONTINUE WITH BLOCK
	Folgesituation(en)	BLOCK
	Einzelsituation	CROSS

Die definierten Belegungskonfliktsituationen lassen sich auf dem betrachteten gemeinsamen Fahrweg beider Zugfahrten, wie in Tabelle 6.2 dargestellt, weiter unterscheiden. Das Ordnungsmerkmal ist eine

- Gruppe I: unveränderliche Zugreihenfolge außer- und innerhalb

---

[13](und ggf. Folgefahrt)

[14](E(FF)A)

[15]Die Fahrtrichtung der prognostizierten Zugfahrten ist für den betrachteten Fahrwegknoten identisch.

[16]Gegenfahrt ohne Reihenfolgezwang

[17]Gegenfahrt mit Reihenfolgezwang

[18]Eine Anfangssituation ist genau dann gleichzeitig eine Endsituation, wenn keine Folgesituation(en) vorhanden sind.

- Gruppe II: veränderliche Zugreihenfolge außerhalb

- Gruppe III: verklemmte Zugreihenfolge innerhalb

des betrachteten gemeinsamen Fahrwegs. Belegungskonfliktsituationen, deren (prognostizierte) Zugreihenfolge sich ohne alternative Wege nicht verändern lässt, werden in Gruppe I zusammengefasst. Neben Folgefahrten ohne Einfädelung zählen hierzu auch Gegenfahrten, bei denen einer der beiden Züge bereits auf dem gemeinsamen Laufweg, auf dem der Belegungskonflikt erkannt wurde, fährt bzw. gemeldet ist. Die Zugreihenfolge einer Belegungskonfliktsituation der Gruppe I ist abhängig vom aktuellen Standort der Züge. Der im betrachteten, gemeinsamen Wegabschnitt gemeldete Zug ist die Zugfahrt mit Vorrang. Befahren bei einer Folgefahrt beide Züge den betrachteten, gemeinsamen Wegabschnitt, so ist der vorausfahrende Zug die Zugfahrt mit Vorrang.

In Gruppe II lassen sich Belegungskonfliktsituationen zusammenfassen, deren Zugreifenfolge für den betrachteten gemeinsamen Laufweg beider Züge veränderlich ist. Hierzu zählen beispielsweise Folgefahrten mit Einfädelung oder Gegenfahrten, bei denen beide Züge den betrachteten gemeinsamen Laufweg noch nicht befahren. Deshalb kann zur Lösung dieser die prognostizierte oder dispositiv angepasste Zugreihenfolge gewählt werden.

Gegenfahrten, bei den beide Züge auf dem betrachteten gemeinsamen Laufweg fahren bzw. gemeldet sind, werden in Gruppe III zusammengefasst. Derartige Konfliktsituationen können zu einem Deadlock führen.

Tabelle 6.2.: Gruppierung von Belegungskonfliktsituationen

Belegungskonflikt-situation (BKS)	Erläuterung	Gruppe
Folgefahrt (FF)	Belegungskonfliktsituation mit unveränderbarer Zugreihenfolge und gleicher Fahrtrichtung der Zugfahrten	I
	...	

Belegungskonflikt-situation (BKS)	Erläuterung	Gruppe
Folgefahrt mit anschließender Ausfädelung (FFA)	Belegungskonfliktsituation mit unveränderbarer Zugreihenfolge und gleicher Fahrtrichtung der Zugfahrten	I
Einfädelung mit anschließender Folgefahrt (EFF)	Belegungskonfliktsituation mit veränderbarer Zugreihenfolge und gleicher Fahrtrichtung der Zugfahrten	II
Einfädelung[19] mit anschließender Ausfädelung[20]	Belegungskonfliktsituation mit veränderbarer Zugreihenfolge und gleicher Fahrtrichtung der Zugfahrten	II
Gegenfahrt ohne Reihenfolgezwang (GFoRZ)	Belegungskonfliktsituation mit veränderbarer Zugreihenfolge und entgegengesetzter Fahrtrichtung der Zugfahrten	II
Gegenfahrt mit Reihenfolgezwang (GFmRZ)	Belegungskonfliktsituation mit unveränderbarer Zugreihenfolge und entgegengesetzter Fahrtrichtung der Zugfahrten	I
Gegenfahrt mit verklemmter Reihenfolge (Deadlock)	Belegungskonfliktsituation mit verklemmter Zugreihenfolge und entgegengesetzter Fahrtrichtung der Zugfahrten	III

In Abschnitt B.1 sind beispielhaft für die definierten Belegungskonfliktsituationen der gemeinsam befahrene Wegabschnitt als Liste von Objekten dargestellt. Die Objekte sind eine mögliche Auswahl von Knoten eines Freimeldegraphs. Diese sind Zugfolgestellen $Zfst$, Zugschlussstellen Zss und Weichen W. Mit diesen Anwendungsbeispielen wird die Umsetzbarkeit der Belegungskonfliktsituationen veranschaulicht.

---

[19](und ggf. Folgefahrt)
[20](E(FF)A)

6.4. Schlussfolgerung und Ausblick

Die Kombinationsmöglichkeiten für Elementarsituationen je Belegungskonfliktsituation wurde im Vergleich zu [Hla02] erweitert. In ihrer Gesamtheit sind diese in Tabelle 6.1 aufgeführt. Darüber hinaus wurde die Belegungskonfliktsituation Einfädelung mit anschließender Ausfädelung für höhengleiche, echte Kreuzungen definiert. Für Gegenfahrten erfolgt eine zusätzliche Unterscheidung. Neben den Merkmalen mit und ohne Reihenfolgezwang wird für Gegenfahrten zusätzlich das Merkmal mit verklemmter Reihenfolge definiert[21]. Dies ist notwendig, weil für Gegenfahrten mit verklemmter Zugreihenfolge sich keine Regeln für eine belegungskonfliktfreie, zeitliche Anpassung der Züge ableiten lassen. Für alle anderen Belegungskonfliktsituationen ist dies insbesondere für den zeitlich nachfahrenden Zug gegeben. Die beschriebenen Verbesserungen ermöglichen die Konflikterkennung für die weiterentwickelte, bedienergeführte Regelung anzuwenden.

Die Erkennung der Belegungskonfliktsituationen wurde im Rahmen einer prototypischen Entwicklung für ein Assistenzsystem Konflikterkennung und Konfliktlösung realisiert. Die beschriebene Verfahrensweise wurde mit realen Betriebsdaten praxistauglich über mehr als zwei Jahre getestet sowie geprüft[22].

---

[21] Vergleiche hierzu Tabelle 6.2.
[22] Vergleiche hierzu [Pä12].

7. Fahrplantrassen prognostizieren

Fahrplantrassen beschreiben eine definierte zeitliche und räumliche Beanspruchung der Infrastruktur durch eine Zugfahrt[1]. Der räumliche Aspekt wird durch den Laufweg definiert. Der zeitliche Aspekt wird durch die Zeit-Wege-Linie und die daraus resultierenden Sperrzeiten festgelegt. Eine Zeit-Wege-Linie vereint Fahr- und Haltezeiten inklusive Zeitzuschläge bezogen auf den Laufweg einer Zugfahrt.

Die Aufgabe, Fahrplantrassen zu prognostizieren, ist Bestandteil der dispositiven Tätigkeiten. Während der permanenten Arbeitsabläufe wird mit Hilfe der prognostizierten Zugfahrten der zukünftig erwartete Betriebsablauf überwacht. Im Rahmen der ergebnisbezogenen Arbeitsabläufe ist die Prognoserechnung von Zugfahrten Bestandteil bei der Berechnung von Konfliktlösungen[2].

Im Abschnitt 7.1 wird der Stand der Anwendungen dargelegt. Die offenen Fragen zum Stand der Anwendungen und die daraus resultierenden Zielstellungen für dieses Kapitel werden im Abschnitt 7.2 beschrieben. Die Herleitung der Algorithmen für die Berechnung knickfreier Zeit-Wege-Linien wird im Abschnitt 7.3 erläutert. Die Berechnung von Zeit-Wege-Linien wird im Abschnitt 7.4 beschrieben. Der Stand der Anwendung zur Sperrzeitrechnung[3] wird im Abschnitt 7.5 dargelegt. Die Schlussfolgerungen und Ausblick sind im Abschnitt 7.6 wiedergegeben.

---

[1]Vergleiche hierzu [Nau04, 74].
[2]Vergleiche hierzu Kapitel 3.
[3]Vergleiche hierzu [Nau04, 203f.].

7.1. Stand der Anwendungen

Die Berechnung und Darstellung von Zeit-Wege-Linien hat ihren Ursprung in der Fahrplankonstruktion bzw. konkret im Bildfahrplan. In [Ril402.0301] wird die Art und Weise der Fahrplankonstruktion in Deutschland grundsätzlich beschrieben. Die für die Konstruktion berechneten Fahr- und Haltezeiten und deren Zeitanteile werden in [Ril405.0103] dargestellt. Basis der im Fahrplan berechneten Fahrzeiten ist hierbei die reine Fahrzeit[4]. Zur reinen Fahrzeit kommen Fahrzeitzuschläge hinzu, welche sich in Voll- und Einzelzuschläge unterteilen[5]. Sie werden für die Fahrplankonstruktion eines Zuges als auch für die konfliktfreie Konstruktion eines Zuggefüges verwendet. Zeitzuschläge auf die reine Fahrzeit verlängern diese abschnittsweise mit einfachen Mitteln.

Fahrzeiten werden unter Lösung des Integrals zur Fahrzeitrechnung bestimmt[6]. Hierfür angewendete mathematische Lösungsmöglichkeiten sind numerische Schrittverfahren[7]. Darüber hinaus gibt es Lösungsansätze, das Integral der Fahrzeitrechnung direkt zu lösen. Mit Hilfe von konstanten Werten für das Beschleunigungs- sowie Bremsvermögen eines Zuges lassen sich die Fahrzustände einer Zugbewegung mittels Bewegungsgleichungen berechnen. In [Goh92, 26ff.] wird das Beschleunigungs- und Bremsvermögen eines Zuges durch einen linearen Term approximiert. Dadurch kann das Integral der Fahrzeitrechnung abschnittsweise analytisch gelöst werden. Dies gilt ebenfalls für die Patentschrift [Dah05]. In dieser wird das Beschleunigungs- und Bremsvermögen eines Zuges durch einen quadratischen Term approximiert. Darüber hinaus wird in [Ble01] das Beschleunigungsvermögen als hyperbolische Funktion und im Vergleich dazu ebenfalls als quadratische Funktion abgebildet. Die Vorteile bezüglich der Rechenzeit, welche die analytischen Rechenverfahren mit-

---

[4]Die reine Fahrzeit ist gleichzusetzen mit der technisch kürzeste Fahrzeit. Diese wird unter Annahme einer straffen Fahrweise berechnet.

[5]Zu Vollzuschlägen zählen u.a. Regel- und Biegezuschläge. Einzelzuschläge sind beispielsweise Sonder- und Bauzuschläge.

[6]Vergleiche hierzu [Roc83], [Her83] sowie [Wen03, 37].

[7]Vergleiche hierzu [Roc83, 266] und [Wen03, 57].

bringen, werden durch die Heterogenität der Datengrundlage wieder aufgehoben. Auch mit analytischen Rechenverfahren können Fahrzeiten nur abschnittsweise berechnet werden. Damit schwindet ein Vorteil der analytischen Berechnungsvorschriften. Deshalb werden nach dem Stand der Anwendungen weiterhin numerische Schrittverfahren für die Lösung des Integrals zur Fahrzeitrechnung eingesetzt.

Nach dem Stand der Technik werden Fahrzeitzuschläge in Form von teilweise standardisierten Voll- und Einzelzuschlägen für die Ermittlung planmäßiger Fahrzeiten verwendet[8]. Dies erfolgt, weil derzeit kein Superiorwert zwischen planmäßiger und realisierter Fahrzeit statistisch gesichert existiert[9]. Die Verteilung von Fahrzeitzuschlägen für die Berechnung planmäßiger Fahrzeiten ist Bestandteil weiterer Forschungsarbeiten[10] und wird im Rahmen dieser Arbeit nicht weiter thematisiert.

Der Bildfahrplan aus der Fahrplankonstruktion bildet u.a. die Grundlage für den (ggf. elektronischen) Buchfahrplan (EBuLa) sowie die Prognoserechnung im Rahmen der dispositiven Tätigkeiten. Der konstruierte Fahrplan wird dabei mit einer Genauigkeit von $0{,}1$ Minuten für Ankunfts-, Abfahrts- und Durchfahrtszeiten an planmäßigen Halten und Fahrzeitmesspunkten an die abnehmenden Systeme übergeben.

Der Buchfahrplan gehört zu den Fahrplanunterlagen eines Triebfahrzeugführers. In elektronischer Form wird dieser von verschiedenen Assistenzsystemen weiter verwendet. Zu nennen sind hier Assistenzsysteme des Schienenpersonenfernverkehrs Driving Style Manager[11] der SBB sowie Energiesparsame Fahrweise der DB AG - ESF[12]. Im Schienenpersonennahverkehr sind dies METROMISER[13] sowie das Assistenzsystem welches im Projekt intermobil Region Dresden[14] entwickelt wurde. Ziel dieser Systeme ist es, den Triebfahrzeugführer im Regelbetrieb bei

---

[8]Vergleiche hierzu [UIC00] und [Ril405.0103, 6f.].

[9]Vergleiche hierzu [Her92, 306], [Ril405.0103, 2] sowie [Fen12].

[10]Vergleiche hierzu [Jen97], [Rud04] und [Sie12].

[11]Vergleiche hierzu [Mey02].

[12]Vergleiche hierzu [San99].

[13]Vergleiche hierzu [Lin02].

[14]Vergleiche hierzu [Str05a].

einer energiesparsamen Fahrweise zu unterstützen. Unter Verwendung von Fahrzeitreserven wird eine zukünftige Fahrweise energiesparsam berechnet und dem Triebfahrzeugführer angezeigt. Durch Variation ausgewählter Fahrzustände und Geschwindigkeiten werden Kurvenscharen von Geschwindigkeits-Wege- und Zeit-Wege-Linien berechnet. Eine Zeit-Wege-Linie repräsentiert dabei eine kombinatorische Abfolge von Fahrzuständen und Geschwindigkeiten. Die berechneten Zeit-Wege-Linien werden bewertet und eine Ergebnis-Zeit-Wege-Linie zur Anzeige für den Triebfahrzeugführer ausgewählt.

Im Unterschied zu der aufgezählten Auswahl von Verfahren zur Berechnung energiesparsamer Zeit-Wege-Linien werden im Verfahren gemäß [Oet08b] Abweichungen vom Regelbetrieb berücksichtigt. Dabei wird für die Zuglaufregelung ein Lösungsraum unter Berücksichtigung vorhandener Abweichungen vom Regelbetrieb erstellt. Es wird eine energiesparsame Zeit-Wege-Linie berechnet, die im Lösungsraum liegt. Die Art und Weise der Variationsrechnung erfolgt in diesem Verfahren fahrzustands- und abschnittsweise.

Die Prognoserechnung im Leitsystem der DB Netz AG erfolgt u.a. auf Basis des aus der Fahrplankonstruktion übergebenen Fahrplans[15]. Die Art und Weise, wie die Fahrzeiten einer Zeit-Wege-Linie im Rahmen der Prognoserechnung zeitlich angepasst werden, ist im Grundsatz analog zur angewendeten Verfahrensweise in der Fahrplankonstruktion. Im Unterabschnitt 7.4.1 werden die verwendeten Regeln im Kontext der Prognoserechnung grundsätzlich erläutert.

Im Kontext der Prognoserechnung sind dispositiv veränderte Fahr- und Haltezeiten zu berücksichtigen. Dieser werden nach dem Stand der Anwendungen vom Zugdisponenten ermittelt und im Leitsystem der DB Netz AG manuell eingetragen. In [Pä12] werden Algorithmen zur teilautomatischen Konfliktlösung als Assistenzsystem erstmals erprobt. Dabei werden auf Grundlage prognostizierter Sperrzeiten Belegungskonflikte zwischen zwei Zügen erkannt und auf Anfrage Konfliktlösungsalternativen berechnet. Hierfür werden in der Regel Fahr- und Haltezeiten für den nachfah-

---

[15]Vergleiche hierzu Abschnitt 2.4.

renden Zug zeitlich angepasst. Dieser Grundsatz wird nach dem Stand der Wissenschaft auch in [Kuc11] angewendet.

Die notwendigen zeitlichen Anpassungen für den nachfahrenden Zug werden grundsätzlich behinderungsfrei konstruiert[16]. Die zeitlichen Anpassungen für eine behinderungsfreie Fahrt des nachfahrenden Zuges erfolgen in [Kuc11, 137] zweistufig. Zunächst erfolgt ein Annäherungsbiegen auf die erste prognostizierte Sperrzeitüberlappung beider Züge. Anschließend wird der nachfahrende Zug zum vorausfahrenden Zug parallel gebogen. Letzteres harmonisiert die Geschwindigkeiten zwischen den beiden Zügen. Die Geschwindigkeitsharmonisierung erfolgt dabei auf das maßgebende Sperrzeitelement im betrachteten gemeinsamen Wegabschnitt beider Züge.

Die in [Kuc11] beschriebene Art und Weise, wie zwei Züge zeitlich angepasst werden können, ist im Grundsatz für die Bearbeitung von Belegungskonfliktsituationen anwendbar. Die zeitliche Anpassung des nachfahrenden Zuges beim Parallelbiegen hat verfahrensbedingte Nachteile. Zwischen der ersten Sperrzeitüberlappung und dem Ende des betrachteten gemeinsamen Wegabschnittes erfolgt das Parallelbiegen. Hierbei werden die Fahr- und Haltezeiten des nachfahrenden Zuges zeitlich so angepasst, dass die daraus resultierende Durchschnittsgeschwindigkeit der des vorausfahrenden Zuges entspricht. Schwankungen um die Durchschnittsgeschwindigkeit des vorausfahrenden Zuges werden dabei nicht vollständig auf den nachfahrenden Zug übertragen.

In [Pä12] werden darüber hinaus weitere Strategien zur zeitlichen Anpassung von Zügen für die Disposition auf ihre Praxistauglichkeit hin überprüft und weiter entwickelt.

Nahe der Istzeit kann bei dichter Zugfolge ggf. die Fahrt eines nachfahrenden Zuges nicht behinderungsfrei berechnet werden. Die Zugfolge wird in diesem Fall behindert berechnet. Dabei ist die zu berechnende Fahrweise des nachfahrenden Zuges abhängig von der vorhandenen Sicherungstechnik. Das Nachbilden behinderter Fahrweise während der Disposition wird in [Kuc11, 97f.] eingeführt und beschrieben. Aus Sicht der Zugdisposi-

---

[16]Zugfolgeabstand für behinderungsfreie Fahrt, vergleiche hierzu [Pac04, 51].

tion sollte diese Nachbildung Bestandteil der Prognose sein, und nicht erst in der Disposition Anwendung finden. Die Güte der Prognose wird damit verbessert. Dies hat Einfluss auf die Konflikterkennung und anschließende Konfliktlösung. Stutzvorgänge und damit behinderungsbedingte Fahrweise in der Prognose abzubilden, gehört derzeit zum weiteren Forschungsbedarf. Mit [Gro16] werden erste Ansätze für die Berücksichtigung der behinderungsbedingten Fahrweise in der Prognoserechnung entwickelt. Das Produkt Zuglaufregelung Grüne Funktion soll 2018 produktiv gesetzt werden.

Des Weiteren werden nach dem Stand der Anwendungen Belegungskonflikte u.a. mit Hilfe einer synchronen Simulation gelöst. Dies hat den Nachteil, dass für den nachfahrenden Zug nicht mehrere Zielpunkte für die zeitlichen Anpassungen[17] berücksichtigt werden können[18]. Damit lässt sich eine vorausschauende Fahrweise für die Zugdisposition nicht berechnen.

7.2. Offene Fragestellung und Zielstellung

Für die Prognoserechnung im Rahmen der dispositiven Tätigkeiten werden Zeit-Wege-Linien berechnet. Nach dem Stand der Anwendungen werden dabei Fahrzeiten mit Hilfe von Voll- und Einzelzuschlägen auf Basis der reinen Fahrzeit abschnittsweise verlängert. Wirken dabei unterschiedliche Zuschläge auf benachbarte Abschnitte der reinen Fahrzeit, so entsteht ein Knick in der Zeit-Wege-Linie. Ein Knickpunkt in einer Funktion entspricht mathematisch einem endlichen Sprung der ersten Ableitung[19].

---

[17]Zielpunkte für die zeitlichen Anpassungen des nachfahrenden Zuges beschreiben Geschwindigkeitswechsel des vorausfahrenden Zuges oder das Ende des betrachteten gemeinsamen Wegabschnittes beider Züge. Von Interesse sind Geschwindigkeitswechsel insbesondere von langsamer hin zu schneller Fahrweise, weil ab diesen Zielpunkten ein nachfahrender Zug ebenfalls hin zu einer schnelleren Fahrweise wechseln kann.

[18]Vergleiche hierzu Abschnitt 4.1.

[19]Vergleiche hierzu [Bro95, 202].

Die erste Ableitung einer Zeit-Wege-Linie ist $\dot{t}(s) = v(s)$ die Geschwindigkeits-Weg-Linie. Solche Unstetigkeitsstellen sind fahrdynamisch im Grundsatz physikalisch nicht fahrbar. Fahrdynamisch prinzipiell umsetzbar sind Zeit-Wege-Linien ohne Knickpunkte. Dies ist beispielsweise nach dem Stand der Technik bei idealen Bedingungen die Zeit-Wege-Linie der technisch kürzesten Fahrzeit.

Eine Unterscheidung von Unstetigkeitsstellen, die praxisrelevant sind oder nicht, ist eine funktionale Reduktion des genannten Problems und keine allgemeingültige Lösung. Deshalb wird eine derartige Unterscheidung in dieser Arbeit nicht weiter verfolgt.

Des Weiteren wird die Menge der Unstetigkeitsstellen je Zug durch die Art und Weise, wie der Buchfahrplan aus der Fahrplankonstruktion an die abnehmenden Systeme verteilt wird, vergrößert, denn es werden abschnittsweise gerundete Fahrzeiten übergeben. Wie Voll- und Einzelzuschläge für die Fahrplankonstruktion verteilt sind, wird nicht an die abnehmenden Systeme übertragen. Hierzu zählen auch konstruierte, unveröffentlichte Halte auf der freien Strecke.

Für die Prognoserechnung ist die reine Fahrzeit abschnittsweise zu verlängern. Nach dem Stand der Anwendungen wird diese Aufgabe nicht als mathematisches Variationsproblem[20] gelöst. Durch die abschnittsweise Veränderung der Fahrzeitzuschläge wird die reine Fahrzeit zeitlich verlängert. Im Gegensatz hierzu lösen nach dem Stand der Anwendungen Assistenzsysteme auf dem Triebfahrzeug das Verlängern der reinen Fahrzeit mathematisch als Variationsproblem. Dies erfolgt jedoch nur für die jeweils nächste zeitliche Vorgabe aus einem Fahrplan. Die hierbei verwendeten Verfahren sind in ihrer entwickelten Form auf bestimmte Baureihen[21] abgestimmt oder in der Abfolge oder Art von Fahrzuständen ein-

---

[20]Vergleiche hierzu [Bro95, 436].

[21]Hierzu zählen die vorgestellten Assistenzsysteme Driving Style Manager und METRO-MISER. Die Verfahrensweise des Assistenzsystems Driving Style Manager wurde im Personenfernverkehr für die Baureihe Re460 prototypisch umgesetzt. Die Anwendung METROMISER wurde für bestimmte S-Bahn- und Stadtbahnwagentypen im Personennahverkehr konzipiert.

geschränkt[22]. Für die Anwendung dieser Verfahrensweisen im Kontext der Prognoserechnung zur Lösung des offenen Variationsproblems sind diese im Grundsatz weiter zu entwickeln.

Ziel dieser Arbeit ist es, eine Verfahrensweise zu entwickeln, mit der das beschriebene Variationsproblem für die Prognoserechnung gelöst werden kann. Es wird dabei eine Vorgabe in Form eines Geschwindigkeitsprofils für eine Fahrzeitrechnung bestimmt, mit der die zeitlich diskreten Vorgaben eines Fahrplans bezüglich der Fahrzeit möglichst erfüllt, sowie die zulässige Höchstgeschwindigkeit und fahrdynamischen Randbedingungen eingehalten werden können.

7.3. Herleitung der Algorithmen zur Berechnung von knickfreien Zeit-Wege-Linien

Im Abschnitt 2.4 werden die angewandten Regeln der Prognoserechnung im Eisenbahnbetrieb grundsätzlich beschrieben. Ziel der Prognoserechnung ist es, die voraussichtliche Fahrweise einer Zugfahrt regelbasiert zu berechnen. Dabei werden Fahrplanzeiten teilweise voneinander fahrdynamisch unabhängig bestimmt und für die Prognoserechnung zur Einhaltung vorgegeben. Diese Freiheitsgrade sind im Rahmen der dispositiven Tätigkeiten[23] erforderlich. Andernfalls müssten im Rahmen der dispositiven Tätigkeit die Fahrplanzeiten abhängig von den fahrdynamischen Wechselwirkungen berechnet werden. Der hierfür notwendige Änderungsaufwand im Arbeitsablauf der dispositiven Tätigkeiten ist weiter zu erforschen, und wird als Lösungsmöglichkeit in dieser Arbeit nicht weiter untersucht.

---

[22]Hierzu zählen beispielsweise die Assistenzsysteme Energiesparsame Fahrweise der DB AG - ESF und intermobil Region Dresden. Das Verfahren ESF kombiniert die straffe Fahrweise mit dem Fahrzustand Ausrollen. Während im Verfahren intermobil Region Dresden die Abfolge der Fahrzustände Beschleunigen mit voller Zugkraft, Beharren mit vorgegebener Geschwindigkeit, Ausrollen und Bremsen zwischen zwei Halten eines Nahverkehrszuges Anwendung finden.

[23]Vergleiche hierzu Abschnitt 3.3.

Nach dem Stand der Technik werden die gesetzten Fahrplanzeiten abhängig von der technisch kürzesten Fahrzeit sowie von Mindesthaltezeiten eingehalten. Vorhandener Fahrzeitüberschuss zwischen gesetzten Fahrplanzeiten wird dabei in Form von Biegezuschlägen berücksichtigt. Im Ergebnis wird eine Zeit-Wege-Linie berechnet, die infolge wechselnder Fahrzeitzuschläge knickbehaftet ist[24]. Für die Berechnung von knickfreien Zeit-Wege-Linien sind diese Regeln dann nicht ausreichend, wenn gesetzte Fahrplanzeiten in ihrer zeitlichen und örtlichen Abfolge fahrdynamisch nicht fahrbar sind. Das ist der Fall, wenn das Komfortbrems- oder Beschleunigungsvermögen eines Zuges unter Berücksichtigung der zulässigen Höchstgeschwindigkeit, einer Mindestbeharrungszeit sowie der Bremsenlösezeit einschließlich Bremsdurchschlagszeit kein praktisch relevantes Fahrspiel ermöglicht, um die nächste gesetzte Fahrplanzeit zeitlich einzuhalten. In der Konsequenz entstehen zeitliche Abweichungen zwischen einer fahrdynamisch berechneten sowie knickfreien Zeit-Wege-Linie und den gesetzten Fahrplanzeiten. Diese gilt es im Kontext der Prognoserechnung zu minimieren, um die gesetzten Fahrplanzeiten möglichst einzuhalten.

Darüber hinaus unterliegt der Zeitbedarf für die Berechnung knickfreier Zeit-Wege-Linien den Anforderungen des Eisenbahnbetriebs. Die Fahrzeitrechnung ist ein wichtiger Bestandteil der Prognoserechnung. Weitere Berechnungsschritte wie beispielsweise Belegungsrechnung oder Konflikterkennung sowie -lösung bauen auf den Ergebnissen der Prognoserechnung auf. Deshalb ist die Fahrzeitrechnung ein zeitkritischer Berechnungsschritt innerhalb der Prognoserechnung. Dieser ist verzögerungsarm auszuführen.

Nachfolgend werden verschiedene heuristische Lösungsansätze diskutiert. Sie unterscheiden sich grundsätzlich in der Anzahl der berechneten gültigen Lösungen. Zunächst wird ein Lösungsansatz dargestellt, bei dem nur eine gültige Zeit-Wege-Linie berechnet wird. Im Anschluss erfolgt die Erörterung eines Ansatzes, in dem alle praxisrelevanten Zeit-Wege-Linien im Lösungsraum betrachtet werden. Im letzten Lösungsansatz wird eine

---

[24]Vergleiche hierzu Unterabschnitt 7.4.1.

knickfrei berechnete gültige Zeit-Wege-Linie anhand eines Gütekriteriums durch ein iteratives Vorgehen schrittweise verbessert.

Darüber hinaus wird dargestellt, warum sich die ersten beiden Lösungsmöglichkeiten hinsichtlich Anwendbarkeit, Optimalität der Lösung oder notwendiger Berechnungszeit nicht eignen. Des Weiteren werden die notwendigen Weiterentwicklungsschritte für den letzten Lösungsansatz beschrieben.

Zur Lösung der beschriebenen Fragestellung werden als erster Lösungsansatz zunächst mögliche Algorithmen und deren Konsequenzen betrachtet, mit denen genau eine gültige knickfreie Zeit-Wege-Linie berechnet werden kann. Die Abhängigkeiten zwischen fahrdynamischen Randbedingungen, gesetzten Fahrplanzeiten und den daraus resultierenden Anwendungsfällen sind dafür regelbasiert abzubilden. Durch das Lösen der fahrdynamischen Grundgleichung können Fahrzeiten knickfrei berechnet werden. Dabei wird jeweils ein Fahrspiel und eine Fahrzeit berechnet. Als Vorgabe für die Fahrzeitrechnung wird in jedem Berechnungsschritt ein Geschwindigkeitsprofil ermittelt, mit dem eine knickfreie Zeit-Wege-Linie berechnet werden kann. Dabei wird mit der berechneten Zeit-Wege-Linie die Einhaltung der gesetzten Fahrplanzeiten überprüft. Auf Grundlage der Prüfergebnisse ist im nächsten Berechnungsschritt ein verändertes Geschwindigkeitsprofil zu bestimmen, welches wiederum Eingangswert für die Fahrzeitrechnung ist. Diese Vorgehensweise erfolgt, bis eine gültige Zeit-Wege-Linie berechnet wurde. Die Herausforderung dieses Lösungsansatzes besteht darin, die genannten Abhängigkeiten zwischen Ergebnis eines Berechnungsschrittes und den anzuwendenden Berechnungsregeln für den nächsten Berechnungsschritt so nahezu vollständig zu beschreiben, dass damit eine gültige Zeit-Wege-Linie berechnet werden kann. Infolge der umfangreichen Merkmalsausprägung für die genannten Abhängigkeiten sind die notwendigen Lösungsalgorithmen komplex. Eine Aussage über die Optimalität einer gültigen Lösung im Vergleich zu anderen berechneten gültigen Lösung kann nicht formuliert werden, weil nur eine gültige Zeit-Wege-Linie im Lösungsraum berechnet wird. Zuletzt ist die notwendige Berechnungszeit zu beurteilen. Diese ist von der Konvergenzgeschwindigkeit der beschriebenen Vorgehensweise abhängig, und lässt sich infolge der abzubildenden Komplexität nur mit Betrachtung der Lösungsalgorithmen sowie einer Erstimplementierung sinnvoll bewerten. Aufgrund der abzubildenden Komplexität und einer fehlenden Abschätzung zur Optimalität der Lösung wird dieser Lösungsansatz nicht weiter verfolgt.

Eine weitere Möglichkeit zur Lösung der beschriebenen Fragestellung sind Algorithmen, mit denen mehrere knickfreie Zeit-Wege-Linien berechnet werden. Der Lösungsraum wird dabei um die knickbehaftete Zeit-Wege-Linie der Prognoserechnung aufgebaut. Damit soll sichergestellt werden, dass im Ergebnis eine knickfreie Zeit-Wege-Linie berechnet werden kann, die möglichst ähnliche Geschwindigkeiten aufweist und wenig zeitliche Abweichung zu dieser hat. Deshalb werden durchschnittliche Geschwindigkeiten zwischen den Fahrplanzeiten der Prognose-Zeit-Wege-Linie ermittelt. Aus den durchschnittlichen Geschwindigkeiten lässt sich ein Geschwindigkeitsprofil ermitteln. Durch wohldefinierte abschnittsweise Variation der Geschwindigkeitswerte können mehrere Geschwindigkeitsprofile erzeugt werden. Für jedes Geschwindigkeitsprofil kann anschließend mittels Fahrzeitrechnung eine knickfreie Zeit-Wege-Linie berechnet werden. Jede dieser Zeit-Wege-Linien kann im nächsten Schritt auf die Einhaltung der gesetzten Fahrplanzeiten geprüft werden. So können ungültige und gültige Zeit-Wege-Linien identifiziert werden. Die Herausforderung dieses Lösungsansatzes besteht darin, die Variation der Geschwindigkeitswerte zu wählen. Von diesen Regeln hängt ab, in wie weit gültige Zeit-Wege-Linien berechnet werden können. Wenn keine gültigen Zeit-Wege-Linien berechenbar sind, so ist die Variation der Geschwindigkeitswerte iterativ anzupassen. Das Verfahren ist beendet, wenn mindestens eine gültige Zeit-Wege-Linie berechnet werden konnte. Werden mehrere gültige Zeit-Wege-Linien berechnet, so können im Anschluss alle gültig berechneten Zeit-Wege-Linien bewertet werden. Die Zeit-Wege-Linien mit der besten Bewertung wird als Lösung ausgewählt. Je größer die Anzahl der gültig berechneten Zeit-Wege-Linien ist, umso repräsentativer ist die ausgewählte Lösung. Erst durch eine Enumeration über die komplette Variation aller möglichen Geschwindigkeitswerte und anschließender Berechnung der Zeit-Wege-Linien kann die optimal bewertete Zeit-Wege-Linie ausgewählt werden. Dieser Verfahrensansatz ist hinsichtlich seiner Berechnungszeit kritisch zu bewerten. Je größer die Anzahl der variierten Geschwindigkeitswerte ist, desto größer ist die Anzahl der zu berechnenden Zeit-Wege-Linien. Dies führt grundsätzlich zu längeren Berechnungszeiten, welche sich vorab praxisnah abschätzen lassen. Sind die vorab kalkulierten Berechnungszeiten zur Lösungsfindung größer als die nicht funktionalen Anforderungen an die Rechenzeit, so ist die Anzahl der zu variierten Geschwindigkeitswerte zu verkleinern. Die Menge der zu betrachtenden Geschwindigkeitsprofile lässt sich reduzieren, in dem weniger Geschwindigkeitswechsel und Geschwindigkeitswerte berücksichtigt werden. Dies hat Einfluss auf die Güte der Ergebnis-Zeit-Wege-Linie, weil dadurch nicht mehr jede Geschwindigkeitsveränderung der Prognose-Zeit-Wege-Linie berücksichtigt wird. Die zeitlichen Abweichungen zu dieser werden dadurch in der Regel größer.

Im Rahmen dieser Arbeit wurde der beschriebene Lösungsansatz implementiert und geprüft. Die dokumentierten Nachteile konnten bestätigt werden. Der beschriebene Lösungsansatz wird nicht weiter verfolgt. Die Realisierung zeigt, das ein Verfahrensansatz benötigt wird, in dem das faktorielle Wachstum der zu berechnenden Geschwindigkeitsprofile unter Berücksichtigung der Ergebnisqualität eingeschränkt wird. Sonst ist die notwendige Rechenzeit für praktische Zwecke ungeeignet.

Im Rahmen der Prüfphase wurden verschiedene Heuristiken zur Reduzierung der Berechnungszeit praktisch untersucht. Den größten Einfluss auf die Berechnungszeit hat die Anzahl der Geschwindigkeitsprofile, deren Fahrzeit zu berechnen ist. Wenn es im betrachteten Lösungsansatz gelingt, das Beschleunigungsvermögen eines Zuges abzuschätzen, dann kann die Fahrzeit eines Zuges mit Hilfe von Bewegungsgleichungen algebraisch berechnet werden. Dies reduziert die Berechnungszeit, da die Prüfung, ob ein Geschwindigkeitsprofil zu einer gültigen Zeit-Wege-Linie führt, vereinfacht durchgeführt werden kann. Es muss dann nicht mehr jedes Geschwindigkeitsprofil mittels numerischer Fahrzeitrechnung berechnet werden. Vergleichbare Schätzverfahren werden in der Regelungstechnik eingesetzt[25]. Die Verfahrensansätze lassen sich grundsätzlich adaptieren. Dabei wird das Beschleunigungsvermögen eines Zuges als Funktion approximiert. Der dabei entstehende Schätzfehler hat Einfluss auf die Ergebnisgüte. Dies konnte in der Umsetzung bestätigt werden. Zur Reduzierung des Schätzfehlers wurde die Approximation des Beschleunigungsvermögens schrittweise verbessert. Gleichzeit vergrößerte sich dadurch die Anzahl der Rechenschritte und damit die notwendige Rechenzeit. Im Ergebnis konnte der Einsatz eines Ableitungsschätzer zur Reduzierung der Rechenzeit mit akzeptablem Schätzfehler nicht überzeugen und wird deshalb nicht weiter verfolgt.

Mit dem letzten Verfahrensansatz zur Lösung der beschriebenen Fragestellung soll die Rechenzeit weiter reduziert werden. Darüber hinaus sollen Algorithmen verwendet werden, die eine gültig berechnete Lösung weiter verbessern können. Dies soll durch einen iterativen Berechnungsansatz realisiert werden. Je Iterationsschritt wird ein eingeschränkter Teil des Lösungsraums definiert. In diesem wird eine gültige Lösung berechnet und bewertet. Im jeweils nächsten Iterationsschritt wird aufbauend auf der vorhandenen gültigen Lösung ein neuer eingeschränkter Teil des Lösungsraums definiert und eine neue Lösung mit einer möglichst besseren Bewertung berechnet. Die Berechnung ist erfolgreich beendet, wenn keine besser bewertete Lösung berechnet werden kann, oder wenn die verfügbare Berechnungszeit aufgebraucht ist. Wenn die Berechnungszeit aufgebraucht ist, wird der aktuelle Iterationsschritt beendet oder abgebrochen und die bis dahin beste Lösung als Ergebnis verwendet. Der umrissene Berechnungsverlauf wird im Abschnitt 7.4 detailliert beschrieben.

Damit die Güte einer Lösung im Kontext der oben genannten Zielsetzung iterativ verbessert werden kann, muss die Bewertungsgröße die zeitliche Abweichung zu den vorgegebenen Fahrplanzeiten berücksichtigen. Betrachtet man die vorgegebenen Fahrplanzeiten als experimentelle Daten, so können im Grundsatz numerische Verfahren zur Approximation zwischen einem deterministischen mathematischen Modell der Fahrzeit-

---

[25]Vergleiche hierzu [Zeh07], [Mai08] und [Amt10].

rechnung und den vorgegebenen Fahrplanzeiten verwendet werden[26]. Dabei ist ein nicht lineares und nicht direkt auflösbares Ausgleichsproblem zu lösen. Die Methode der kleinsten Abweichungsquadrate als Gütekriterium je Iterationsschritt bietet sich zur Anwendung an, weil große zeitliche Abweichungen stärker gewichtet werden als kleine. Die fahrdynamischen Abhängigkeiten zwischen den gesetzten Fahrplanzeiten sind nicht bekannt. Deshalb sollen die zeitlichen Abweichungen zu allen gesetzten Fahrplanzeiten möglichst minimiert werden.

Des Weiteren wird für eine zeitlich verbesserte Ausnutzung der nicht nutzbaren Zeitlücken im Trassengefüge zwischen folgenden oder kreuzenden Zügen zusätzlich die Summe der Abweichungsquadrate zu den frühestmöglichen Beförderungszeitpunkten berechnet und als Summand in der Bewertungsgröße berücksichtigt. Mit der Summe der Abweichungsquadrate zu den gesetzten Fahrplanzeiten kann dieser Aspekt nicht ausreichend bewertet werden. Deshalb wird die Bewertungsgröße erweitert.

Diejenige aller betrachteten Zeit-Wege-Linien mit der kleinsten Summe der Abweichungsquadrate stellt im Grundsatz den besten Gütekompromiss dar und soll als Bewertungsgröße verwendet werden. Diese wird im Unterabschnitt 7.4.5 beschrieben.

7.4. Knickfreie Zeit-Wege-Linien berechnen

In Abbildung 7.1 werden die notwendigen Arbeitsschritte zur Berechnung einer knickfreien Zeit-Wege-Linie dargestellt. Die einzelnen Schritte werden in den nachfolgenden Unterabschnitten beschrieben. Grundlage für die Kalkulation ist u.a. eine knickbehaftete Ausgangs-Zeit-Wege-Linie. Die Eigenschaften dieser werden im nachfolgenden Unterabschnitt im Grundsatz beschrieben. Die Vorbereitung der iterativen Fahrzeitrechnung ist im Unterabschnitt 7.4.2 erläutert. Innerhalb der iterativen Berechnung sind Geschwindigkeitsprofile zu bestimmen. Im Unterabschnitt 7.4.3 wird dies beschrieben.

---

[26]Vergleiche hierzu [Sch86, 52].

$\{1.9.5.6.\}^{a}$ Unterprogramm (Ebene 4): Zeit-Wege-Linie berechnen.

$\{\dots 0.\}$: Fahrplandaten für aktuell betrachteten Zug lesen, Ausgangs-Zeit-Wege-Linie bestimmen und Fahrzeitrechnung vorbereiten.

$\{\dots 1.\}$: $f_v = k = -1$, $FBA_i := FBA_1$ setzen.

$\{\dots 2.\}$: $(FBA_i \leq FBA_n)$

$\{\dots 3.\}$: $k = k + 1$

$\{\dots 5.\}$: $f_v = f_v + 1$

$\{\dots 6.\}$: Zulässige Geschwindigkeitsvariationen und -profile für $FWA_1, \dots, FWA_n$ bestimmen.

$\{\dots 7.\}$: Zeit-Wege-Linie für Geschwindigkeitsprofile der Menge GP mittels Fahrzeitrechnung bestimmen und prüfen. Positives Prüfergebnis: $|GP^*| > 0$.

$\{\dots 4.\}$: $|GP^*| = 0$

$\{\dots 8.\}$: SAQ zwischen $t_{GP_j - ZWL}(s)$ und $t_{Ag. - ZWL}(s)$ je $GP_j \in GP^*$ berechnen.

$\{\dots 9.\}$: Menge GP^* nach Merkmal SAQ sortieren.

$\{\dots 10.\}$: $GP_k := GP_1^*$, $t_{GP_k - ZWL}(s) := t_{GP_1^* - ZWL}(s)$

$\{\dots 11.\}$: $k > 1$?

ja — nein

$\{\dots 12.\}$: $SAQ_{GP_k} < SAQ_{GP_{k-1}}$?

ja — nein — $\varnothing$

$\{\dots 13.\}$: $f_v = -1$

$\{\dots 14.\}$: $f_v = k = -1$, $FBA_i := FBA_{i+1}$

$^{a}\{1.9.5.6.\}$: Siehe Abbildung 5.2

Abbildung 7.1.: Zeit-Wege-Linie berechnen.

Für die ermittelten Geschwindigkeitsprofile wird eine Fahrzeitrechnung nach dem Stand der Technik durchgeführt. Die berechneten Zeit-Wege-Linien werden auf Gültigkeit geprüft. Dieser Arbeitsschritt wird im Unterabschnitt 7.4.4 erläutert. Anschließend erfolgt die Berechnung der Summe der Abweichungsquadrate SAQ für die gültig geprüften Geschwindigkeitsprofile der Menge GP^*. Dies wird im Unterabschnitt 7.4.5 beschrieben. Das Geschwindigkeitsprofil der Menge GP^* bzw. die resultierende Zeit-Wege-Linie mit der kleinsten Summe der Abweichungsquadrate wird als beste Lösung im Iterationsschritt k gesetzt. Ist $k > 1$, dann wird die aktuell beste Lösung verglichen mit der besten Lösung aus dem vorhergehenden Iterationsschritt $k - 1$. Die Berechnung der knickfreien Zeit-Wege-Linie im aktuell betrachteten Fahrzeitberechnungsabschnitt ist beendet, wenn die Summe der Abweichungsquadrate im aktuellen Iterationsschritt schlechter oder gleich gut wie im Iterationsschritt $k - 1$ ist. Das skizzierte Vorgehen wird im Unterabschnitt 7.4.6 beschrieben.

Die nachfolgende Fahrzeit- und Prognoserechnung erfolgt verfahrensbezogen[27] zeitlich einschränkend bis zum Fahrempfehlungshorizont t_{Feh}. Dabei werden die Abfahrts- und Durchfahrtszeiten im Tagesfahrplan je Zug gefiltert[28]. In den nachfolgend aufgeführten Formeln bleibt diese zeitliche Begrenzung deshalb unberücksichtigt.

7.4.1. Ausgangs-Zeit-Wege-Linie bestimmen

Die Ausgangs-Zeit-Wege-Linie $t_{Ag.-ZWL}(s)$ ist eine knickbehaftete Zeit-Wege-Linie und repräsentiert die Prognosezeiten im Dispositionsfahrplan eines Zuges[29]. Diese Zeit-Wege-Linie wird im Kontext der dispositiven Tätigkeiten[30] nach dem Stand der Technik berechnet. Auf Basis einer

---

[27]Vergleiche hierzu Abschnitt 4.3.

[28]Es werden alle Abfahrts- und Durchfahrtszeiten im Tagesfahrplan eines Zuges berücksichtigt, die mit technisch kürzester Fahrzeit im Zeitintervall zwischen Istzeit und Fahrempfehlungshorizont erreichbar sind.

[29]Vergleiche hierzu Abschnitt 2.4.

[30]Im Rahmen der permanenten (den zukünftig zu erwartenden Betriebsablaufs prognostizieren) sowie ereignisbezogenen Arbeitsabläufe (Konfliktlösungsalternativen berech-

Ausgangs-Zeit-Wege-Linie wird im weiteren Verfahren eine knickfreie Zeit-Wege-Linie bestimmt. Deshalb wird die Art und Weise, wie eine Ausgangs-Zeit-Wege-Linie nach dem Stand der Technik bestimmt wird, in diesem Unterabschnitt erläutert. Die Ausgangs-Zeit-Wege-Linie wird grundsätzlich unter Verwendung der technisch kürzesten Fahrzeit $t_{k.Fahrzeit}$ (s) berechnet. Die technisch kürzeste Fahrzeit wird mittels numerischer Fahrzeitrechnung abschnittsweise errechnet. Diese Abschnitte werden als Fahrzeitberechnungsabschnitte $FBA_1 \ldots FBA_n$ bezeichnet. Anschließend erfolgt die Berücksichtigung von Fahrzeitzuschlägen.

Initial korrespondieren die Prognosezeiten im Dispositionsfahrplan mit den Tagesfahr- und -haltezeiten[31]. Abhängig von der Relativlage Δt_{Rl} eines Zuges werden die Prognosezeiten aktualisiert. Die Relativlage eines Zuges wird, wie nachfolgend dargestellt, am aktuellen Standort eines Zuges berechnet und entspricht der Differenz zwischen dem Zeitpunkt am aktuellen Standort und dem Tagesfahrplan[32].

$$\Delta t_{Rl} = t_{SZ} - t_{Tfpl} \tag{7.1}$$

Im Falle einer Verspätung am aktuellen Zugstandort $t_{SZ}\left(WA_i\left(s_1\right)\right)$ werden bis zum Erreichen der Tagesfahr- und -haltezeiten für den betrachteten Zug die kürzesten Fahr- und Haltezeiten prognostiziert. Ist der Zug am aktuellen Standort planmäßig oder verfrüht, so werden die Tagesfahrzeiten gegebenenfalls um die aktuelle Verfrühung zeitlich parallel verschoben prognostiziert. Die Abfahrtszeit an Halten erfolgt unter Einhaltung der Mindesthaltezeit planmäßig. Eine verspätete Abfahrtszeit wird unter Verwendung der Mindesthaltezeit berechnet.

Prognosezeiten werden in der Regel beginnend vom Starthalt am Start-

---

nen) werden Zeit-Wege-Linien berechnet. Vergleiche hierzu Abschnitt 3.3.

[31]Zeitangaben des Tagesfahrplan werden mit Zeitangaben des Tages-Betriebsfahrplans im Dispositionsfahrplan ergänzt. Zudem sind die Zeitangaben im Tagesfahrplan in Unixzeit abgelegt.

[32]Auf Interpolationsregeln oder Regeln zur parallelen Umleitung wird nicht näher eingegangen. Eine Relativlage kann nur dann berechnet werden, wenn auch eine zeitliche Vorgabe aus dem Tagesfahrplan vorhanden ist.

bahnhof, Einbruchspunkt oder aktuellen Standort des Zuges[33] bis zum Endhalt am Endbahnhof oder Ausbruchspunkt berechnet.

Zeit-Wege-Punkte aus dem Tages- und Dispositionsfahrplan sind Berechnungsgrundlage für den Prognosefahrplan und damit für die Ausgangs-Zeit-Wege-Linie. Die Ausgangs-Zeit-Wege-Linie repräsentiert den Prognosefahrplan. Die Prognosefahrplanzeiten werden auf Basis der vorgegebenen Tages- und Dispositionsfahrplanzeiten sowie der gegenwärtigen Betriebsdaten berechnet. Weitere Abhängigkeiten zwischen den verschiedenen Fahrplaninformationen sind im Abschnitt 2.4 beschrieben.

Für die zu berechnenden Prognosezeiten wird der Weg eines Zuges je Fahrzeitberechnungsabschnitt FBA_i in Wegabschnitte $WA_1 \ldots WA_n$ unterteilt. Dies erfolgt zwischen Wegpunkten[34] mit Abfahrts- oder Durchfahrtszeit und Ankunfts- oder Durchfahrtszeit aus dem Tagesfahrplan t_{Tfpl} (s) oder dem Dispositionsfahrplan t_{Dispo} (s). Im Tagesfahrplan sind Zeit-Wege-Punkte an Fahrzeitmesspunkten sowie planmäßigen Halten vorhanden. Dispositionszeiten werden darüber hinaus an Signalen sowie außerplanmäßigen Halten definiert[35]. Eine Aufteilung in Wegabschnitte ist beispielhaft in Abbildung 7.2 dargestellt.

Jeder Wegabschnitt verläuft über die Wegpunkte $WA_i(s_1) \ldots WA_i(s_n)$. Hierbei sind $WA_{i+1}(s_1) = WA_i(s_n)$ identische Wegpunkte. Je Wegabschnitt wird wie nachfolgend dargestellt der Quotient f^*_{Fzz} für Fahrzeiten in Fahrtrichtung des Zuges berechnet.

$$f^*_{Fzz}(WA_i) = \begin{cases} \dfrac{t_{Tfpl}(WA_i(s_n)) - t_{SZ}(WA_i(s_1))}{t_{k.Fahrzeit}(WA_i(s_n)) - t_{k.Fahrzeit}(WA_i(s_1))} \\ \text{falls gilt: } i = 1 \wedge \nexists t_{Dispo}(WA_i(s_n)) \\ \dfrac{t_{Tfpl}(WA_i(s_n)) - t_{Ag.-ZWL}(WA_{i-1}(s_n))}{t_{k.Fahrzeit}(WA_i(s_n)) - t_{k.Fahrzeit}(WA_{i-1}(s_n))} \\ \text{falls gilt: } 1 < i \leq n \wedge \nexists t_{Dispo}(WA_i(s_n)) \end{cases} \tag{7.2}$$

---

[33] Dies ist der Ort der aktuell empfangenen Zugstandortmeldungen aus der ZLV.

[34] Im Dispositionsfahrplan von LeiDis-S/K wird der Begriff Wegpunkt durch Trassenpunkt ersetzt.

[35] Die datentechnische Ablage der genannten Zeiten erfolgt in Unixzeit.

$$f^*_{Fzz}(WA_i) = \begin{cases} \dfrac{t_{Dispo}(WA_i(s_n)) - t_{SZ}(WA_i(s_1))}{t_{k.Fahrzeit}(WA_i(s_n)) - t_{k.Fahrzeit}(WA_i(s_1))} \\ \text{falls gilt: } i = 1 \wedge \exists t_{Dispo}(WA_i(s_n)) \\[4pt] \dfrac{t_{Dispo}(WA_i(s_n)) - t_{Ag.-ZWL}(WA_{i-1}(s_n))}{t_{k.Fahrzeit}(WA_i(s_n)) - t_{k.Fahrzeit}(WA_{i-1}(s_n))} \\ \text{falls gilt: } 1 < i \le n \wedge \exists t_{Dispo}(WA_i(s_n)) \end{cases} \qquad (7.2)$$

Die Berechnung des Quotienten f^*_{Fzz} ist abhängig vom betrachteten Wegabschnitt und den gesetzten Zeitvorgaben aus dem Tages- oder Dispositionsfahrplan am Ende eines Wegabschnittes. Auf Basis des Quotienten f^*_{Fzz} wird wie nachfolgend dargestellt je Wegabschnitt f_{Fzz} der Fahrzeitzuschlag für die Ausgangs-Zeit-Wege-Linie bestimmt.

$$f_{Fzz}(WA_i) = \begin{cases} 1 & \text{, falls gilt: } f^*_{Fzz}(WA_i) < 1 \\ f^*_{Fzz}(WA_i) & \text{, falls gilt: } f^*_{Fzz}(WA_i) \ge 1 \end{cases} \qquad (7.3)$$

Der bestimmte Quotient f^*_{Fzz} sowie der Fahrzeitzuschlag f_{Fzz} ist je Wegabschnitt konstant. Fahrzeitzuschläge kleiner 1 sind nicht zulässig. Dies würde eine Fahrzeit erfordern, die kleiner ist als die technisch kürzeste Fahrzeit. Durch diese Randbedingung ist es möglich, dass Zeitvorgaben aus dem Tages- und Dispositionsfahrplan am Ende eines Wegabschnittes in der Prognoserechnung nicht eingehalten werden können. Dies ist im folgenden Wegabschnitt mit zu berücksichtigen.

Die Zeit-Wege-Linie der technisch kürzesten Fahrzeit $t_{k.Fahrzeit}(s)$ wird nach dem Stand der Technik berechnet. Diese wird unter der Berücksichtigung der zulässigen Höchstgeschwindigkeit, der Fahrzustände[36] Beschleunigen mit voller Zugkraft, Beharren mit konstanter Höchstgeschwindigkeit und Bremsen mit Komfortbremsverzögerung, ohne Zeitzuschläge für Fahr- und Haltezeiten, der Mindesthaltezeiten und einer planmäßigen Abfahrt an Halten, sofern dies fahrdynamisch möglich ist, fahrdynamisch berechnet.

---

[36]Vergleiche hierzu den Begriff der reinen Fahrzeit gemäß [Ril405.0103, 6].

Nachfolgend wird der Prognosefahrplan eines Zuges als Ausgangs-Zeit-Wege-Linie beschrieben. Auf Grundlage der Zeit-Wege-Linie der kürzesten Fahrzeit $t_{k.Fahrzeit}\,(s)$, der Tagesfahrplanzeiten $t_{Tfpl}\,(s)$ bzw. Dispositionsfahrplanzeiten $t_{Dispo}\,(s)$ werden Prognosefahrplanzeiten $t_{Ag.-ZWL}\,(s)$ berechnet.

$$t_{Ag.-ZWL}\,(s) = \ldots \tag{7.4}$$

$$\ldots = \begin{cases}
t_{Tfpl}\,(s) + t_{SZ}\,(WA_i\,(s_1)) - t_{Tfpl}\,(s_1) \\
\text{falls gilt: } WA_i\,(s_1) \leq s \leq WA_i\,(s_n) \wedge i = 1 \wedge \Delta t_{Rl} \leq 0 \wedge \ldots \\
\ldots \wedge \nexists t_{Dispo}\,(WA_i\,(s_n)) \\
t_{Tfpl}\,(s) - t_{Tfpl}\,(WA_i\,(s_1)) + t_{Ag.-ZWL}\,(WA_{i-1}\,(s_n)) \\
\text{falls gilt: } WA_i\,(s_1) \leq s \leq WA_i\,(s_n) \wedge 1 < i \leq n \wedge \ldots \\
\ldots \wedge t_{Ag.-ZWL}\,(WA_{i-1}\,(s_n)) - t_{Tfpl}\,(WA_{i-1}\,(s_n)) \leq 0 \wedge \ldots \\
\ldots \wedge \nexists t_{Dispo}\,(WA_i\,(s_n)) \\
\left(t_{k.Fahrzeit}\,(s) + \frac{t_{SZ}\,(WA_i\,(s_1))}{f_{Fzz}\,(WA_i)} - t_{k.Fahrzeit}\,(s_1) \right) \cdot f_{Fzz}\,(WA_i) \\
\text{falls gilt: } WA_i\,(s_1) \leq s \leq WA_i\,(s_n) \wedge i = 1 \\
(t_{k.Fahrzeit}\,(s) - t_{k.Fahrzeit}\,(WA_i\,(s_1))) \cdot f_{Fzz}\,(WA_i) + \ldots \\
\ldots + t_{Ag.-ZWL}\,(WA_{i-1}\,(s_n)) \\
\text{falls gilt: } WA_i\,(s_1) \leq s \leq WA_i\,(s_n) \wedge 1 < i \leq n
\end{cases}$$

Die Berechnung der Ausgangs-Zeit-Wege-Linie teilt sich in zwei Fallgruppen mit jeweils zwei Fällen auf. Je Fallgruppe erfolgt eine Fallunterscheidung ausgehend vom Standort des Zuges in den ersten Wegabschnitt und alle weiteren Wegabschnitte. Mit der ersten aufgeführten Fallgruppe in Gleichung 7.4 werden verfrühte oder planmäßig prognostizierte Fahrzeiten im Vergleich zum Tagesfahrplan behandelt. Ist ein Zug verfrüht oder planmäßig, so werden die Fahrzeiten aus dem Tagesfahrplan bis zum nächsten planmäßigen Halt prognostiziert. In allen anderen Fällen, greift die zweite aufgeführte Fallgruppe in Gleichung 7.4. Mit dieser werden bei einer verspäteten Betriebslage kürzeste Fahrzeiten bis zum

Erreichen der Tagesfahrplanzeiten prognostiziert oder es werden Fahrzeiten unter Berücksichtigung von zeitlichen Vorgaben aus dem Dispositionsfahrplan berechnet. Die Unterscheidung der Zeitvorgaben erfolgt über den Fahrzeitzuschlag f_{Fzz} gemäß Gleichung 7.3 bzw. dem Quotienten f_{Fzz}^* aus Gleichung 7.2.

Nicht dispositiv veränderte Abfahrtszeiten an planmäßigen Halten werden unter Einhaltung der Mindesthaltezeit bis hin zur planmäßigen Abfahrt gekürzt oder erweitert. Ergänzend zum Stand der Technik werden für die Berechnung der Prognosezeiten frühestmögliche Beförderungszeitpunkte $t_{fB}(s_1) \ldots t_{fB}(s_n)$ berücksichtigt. Diese werden analog zu gesetzten Dispositionszeiten bei der Berechnung der Prognosezeiten berücksichtigt[37].

Der Fahrzeitzuschlag f_{Fzz} ändert seinen Wert an Wegabschnittsgrenzen. Mit einem Wechsel des Fahrzeitzuschlages zwischen benachbarten Wegabschnitten innerhalb eines Fahrzeitberechnungsabschnittes entsteht ein Knick in der Ausgangs-Zeit-Wege-Linie. Im Verfahrensablauf gemäß Abbildung 7.1 werden derartige Knicke durch die Betrachtung alternativer Zeit-Wege-Linien behandelt.

Damit die zeitlichen Abweichungen zwischen der Ausgangs-Zeit-Wege-Linie und einer im Verfahrensablauf berechneten Zeit-Wege-Linie möglichst klein sind, sollten bei der Berechnung der Ausgangs-Zeit-Wege-Linie nachfolgende Aspekte berücksichtigt werden. Zunächst sollte der Größenunterschied zwischen Biegezuschlägen aus benachbarten Wegabschnitten begrenzt werden[38]. Darüber hinaus sollte die Veränderung des Biegezuschlages örtlich eingeschränkt werden. Ein Wechsel des Biegezuschlages sollte unter Berücksichtigung der Mindestbeharrungszeit sowie Bremslösezeit einschließlich Bremsdurchschlagszeit erfolgen.

---

[37]Vergleiche hierzu Unterabschnitt 5.3.3.
[38]Vergleich hierzu [Bet12, 33f.].

7.4.2. Fahrzeitrechnung vorbereiten

Zur Vorbereitung der Fahrzeitrechnung werden in einem ersten Schritt die Fahrplandaten[39] der betrachteten Zugfahrt inklusive Ausgangs-Zeit-Wege-Linie $t_{Ag.-ZWL}(s)$ eingelesen, das Geschwindigkeitsprofil der zulässigen Höchstgeschwindigkeit bestimmt[40], der Laufweg des Zuges in Fahrzeitberechnungsabschnitte $FBA_1 \ldots FBA_n$ unterteilt[41] und alle Fahrzeitberechnungsabschnitte $FBA_1 \ldots FBA_n$ in Fahrwegabschnitte $FWA_1 \ldots FWA_n$ aufgeteilt. Beispielhaft ist dies in Abbildung 7.2 dargestellt.

Ein Fahrzeitberechnungsabschnitt FBA_i verläuft über die Wegpunkte $FBA_i(s_1) \ldots FBA_i(s_n)$ und besteht aus den Fahrwegabschnitten $FWA_1 \ldots FWA_n$. Ein Fahrwegabschnitt FWA_i verläuft über die Wegpunkte $FWA_i(s_1) \ldots FWA_i(s_n)$. Die Aufteilung in Fahrwegabschnitte erfolgt an Zugfolgestellen, Geschwindigkeitswechseln der zulässigen Höchstgeschwindigkeit mit Geschwindigkeitsreduzierung sowie -erhöhung, plan- und außerplanmäßigen Halten oder örtlichen Zeitvorgaben eines Fahrplans[42]. Die beschriebenen Grenzen eines Fahrwegabschnittes sind unter anderem Stationierungswerte, an denen nach dem Stand der Technik Geschwindigkeitsveränderungen für die Berechnung von Fahrzeiten definiert werden können. In der Ausgangs-Zeit-Wege-Linie wird jeder Fahrzeitberechnungsabschnitt in Wegabschnitte $WA_1 \ldots WA_n$ mit jeweils konstantem Fahrzeitzuschlag unterteilt. Für die Berechnung einer Ergebnis-Zeit-Wege-Linie erfolgt je Fahrzeitberechnungsabschnitt eine Unterteilung in Fahrwegabschnitte $FWA_1 \ldots FWA_n$. Weg- und Fahrwegabschnitte haben hinsichtlich plan- und außerplanmäßigen Halten sowie örtlichen Zeitvorgaben eines Fahrplans die selben Grenzen.

---

[39]Vergleiche hierzu Abbildung 7.1.

[40]Das Profil der zulässigen Höchstgeschwindigkeit beinhaltet das Minimum aus zulässiger Geschwindigkeit der Strecke, des Zuges und signalisierter Geschwindigkeit.

[41]Die Grenzen eines Fahrzeitberechnungsabschnittes sind Abfahrtsort an einem gewöhnlichen Halteplatz, Durchfahrtsort am Einbruchspunkt oder aktuellen Standort des Zuges sowie Ankunftsort an einem gewöhnlichen Halteplatz oder Ausbruchspunkt.

[42]Dies können Fahrzeitmesspunkte als Zeitvorgaben im Tagesfahrplan oder frühestmögliche Beförderungszeitpunkte, vergleiche hierzu Unterabschnitt 5.3.3, bzw. Zeitvorgaben der Disposition an Trassenpunkten im Dispositionsfahrplan sein.

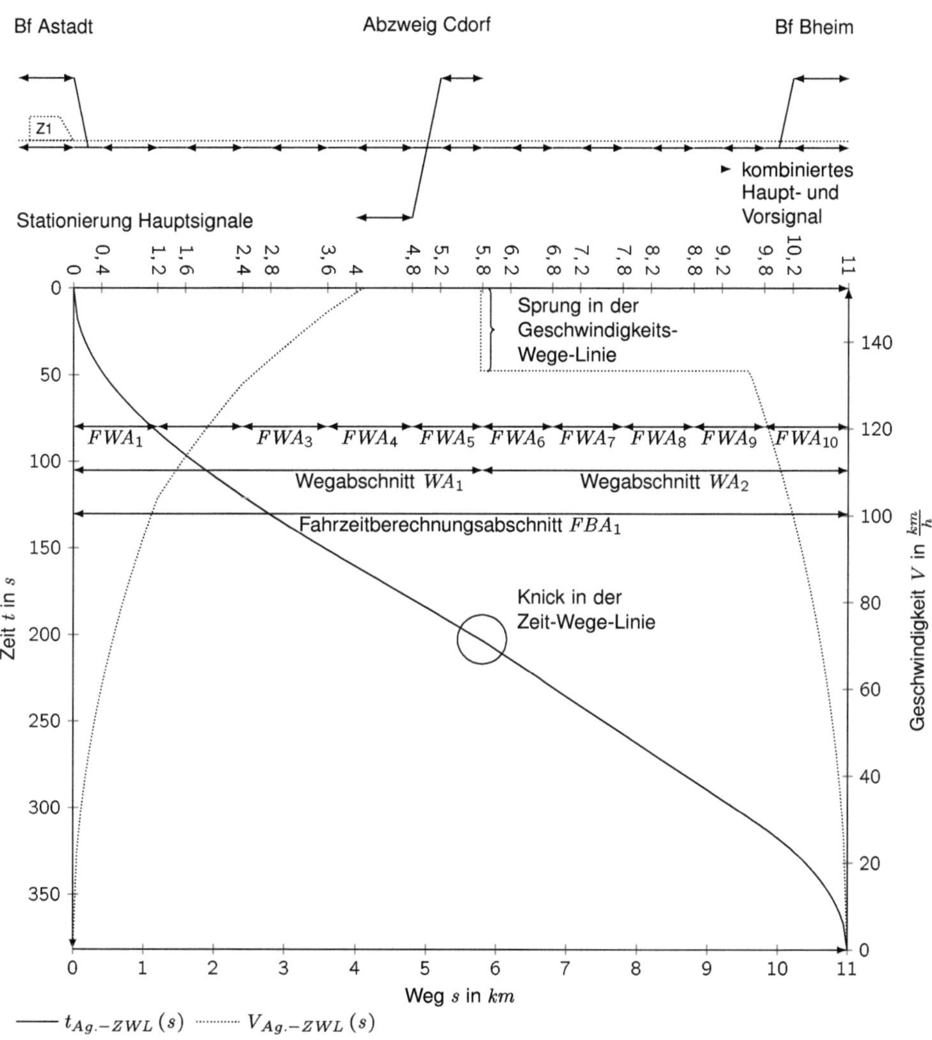

Abbildung 7.2.: Darstellung verwendeter Begriffe

Fahrwegabschnitte unterteilen Wegabschnitte an Zugfolgestellen und Geschwindigkeitswechseln. Diese bieten sich als weitere Unterteilungspunkte von Wegabschnitten an. Zugfolgestellen sind relativ gleichmäßig im Laufweg eines Zuges verteilt. Dies ermöglicht eine entsprechende Unterteilung des Lösungsraums zur knickfreien Berechnung von Zeit-Wege-Linien. Darüber hinaus sind Zugfolgestellen und Geschwindigkeitswechsel dem Triebfahrzeugführer infolge seiner Streckenkenntnis bekannt. Dies sind Punkte, ab denen signalisierte Geschwindigkeiten sowie Streckenhöchstgeschwindigkeiten wirken und vom Triebfahrzeugführer zu berücksichtigen sind. Es bietet sich daher an, angepasste Geschwindigkeitswerte an diesen Orten zu untersuchen und im späteren Verfahrensablauf via Fahrempfehlung an einen Triebfahrzeugführer zu übertragen.

Im ungünstigsten Fall kann aber ein Wegabschnitt nicht in Fahrwegabschnitte weiter unterteilt werden. Dies tritt genau dann ein, wenn innerhalb eines Wegabschnittes keine Zugfolgestelle oder kein Geschwindigkeitswechsel vorhanden ist. Ein nicht unterteilbarer Wegabschnitt entspricht in diesem Fall genau einem Fahrwegabschnitt. Weitere Stationierungswerte, an denen sich die Geschwindigkeit der Ausgangs-Zeit-Wege-Linie verändert, sind innerhalb dieses betrachteten Wegabschnittes nicht vorhanden. Eine weitere Unterteilung in Fahrwegabschnitte erfolgt nicht. Die Ausgangs-Zeit-Wege-Linie verhält sich in unteilbaren Wegabschnitten wie eine Gerade und kann durch konstante Geschwindigkeitswerte innerhalb eines Fahrwegabschnittes abgebildet werden. Somit ist sichergestellt, dass je Wegabschnitt mindestens ein Fahrwegabschnitt existiert. Dies stellt den verfahrensbedingt notwendigen Lösungsraum sicher.

Verfahrensbedingt entsteht durch die Variation von Geschwindigkeitswerten je Fahrwegabschnitt grundsätzlich der Lösungsraum für die zu berechnende knickfreie Zeit-Wege-Linie. Über die Anzahl der Fahrwegabschnitte und untersuchten Geschwindigkeitswerte je Fahrwegabschnitt wird die Größe des Lösungsraums definiert. Die Einteilung in Fahrwegabschnitte und die Variation der Geschwindigkeitswerte je Fahrwegabschnitt hat zur Folge, dass neue Geschwindigkeitswechsel nur an Grenzen von Fahrwegabschnitten eingefügt werden. Dies ermöglicht vor allem zusätzliche

Geschwindigkeitswechsel an Orten mit Zeitvorgaben aus den Fahrplandaten. Damit können diese bei der Variation der Geschwindigkeitswerte in den jeweiligen Fahrwegabschnitten direkt berücksichtigt werden. Somit werden verfahrensbedingt mögliche Geschwindigkeitswechsel dort untersucht, wo die Ausgangs-Zeit-Wege-Linie Knicke aufweist, dass heißt deren Geschwindigkeit sich verändert.

7.4.3. Geschwindigkeitsvariationen und -profile bestimmen

Im nächsten Bearbeitungsschritt erfolgt im betrachteten Fahrzeitberechnungsabschnitt die Bestimmung der Geschwindigkeitswerte und deren Variation. Je Fahrwegabschnitt werden konstante Geschwindigkeiten definiert. Diese sind mögliche Geschwindigkeitsvarianten. Durch wohl definierte Abänderung der Geschwindigkeit über alle Fahrwegabschnitte werden in späteren Schritten Geschwindigkeitsprofile festgelegt. Mit Hilfe der definierten Geschwindigkeitsprofile werden im weiteren Verfahrensverlauf knickfreie Zeit-Wege-Linien berechnet.

Die Variation der Geschwindigkeit je Fahrwegabschnitt FWA_i ist begrenzt durch einen kleinsten Geschwindigkeitswert $V_{kl.Gw}(FWA_i)$ und einen größten Geschwindigkeitswert $V_{gr.Gw}(FWA_i)$. Der größte Geschwindigkeitswert erreicht höchstens den Wert der zulässigen Höchstgeschwindigkeit V_{zul} im betrachteten Fahrwegabschnitt[43]. Für den kleinsten Geschwindigkeitswert wird eine Mindestgeschwindigkeitsgröße $V_{min}(FWA_i)$ festgelegt. Der Geschwindigkeitswert wird in Gleichung 7.9 definiert und geht in Gleichung 7.11 ein. Die genannten Definitionen werden nachfolgend mathematisch beschrieben.

$$0 < V_{min}(FWA_i) \leq V_{kl.Gw}(FWA_i) \leq V_{gr.Gw}(FWA_i) \leq V_{zul} \qquad (7.5)$$

Im weitere Verfahrensablauf werden je Fahrwegabschnitt der größte und kleinste Geschwindigkeitswert bestimmt. Abhängig von der Iterationsvariable k werden die Geschwindigkeitswerte berechnet. Es wird die durch-

---

[43]Je Fahrwegabschnitt existiert eine konstante, zulässige Höchstgeschwindigkeit. Dies wird durch die Definition der Grenzen eines Fahrwegabschnittes sichergestellt.

schnittliche Geschwindigkeit im betrachteten Fahrwegabschnitt berechnet. Hierfür wird die Hilfsgröße $\overline{V}^{\#\#}$ eingeführt und nachfolgend definiert.

$$\overline{V}_{Gw}^{\#\#}(FWA_i) = \begin{cases} \dfrac{FWA_i(s_n) - FWA_i(s_1)}{t_{Ag.-ZWL}(FWA_i(s_n)) - t_{Ag.-ZWL}(FWA_i(s_1))} & \text{, falls gilt: } k = 0 \\ V(FWA_i) \in GP_{k-1} & \text{, falls gilt: } k > 0 \end{cases}$$

$$(7.6)$$

GP_{k-1} beschreibt im $k$ten Iterationsschritt die Geschwindigkeitswerte der Lösung aus dem voran gegangenem Iterationsschritt.

In der nächsten Gleichung wird die durchschnittliche Geschwindigkeit $\overline{V}_{Gw}^{\#}(FWA_i)$ berechnet. Hierfür wird die Hilfsgröße $\overline{V}^{\#\#}$ begrenzt auf die zulässige Höchstgeschwindigkeit V_{zul}.

$$\overline{V}_{Gw}^{\#}(FWA_i) = V_{zul}, \text{ falls gilt: } \overline{V}_{Gw}^{\#\#}(FWA_i) > V_{zul}(FWA_i) \qquad (7.7)$$

Nachfolgend werden je Fahrwegabschnitt die Geschwindigkeitswerte zwischen dem kleinsten und größten Geschwindigkeitswert bestimmt. Sie werden als Vielfaches des Faktors f_{Vf} definiert[44]. Die ermittelten Geschwindigkeitswerte sind Grundlage und somit Teil des Lösungsraums für die im weiteren Verfahrensverlauf zu bestimmenden Geschwindigkeitsprofile. Die Anzahl der möglichen Geschwindigkeitsprofile je Fahrzeitberechnungsabschnitt wächst faktoriell mit der Anzahl der Fahrwegabschnitte und zu untersuchenden Geschwindigkeitswerten. Deshalb sind die Anzahl der Fahrwegabschnitte und zu untersuchende Geschwindigkeitswerte möglichst klein zu halten. Um Letzteres zu erreichen, wird der Parameter f_{Vf} eingeführt. Die zu untersuchenden Geschwindigkeitswerte müssen ein Vielfaches des eingeführten Parameters sein. Der Parameter f_{Vf} hat auf das faktorielle Wachstum Einfluss und ist im Kontext der Anwendung zu wählen. Auf Grundlage eines Geschwindigkeitsprofils werden im Verfahrensablauf Zeit-Wege-Linien berechnet. Das Geschwindigkeitsprofil einer Zeit-Wege-Linie ist Basis für die Ermittlung von Fahrempfehlungen, welche an Triebfahrzeugführer übertragen werden. Aus den Geschwindigkeitswerten eines Geschwindigkeitsprofils werden direkt Geschwindigkeitsinformationen einer Fahrempfehlung abgeleitet. Diese müssen in der

---

[44]Vergleich hierzu Gleichung 7.11 und Gleichung 7.12.

Art gestaltet sein, dass sie für einen Triebfahrzeugführer leicht einprägbar und umsetzbar sind. Der Informationsgehalt einer Fahrempfehlung, welcher durch einen Triebfahrzeugführer umzusetzen ist, wird unter anderem durch die Geschwindigkeitswerte und die Anzahl der einzuhaltenden Geschwindigkeitswechsel beeinflusst. Geschwindigkeitswerte sind so zu wählen, dass diese sich an Geschwindigkeitsrestriktionen orientieren, die einem Triebfahrzeugführer im Umgang geläufig sind. Hierzu zählt die zulässige Höchstgeschwindigkeit, welche einem Triebfahrzeugführer als Vielfaches von $10km/h$ zur Verwendung angezeigt wird. Des Weiteren sind Messinstrumente, die ein Triebfahrzeugführer für die Umsetzung einer Fahrempfehlung verwendet, bei der Wahl der Geschwindigkeitswerte mit zu berücksichtigen. Beispielsweise werden auf einem Tachometer die Skalenwerte als Vielfaches von $5km/h$ oder $10km/h$ angezeigt. Es ist deshalb nicht empfehlenswert einem Triebfahrzeugführer Geschwindigkeitswerte zu übertragen, die kein Vielfaches von $5km/h$ oder $10km/h$ sind. Weil diese für einen Triebfahrzeugführer mit einer manuellen Zugsteuerung schwer umsetzbar sind[45]. Der Parameter f_{Vf} wird als Kompromiss zwischen Rechengenauigkeit und umzusetzende Geschwindigkeitsinformation einer Fahrempfehlung auf den Wert $f_{Vf} = 5km/h$ gesetzt.

Für die Berechnung des kleinsten Geschwindigkeitswertes wird in der nächsten Gleichung die durchschnittliche Geschwindigkeit $\overline{V}_{Gw}^{\#}(FWA_i)$ aus Gleichung 7.7 auf ein Vielfaches von f_{Vf} abgerundet. Hierfür wird in Gleichung 7.8 die Hilfsgröße K unter Einhaltung von zwei Bedingungen maximiert. Zunächst ist $K \leq \overline{V}_{Gw}^{\#}(FWA_i)$. Darüber hinaus muss das Verhältnis $\frac{K}{f_{Vf}}$ ein Element der natürlichen Zahlen sein. In der Konsequenz wird der kleinste Geschwindigkeitswert abgerundet.

$$\left\lfloor \overline{V}_{kl.Gw}(FWA_i) \right\rfloor := \max_{\frac{K}{f_{Vf}} \in \mathbb{N}, K \leq \overline{V}_{Gw}^{\#}(FWA_i)} (K) \qquad (7.8)$$

Der Mindestgeschwindigkeitswert $V_{\min}(FWA_i)$ wird wie nachfolgend de-

---

[45]Bei der Anwendung einer Automatischen Fahr- und Bremssteuerung hingegen könnten genauere Geschwindigkeitswerte umgesetzt werden.

finiert[46].

$$V_{\min}\left(FWA_i\right) = \begin{cases} \overline{V}_{kl.Gw}\left(FWA_i\right) - f_{V_{\min}}, \text{ falls gilt:} \\ f_{V_{\min}}|f_{Vf} \wedge \overline{V}_{kl.Gw}\left(FWA_i\right) > f_{V_{\min}} > 0 \\ \overline{V}_{kl.Gw}\left(FWA_i\right), \text{ falls gilt:} \\ f_{V_{\min}}|f_{Vf} \wedge \overline{V}_{kl.Gw}\left(FWA_i\right) \leq f_{V_{\min}} > 0 \end{cases} \tag{7.9}$$

Für die Berechnung des größten Geschwindigkeitswertes wird in der nächsten Gleichung die durchschnittliche Geschwindigkeit $\overline{V}^{\#}_{Gw}\left(FWA_i\right)$ aus Gleichung 7.7 auf ein Vielfaches von f_{Vf} aufgerundet. Die Hilfsgröße L wird in Gleichung 7.10 unter Einhaltung von zwei Bedingungen minimiert. Zunächst ist $\overline{V}^{\#}_{Gw}\left(FWA_i\right) \leq L$. Darüber hinaus muss das Verhältnis $\frac{L}{f_{Vf}}$ ein Element der natürlichen Zahlen sein. In der Konsequenz wird der größte Geschwindigkeitswert aufgerundet.

$$\left\lceil \overline{V}_{gr.Gw}\left(FWA_i\right) \right\rceil := \min_{\frac{L}{f_{Vf}} \in \mathbb{N}, \overline{V}^{\#}_{Gw}(FWA_i) \leq L} (L) \tag{7.10}$$

Die gerundeten kleinsten und größten Geschwindigkeitswerte der Ausgangs-Zeit-Wege-Linie werden anschließend um das Produkt $f_v \cdot f_{Vf}$ verändert. Dies erfolgt genau dann, wenn im Verfahrensablauf im $k$ten Iterationsschritt keine gültige Lösung berechnet werden konnte[47]. Dann wird die Variable f_v so lange um den Wert eins erhöht, bis eine gültige Lösung berechnet werden konnte. In der Konsequenz wird so eine größere Anzahl von Geschwindigkeitswerten je Fahrwegabschnitt ermittelt. Infolge der faktoriellen Zunahme an möglichen Geschwindigkeitsprofilen und damit an Berechnungszeit wird diese Art der Lösungsraumerweiterung nur unter den genannten Randbedingungen durchgeführt.

In der nächsten Gleichung wird der kleinste Geschwindigkeitswert unter Einhaltung des Parameters $V_{\min}\left(FWA_i\right)$ um das Produkt $f_v \cdot f_{Vf}$ reduziert.

---

[46]Der Faktor $f_{V_{\min}}$ ist ein Parameter des Verfahrens. Der voreingestellte Wert beträgt $f_{V_{\min}} = 20\frac{km}{h}$.

[47]Vergleiche hierzu Unterabschnitt 7.4.4.

$$V_{kl.Gw}\left(FWA_i\right) = \begin{cases} V_{\min}\left(FWA_i\right) \\ \text{falls gilt: } \overline{V}_{kl.Gw}\left(FWA_i\right) - f_v \cdot f_{Vf} < V_{\min}\left(FWA_i\right) \\ \overline{V}_{kl.Gw}\left(FWA_i\right) - f_v \cdot f_{Vf} \\ \text{falls gilt: } V_{\min}\left(FWA_i\right) \leq \overline{V}_{kl.Gw}\left(FWA_i\right) - f_v \cdot f_{Vf} \end{cases}$$

$$(7.11)$$

In Gleichung 7.11 ist ersichtlich, warum $V_{\min}\left(FWA_i\right)$ möglichst klein gewählt werden sollte. Ist der kleinste Geschwindigkeitswert kleiner als die Mindestgeschwindigkeitsgröße, so wird der kleinste Geschwindigkeitswert auf die Mindestgeschwindigkeitsgröße angehoben. Dadurch können verfahrensbedingt nur Geschwindigkeitswerte untersucht werden, die gleich und größer als die Mindestgeschwindigkeitsgröße sind. Wenn in der Ausgangs-Zeit-Wege-Linie Zeitvorgaben aus dem Tages- oder Dispositionsfahrplan verarbeitet sind, die zu kleineren Geschwindigkeitswerten führen, als die Mindestgeschwindigkeitsgröße, dann können diese nicht im angemessenem Rahmen verfahrensseitig berücksichtigt werden. Bei der Berechnung der Zeitvorgaben für die Ausgangs-Zeit-Wege-Linie ist deshalb der Wechsel der Fahrzuschlagswerte zwischen benachbarten Wegabschnitten zu begrenzen[48].

In der nachfolgenden Gleichung wird der größte Geschwindigkeitswert unter Einhaltung der zulässigen Höchstgeschwindigkeit um das Produkt $f_v \cdot f_{Vf}$ vergrößert.

$$V_{gr.Gw}\left(FWA_i\right) = \begin{cases} \overline{V}_{gr.Gw}\left(FWA_i\right) + f_v \cdot f_{Vf} \\ \text{falls gilt: } \overline{V}_{gr.Gw}\left(FWA_i\right) + f_v \cdot f_{Vf} \leq V_{zul}\left(FWA_i\right) \\ V_{zul}\left(FWA_i\right) \\ \text{falls gilt: } \overline{V}_{gr.Gw}\left(FWA_i\right) + f_v \cdot f_{Vf} > V_{zul}\left(FWA_i\right) \end{cases}$$

$$(7.12)$$

Die Geschwindigkeitswerte je Fahrwegabschnitt lassen sich wie folgt als

---

[48]Vergleiche hierzu [Bet12, 33f.].

Menge darstellen.

$$V_{Gw}\left(FWA_i\right) = \{\left(V_{kl.Gw}\right), \dots$$

$$\dots \left(V_{kl.Gw} + M \cdot f_{Vf} \,\middle|\, M \in \mathsf{N} \wedge \left(V_{kl.Gw} + M \cdot f_{Vf}\right) < V_{gr.GW}\right), \left(V_{gr.GW}\right)\}$$

$$(7.13)$$

Im nächsten Schritt werden Fahrwegabschnitte anhand ihrer Geschwindigkeitsmerkmale zu Fahrwegabschnittsgruppen $FWAG$ strukturiert. Benachbarte Fahrwegabschnitte mit gleichen kleinsten und größten Geschwindigkeitsmerkmalen werden, wie nachfolgend dargestellt, zu einer Fahrwegabschnittsgruppe zusammengefasst.

$$V_{Gw}\left(FWAG_i\right) = \begin{cases} \left(V_{Gw}\left(FWA_i\right)\right) \Rightarrow \dots \\ \dots \Rightarrow \left(\left(V_{kl.Gw}\left(FWA_i\right) \neq V_{kl.Gw}\left(FWA_{i+1}\right)\right) \vee \dots \right. \\ \dots \left(V_{gr.Gw}\left(FWA_i\right) \neq V_{gr.Gw}\left(FWA_{i+1}\right)\right)) \\ \left(V_{Gw}\left(FWA_i\right), V_{Gw}\left(FWA_{i+1}\right)\right) \Rightarrow \dots \\ \dots \Rightarrow \left(\left(V_{kl.Gw}\left(FWA_i\right) = V_{kl.Gw}\left(FWA_{i+1}\right)\right) \wedge \dots \right. \\ \dots \left(V_{gr.Gw}\left(FWA_i\right) = V_{gr.Gw}\left(FWA_{i+1}\right)\right)) \end{cases}$$

$$(7.14)$$

Im betrachteten Fahrzeitberechnungsabschnitt FBA_i sind die Fahrwegabschnittsgruppen $FWAG_1 \dots FWAG_n$ definiert. Aus den Geschwindigkeitswerten je Fahrwegabschnitt und -sgruppe können Geschwindigkeitsprofile bestimmt und daraus Zeit-Wege-Linien berechnet werden. Damit diese dem zeitlichen Verlauf der Ausgangs-Zeit-Wege-Linie $t_{Ag.-ZWL}$ möglichst gut folgen können, ist es sinnvoll, Geschwindigkeitswechsel im gleichen Turnus zu untersuchen. Deshalb werden im weiteren Verfahrensablauf Geschwindigkeitswechsel nur zwischen Fahrwegabschnittsgruppen zugelassen, da Fahrwegabschnittsgruppen mindestens an jedem Geschwindigkeitswechsel der zulässigen Höchstgeschwindigkeit enden und/ oder beginnen. Zusätzlich reduziert sich dadurch die Anzahl der zu untersuchenden Geschwindigkeitswechsel. Auf die Güte einer Ergebnis-Zeit-Wege-Linie im Vergleich zur Ausgangs-Zeit-Wege-Linie hat dies in der Regel keine Auswirkungen. Der Verlauf der Ausgangs-Zeit-Wege-Linie ändert sich innerhalb von Fahrzeitberechnungsabschnitten an Wegabschnittsgrenzen.

Diese werden im aufgeführten Verfahrensschritt nicht zusammengefasst. Geschwindigkeitswechsel, die innerhalb von Wegabschnitten liegen und nicht in der Ausgangs-Zeit-Wege-Linie vorkommen, werden nicht untersucht. Mit dieser Maßnahme werden die vorhandenen Freiheitsgrade einer Ergebnis-Zeit-Wege-Linie zur Einhaltung von Zeitvorgaben aus dem Tages- oder Dispositionsfahrplan im Grundsatz nicht eingeschränkt.

Multipliziert man, wie nachfolgend dargestellt, die Mächtigkeit der Geschwindigkeitswerte $|V_{Gw}(FWAG_i)|$ über alle Mengen $V_{Gw}(FWAG_1)\dots V_{Gw}(FWAG_n)$, so lässt sich die Anzahl der zu untersuchenden Geschwindigkeitsprofile $|GP|$ bestimmen.

$$|GP| = \prod_{i=1}^{n} |V_{Gw}(FWAG_i)| \tag{7.15}$$

Die Menge aller Geschwindigkeitsprofile GP wird wie folgt definiert.

$$GP = \{GP_1, \dots, GP_n\} \tag{7.16}$$

Die Mächtigkeit der Menge GP beschreibt die Anzahl aller zu untersuchenden Geschwindigkeitsprofile $|GP|$. Die Geschwindigkeitswerte eines Geschwindigkeitsprofils werden wie folgt definiert.

$$GP_j = \left\{ V_{GP_j}(FWAG_1), \dots, V_{GP_j}(FWAG_n) \right\} \tag{7.17}$$

Über die Anzahl der zu untersuchenden Geschwindigkeitsprofile $|GP|$ lässt sich unter der Annahme, dass die Fahrzeitrechnung je Fahrzeitberechnungsabschnitt und Geschwindigkeitsprofil im Mittel $\overline{Bz} = 20\mu s$ pro Prozessor dauert[49], die notwendige Berechnungszeit kalkulieren. Die abgeschätzte Berechnungszeit Bz_{As} ist nachfolgend definiert.

$$Bz_{As} = |GP| \cdot \frac{\overline{Bz}}{CPU_{Anz}} \leq Bz_{\max} \tag{7.18}$$

---

[49]Der Mittelwert $\overline{Bz}$ ist ein Parameter des Verfahrens. Der Wert von $20\mu s$ ist ein Erfahrungswert des Autors und wurde durch praktische Untersuchungen auf einem aktuellem Entwickler-PC mit einem Intel i7 4 Kernprozessor bestätigt.

Ist die abgeschätzte Berechnungszeit größer als der Grenzwert[50] Bz_{max}, so ist damit zu rechnen, dass die tatsächliche Berechnungszeit größer wird als der parametrisierte Grenzwert. In diesem Fall wird die Anzahl der zu untersuchenden Geschwindigkeitsprofile reduziert, damit die zeitlichen Restriktionen der Berechnungszeit möglichst eingehalten werden. Die Anzahl der Geschwindigkeitsprofile werden reduziert, in dem die kleinsten und größten Geschwindigkeitswerte der Fahrwegabschnitte angepasst werden. Die Veränderung erfolgt schrittweise. Nach jedem Anpassungsschritt werden die Fahrwegabschnittsgruppen und Anzahl der zu untersuchenden Geschwindigkeitsprofile neu bestimmt. Die kleinsten und größten Geschwindigkeitswerte werden so angepasst, dass die Anzahl der Fahrwegabschnittsgruppen und damit die Geschwindigkeitsunterschiede reduziert werden. Für diese Anpassung wird nach der kleinsten Geschwindigkeitsdifferenz zwischen den kleinsten oder größten Geschwindigkeitswerten benachbarter Fahrwegabschnitte gesucht, die ungleich null ist. Anschließend wird, wie nachfolgend dargestellt, für diesen identifizierten Geschwindigkeitsunterschied der größere Geschwindigkeitswert um den Faktor f_{Vf} reduziert.

$$\forall \left(\left(V_{kl.Gw}\left(FWA_i\right) \neq V_{kl.Gw}\left(FWA_{i+1}\right)\right) \vee \ldots \right. \tag{7.19}$$
$$\left. \ldots \vee \left(V_{gr.Gw}\left(FWA_i\right) \neq V_{gr.Gw}\left(FWA_{i+1}\right)\right)\right) : \min \ldots$$
$$\ldots : \min\left(\left| V_{kl.Gw}\left(FWA_i\right) - V_{kl.Gw}\left(FWA_{i+1}\right)\right| \vee \ldots \right.$$
$$\ldots \vee \left| V_{gr.Gw}\left(FWA_i\right) - V_{gr.Gw}\left(FWA_{i+1}\right)\right| \Big)$$

$$\min\left| V_{kl.Gw}\left(FWA_i\right) - V_{kl.Gw}\left(FWA_{i+1}\right)\right| \leq \ldots \tag{7.20}$$
$$\ldots \leq \min\left| V_{gr.Gw}\left(FWA_i\right) - V_{gr.Gw}\left(FWA_{i+1}\right)\right| : \ldots$$
$$\ldots \begin{cases} V_{kl.Gw}\left(FWA_{i+1}\right) := V_{kl.Gw}\left(FWA_{i+1}\right) - f_{Vf} \\ \text{falls gilt: } \left(V_{kl.Gw}\left(FWA_{i+1}\right) > V_{kl.Gw}\left(FWA_i\right)\right) \wedge \ldots \\ \ldots \wedge \left(V_{kl.Gw}\left(FWA_{i+1}\right) > V_{min}\left(FWA_i\right)\right) \end{cases}$$

---

[50]Der Grenzwert $Bz_{max} = 2000\,ms$ ist ein Parameter des Verfahrens.

$$\min \left| V_{kl.Gw}\left(FWA_i\right) - V_{kl.Gw}\left(FWA_{i+1}\right) \right| \leq \ldots$$

$$\ldots \leq \min \left| V_{gr.Gw}\left(FWA_i\right) - V_{gr.Gw}\left(FWA_{i+1}\right) \right| : \ldots$$

$$\ldots \begin{cases} V_{kl.Gw}\left(FWA_i\right) := V_{kl.Gw}\left(FWA_i\right) - f_{Vf} \\ \text{falls gilt: } \left(V_{kl.Gw}\left(FWA_i\right) > V_{kl.Gw}\left(FWA_{i+1}\right)\right) \wedge \ldots \\ \ldots \wedge \left(V_{kl.Gw}\left(FWA_i\right) > V_{\min}\left(FWA_i\right)\right) \end{cases} \tag{7.20}$$

$$\min \left| V_{gr.Gw}\left(FWA_i\right) - V_{gr.Gw}\left(FWA_{i+1}\right) \right| < \ldots \tag{7.21}$$

$$\ldots < \min \left| V_{kl.Gw}\left(FWA_i\right) - V_{kl.Gw}\left(FWA_{i+1}\right) \right| : \ldots$$

$$\ldots \begin{cases} V_{gr.Gw}\left(FWA_{i+1}\right) := V_{gr.Gw}\left(FWA_{i+1}\right) - f_{Vf} \\ \text{falls gilt: } \left(V_{gr.Gw}\left(FWA_{i+1}\right) > V_{gr.Gw}\left(FWA_i\right)\right) \wedge \ldots \\ \ldots \wedge \left(V_{gr.Gw}\left(FWA_{i+1}\right) > V_{kl.Gw}\left(FWA_{i+1}\right)\right) \\ V_{gr.Gw}\left(FWA_i\right) := V_{gr.Gw}\left(FWA_i\right) - f_{Vf} \\ \text{falls gilt: } \left(V_{gr.Gw}\left(FWA_i\right) > V_{gr.Gw}\left(FWA_{i+1}\right)\right) \wedge \ldots \\ \ldots \wedge \left(V_{gr.Gw}\left(FWA_i\right) > V_{kl.Gw}\left(FWA_i\right)\right) \end{cases}$$

Diese Vorgehensweise glättet abhängig vom Faktor f_{Vf} schrittweise den jeweils kleinsten Geschwindigkeitsunterschied benachbarter Fahrwegabschnitte. Durch das Angleichen reduziert sich die Anzahl der Fahrwegabschnittsgruppen und damit die Anzahl der zu berechnenden Geschwindigkeitsprofile. Der Faktor f_{Vf} ist gemeinsamer Teiler aller betrachteten Geschwindigkeitswerte je Fahrwegabschnitt. Damit ist sichergestellt, dass die kleinsten und größten Geschwindigkeitswerte einander angeglichen werden können.

Wird die Anzahl der Fahrwegabschnittgruppen reduziert, hat dies zur Folge, dass Geschwindigkeitswechsel mit kleinerem Geschwindigkeitsunterschied und damit auch weniger Geschwindigkeitswechsel bei der Bestimmung von Geschwindigkeitsprofilen berücksichtigt werden. Die Art und Weise, wie die Geschwindigkeitswechsel in Gleichung 7.20 sowie Gleichung 7.21 reduziert werden, führt dazu, dass eher kleinere Geschwindigkeitswerte als die Durchschnittsgeschwindigkeit je Fahrwegabschnitt aus Gleichung 7.7 untersucht werden. Damit wird tendenziell sichergestellt, dass insbesondere die Zeitvorgaben aus dem Dispositionsfahrplan eingehalten werden können. Denn geringere Geschwindigkeiten führen zu größeren Fahrzeiten und damit zeitlich späteren Durchfahrts- und Ankunftszeiten. Können mit den hier beschrieben Maßnahmen keine gültigen Lösungen berechnet werden, so greift der mit Gleichung 7.11 und Gleichung 7.12 beschriebene Verfahrensschritt zur Vergrößerung des Lösungsraums.

Die Güte der zu untersuchenden Geschwindigkeitsprofile bzw. resultierenden Zeit-Wege-Linien im Vergleich zur Ausgangs-Zeit-Wege-Linie verschlechtert sich genau dann, wenn Fahrwegabschnittsgruppen zusammengefasst werden, die über Knicke in der Ausgangs-Zeit-Wege-Linie hinweg gehen. Dies liegt daran, weil Geschwindigkeitswechsel an Knicken der Ausgangs-Zeit-Wege-Linie innerhalb der zusammengefassten Fahrwegabschnittsgruppen verfahrensbedingt nicht mehr untersucht werden. Je größer eine unberücksichtigte Geschwindigkeitsdifferenz ist, umso schlechter wird die Güte der berechneten Zeit-Wege-Linien im Vergleich zur Ausgangs-Zeit-Wege-Linie sein.

Mit diesem Verfahrensschritt wird die Rechenzeit reduziert. Gleichzeitig kann sich die Güte des Ergebnisses reduzieren. Die beschriebenen Parameter sind abhängig von den Anforderungen an Rechenzeit und Güte anwendungsbezogen zu wählen.

Die Variationen der Geschwindigkeitsprofile über alle Fahrwegabschnittsgruppen wird über ein kleines Java-Programm berechnet[51].

7.4.4. Zeit-Wege-Linien mittels Fahrzeitrechnung berechnen und prüfen

In diesem Bearbeitungsschritt wird für die Geschwindigkeitsprofile der Menge GP eine Fahrzeitrechnung durchgeführt. Anschließend werden die berechneten Zeit-Wege-Linien jeweils zeitlich geprüft. Ist mindestens eine

---

[51]Das Java-Programm wurde von Herrn Nico Gau entwickelt. Herr Gau ist Softwareingenieur.

Prüfung negativ, so ist das betrachtete Geschwindigkeitsprofil ungültig und wird aus der Menge GP entfernt. Wenn kein gültiges Geschwindigkeitsprofil in der Menge GP enthalten ist, so wird im Anschluss der Lösungsraum vergrößert und die Berechnung erfolgt gemäß Abbildung 7.1 erneut.

Die Berechnung der Fahrzeit erfolgt durch numerisches Lösen des Fahrzeitintegrals[52].

$$t\left(s, v\right) = \int \frac{1}{a\left(v\right)}\, dv = \int \frac{m_Z \rho_Z}{f_{Zka} F_Z\left(v\right) - F_{W_G}\left(s, v\right)}\, dv \qquad (7.22)$$

Es werden für die Fahrzeitrechnung die Fahrzustände Beschleunigen, Bremsen und Beharren berücksichtigt. Stochastische Einflüsse werden über Fahrzeitverlängerungen je Fahrzustand realisiert[53]. Für den Fahrzustand Beschleunigen wird der dimensionslose Abminderungsfaktor f_{Zka} und für den Fahrzustand Bremsen wird der dimensionslose Abminderungsfaktor f_{Bka} eingeführt. Der Faktoren haben jeweils einen Wertebereich von $0 \ldots 1$. Für den Fahrzustand Beschleunigen wird über den Faktor die Zugkraft so reduziert, dass die damit erzielte Fahrzeitverlängerung dem Zeitwert des Regelzuschlages entspricht. Für den Fahrzustand Bremsen wird über den Faktor f_{Bka} die Komfortbremsverzögerung so reduziert, dass die damit erzielte Fahrzeitverlängerung dem Zeitwert des Regelzuschlages entspricht. Für den Fahrzustand Beharren wird der Abminderungsgeschwindigkeitswert $v_{Aw} \in \mathbb{N}$ eingeführt. Über diesen Geschwindigkeitswert wird die Beharrungsgeschwindigkeit so reduziert, dass die damit erzielte Fahrzeitverlängerung dem Zeitwert des Regelzuschlages entspricht.

Bei bestimmten Abfolgen von Fahrzuständen ist zusätzlich eine parametrisierbare Bremslösezeit einschließlich Bremsdurchschlagszeit anzusetzen. Diese gilt als Mindestzeit für den jeweils mittleren Fahrzustand[54].

- Bremsen - Halt - Beschleunigen

---

[52]Vergleiche hierzu Abschnitt 7.1 sowie Gleichung A.7.

[53]Für die in Kapitel 9 berechneten Fallbeispiele bleiben stochastische Einflüsse unberücksichtigt.

[54]Für die in Kapitel 9 berechneten Fallbeispiele wird zur Vereinfachung die parametrisierbare Bremslösezeit gleich null Sekunden gesetzt.

- Bremsen - Fahrt mit konstanter Geschwindigkeit - Beschleunigen

Die geforderte Mindestzeit ist für das Lösen der pneumatischen Bremsen zu berücksichtigen. Der Parameterwert ist abhängig von der Bremsstellung des betrachteten Zuges. Für Güterzüge mit Bremsstellung G ist der voreingestellte Wert $t_{BrLz} = 60s$. Für Güterzüge ohne Bremsstellung G ist der voreingestellte Wert $t_{BrLz} = 30s$. Für alle anderen Züge und Bremsstellungen ist der voreingestellte Wert $t_{BrLz} = 10s$[55].

Infolge der zu berücksichtigenden Mindestzeiten werden mittels Fahrzeitrechnung für unterschiedliche Geschwindigkeitsprofile identische Fahrzeiten berechnet. Dies tritt ein, wenn eine gemäß Geschwindigkeitsprofil vorgegebene Geschwindigkeit durch die zu berücksichtigenden Mindestzeiten fahrdynamisch nicht fahrbar ist. In diesen Fällen erfolgt ein Verweis zwischen vorgegebenem Geschwindigkeitsprofil und mittels Fahrzeitrechnung fahrdynamisch berechenbarem Geschwindigkeitsprofil, welcher im Verfahren berücksichtigt wird.

Neben den aufgeführten Mindestzeiten wird eine parametrisierbare Mindestbeharrungszeit[56] $t_{MiBz} = 30s$ bei der Fahrzeitrechnung berücksichtigt[57]. Diese führt in der Regel nur zu einem geringfügigen Fahrzeitmehrbedarf und gleichzeitig zu einer deutlichen Energieeinsparung. Gleichzeitig führt die Anwendung dieser Mindestzeit zu weniger Geschwindigkeitswechseln.

Jede berechnete Zeit-Wege-Linie $GP_j \in GP$ ist auf ihre Gültigkeit hin zu prüfen. Zunächst wird überprüft, ob die betrachtete Zeit-Wege-Linie zeitlich gleich oder später verläuft, als die im dargelegten Verfahren[58] bestimmten frühestmöglichen Beförderungszeitpunkte der betrachteten Zugfahrt $t_{fB}(s_1), \ldots, t_{fB}(s_n)$.

$$\forall t_{fB}(s_1), \ldots, t_{fB}(s_n) : t_{ZWL}\left(FWA_i(s_i), GP_j\right) - t_{fB}(FWA_i(s_i)) \geq 0$$

$$(7.23)$$

---

[55]Vergleiche hierzu [Wen03, 247].

[56]Für die in Kapitel 9 berechneten Fallbeispiele wird zur Vereinfachung die Mindestbeharrungszeit gleich null Sekunden gesetzt.

[57]Vergleiche hierzu [Ril457.0201, Abs. 10].

[58]Vergleiche hierzu Unterabschnitt 5.3.3.

Die zu berechnende Zeitdifferenz zwischen einem frühestmöglichen Beförderungszeitpunkt und der betrachten Zeit-Wege-Linie muss positiv sein. Durch diese Bedingung werden Zeit-Wege-Linien positiv geprüft, die die Mindestzugfolgepufferzeit zu einem vorausfahrenden Zug einhalten. Eine Prüfung zur Einhaltung spätestmöglicher Beförderungszeitpunkte wird nicht durchgeführt. Die fahrdynamischen Abhängigkeiten der gesetzten Fahrplanzeiten in der Ausgangs-Zeit-Wege-Linie sind in der Regel nicht bekannt. Daher ist es möglich, dass mit einer Prüfung auf spätestmögliche Beförderungszeitpunkte keine gültige Zeit-Wege-Linie fahrdynamisch berechnet werden kann. Um diesen Umstand zu vermeiden, wird keine derartige Prüfung durchgeführt. Dies kann dazu führen, dass eine Zeit-Wege-Linie als Lösung ausgewählt wird, die die Mindestzugfolgepufferzeit zu zeitlich später fahrenden Zügen nicht einhält. Im dargelegten Verfahren wird dieser Fall behandelt. Durch die Verletzung der Mindestzugfolgepufferzeit entstehen im Zuggefüge aktualisierte frühestmögliche Beförderungszeitpunkte für nach fahrende oder kreuzende Züge. Diese werden iterativ bearbeitet und gelöst[59].

Des Weiteren ist zu prüfen, ob Dispositionszeiten[60] $t_{Dispo}(s_1),\ldots,t_{Dispo}(s_n)$ im Dispofahrplan der Ausgangs-Zeit-Wege-Linie eingehalten sind.

$$\forall t_{Dispo}(s_1),\ldots,t_{Dispo}(s_n):\ldots \tag{7.24}$$

$$\ldots: t_{ZWL}\left(FWA_i(s_i),GP_j\right) - t_{Dispo}\left(FWA_i(s_i)\right) \geq 0$$

Die zu berechnende Zeitdifferenz muss größer gleich null sein. Durch diese Bedingung werden Zeit-Wege-Linien positiv geprüft, die die gesetzten Dispositionszeiten einhalten. Des Weiteren ist das betrachtete Geschwindigkeitsprofil GP_j mit dem Prüfergebnis Element der Menge $GP^{\#}$ oder

---

[59] Vergleiche hierzu Abschnitt 5.3.

[60] Dispositionszeiten können im Dispofahrplan je Trassenpunkt gesetzt werden. Die Information, ob an einem Trassenpunkt durch Disposition zeitlich verändert wurde, ist ebenfalls im Dispofahrplan verfügbar.

GP^*.

$$GP^{\#} \subset GP \tag{7.25}$$

$$GP^* \subset GP \tag{7.26}$$

$$GP^{\#} \cap GP^* := \varnothing \tag{7.27}$$

$$GP_j \in GP^{\#} \Rightarrow \forall t_{fB}(s_1), \ldots, t_{fB}(s_n) : \ldots \tag{7.28}$$

$$\ldots \exists \left(t_{ZWL} \left(FWA_i(s_i), GP_j \right) - t_{fB} \left(FWA_i(s_i) \right) \right) < 0$$

$$GP_j \in GP^* \Rightarrow \forall t_{fB}(s_1), \ldots, t_{fB}(s_n) : \ldots \tag{7.29}$$

$$\ldots t_{ZWL} \left(FWA_i(s_i), GP_j \right) - t_{fB} \left(FWA_i(s_i) \right) \geq 0$$

$$GP_j \in GP^{\#} \Rightarrow \forall t_{Dispo}(s_1), \ldots \tag{7.30}$$

$$\ldots, t_{Dispo}(s_n) : \exists \left(t_{ZWL} \left(FWA_i(s_i), GP_j \right) - t_{Dispo} \left(FWA_i(s_i) \right) \right) < 0$$

$$GP_j \in GP^* \Rightarrow \forall t_{Dispo}(s_1), \ldots \tag{7.31}$$

$$\ldots, t_{Dispo}(s_n) : t_{ZWL} \left(FWA_i(s_i), GP_j \right) - t_{Dispo} \left(FWA_i(s_i) \right) \geq 0$$

Wenn nicht mindestens ein gültig geprüftes Geschwindigkeitsprofil vorhanden ist, so erfolgt ein mehrstufiges Vorgehen. Zunächst werden die Fahrwegabschnittsgruppen $V_{Gw}(FWAG_i)$ einzeln und fahrwegabschnittsweise aufgelöst. Mit jeder aufgelösten Fahrwegabschnittsgruppe entstehen neue Geschwindigkeitsprofile, deren Geschwindigkeitswechsel auch an Fahrwegabschnittsgrenzen liegen, die nicht gleichzeitig Grenzen von Fahrwegabschnittsgruppen sind. Die Einschränkung, dass Geschwindigkeitswechsel nur an Fahrwegabschnittsgruppen möglich sind, wird somit schrittweise aufgehoben. Die so bestimmten Geschwindigkeitsprofile werden fahrdynamisch berechnet und geprüft. Diese Vorgehensweise erfolgt iterativ. Je Iterationsschritt wird eine Fahrwegabschnittsgruppe aufgelöst.

Sind alle Fahrwegabschnittsgruppen aufgelöst und es konnte keine gültig geprüfte Lösung berechnet werden, wird in diesem Fall die Anzahl der zu untersuchenden Geschwindigkeitsprofile neu bestimmt. Es wird der Faktor f_v um eins erhöht. Dadurch werden in Gleichung 7.11 kleinere und in Gleichung 7.12 größere Geschwindigkeitswerte berücksichtigt. Dies ermöglicht die Berechnung von Zeit-Wege-Linien mit zeitlich veränderter

Lage. Im Grundsatz erhöht dies die Anzahl der gültig geprüften fahrdynamisch berechneten Zeit-Wege-Linien mit jedem Iterationsschritt.

7.4.5. Geschwindigkeitsprofile sortieren

Die Geschwindigkeitsprofile der Menge GP^* im betrachteten Fahrzeitberechnungsabschnitt werden sortiert. Als Sortierkriterium wird die Summe der Abweichungsquadrate SAQ eingeführt. Es werden zwei unterschiedliche Abweichungsquadrate jeweils berechnet und aufsummiert. Als erster Summand werden die Abweichungsquadrate zwischen einer Zeit-Wege-Linie und der Ausgangs-Zeit-Wege-Linie berechnet. Je geringer diese Abweichungsquadrate sind, umso kleiner ist der zeitliche Abstand zwischen einer Zeit-Wege-Linie und der Ausgangs-Zeit-Wege-Linie. Diesen gilt es grundsätzlich zu minimieren, damit eine möglichst gute Näherungslösung zur Ausgangs-Zeit-Wege-Linie und damit zu den gesetzten Fahrplanzeiten gefunden werden kann. Mit dem zweiten Summand werden die Abweichungsquadrate zwischen einer Zeit-Wege-Linie und den frühestmöglichen Beförderungszeitpunkten berechnet. Diese Abweichungsquadrate können nur in Zugfolge- oder Zugkreuzungssituationen berechnet werden. Je geringer diese Abweichungsquadrate sind, umso kleiner ist der zeitliche Abstand zwischen einer Zeit-Wege-Linie und den frühestmöglichen Beförderungszeitpunkten. Die nicht nutzbaren Zeitlücken im Trassengefüge zwischen folgenden oder kreuzenden Zügen können so verkleinert werden.

Frühestmögliche Beförderungszeitpunkte und die Ausgangs-Zeit-Wege-Linie können an den selben Zugfolgestellen zeitlich die gleichen Auswirkungen auf einem nachfahrenden Zug haben, wenn die prognostizierten Fahr- und Haltezeiten eines vorausfahrenden Zuges und die daraus resultierenden Sperrzeiten abschnittsweise gleich sind. In allen anderen Fällen weichen diese Zeitpunkte in der Regel zeitlich voneinander ab. Darüber hinaus treten bei kreuzenden Zügen die zeitlichen Abweichungen zwischen den frühestmöglichen Beförderungszeitpunkten und der Ausgangs-Zeit-Wege-Linie in der Regel außerhalb von Begegnungsabschnitten beider Züge auf.

Zeitunterschiede zwischen den frühestmöglichen Beförderungszeitpunkten und der Ausgangs-Zeit-Wege-Linie haben Einfluss auf das Sortierkriterium SAQ. Abhängig vom Größenunterschied der beiden Summanden werden für Zeit-Wege-Linien kleinere SAQ berechnet, die infolge der Zeitunterschiede abschnittsweise zwischen frühestmöglichen Beförderungszeitpunkten und der Ausgangs-Zeit-Wege-Linien verlaufen. In der Konsequenz kann dies zu einem kapazitätsschonenden Verlauf einer Zeit-Wege-Linie für den nachfahrenden Zug führen.

Damit das Sortierverhalten beeinflusst werden kann, werden die Summanden des Sortierkriteriums über Faktoren gewichtet. Dies erfolgt über die Wichtungsfaktoren $f_{Ag.-ZWL}$ und f_{fB}, wobei über $f_{Ag.-ZWL}$ die Summe der Abweichungsquadrate zur Ausgangs-Zeit-Wege-Linie und mit f_{fB} die Summe der Abweichungsquadrate zu den frühestmöglichen Beförderungszeitpunkten gewichtet werden[61].

Das Sortierkriterium beschreibt somit die Güte einer berechneten Zeit-Wege-Linie im Vergleich zur Ausgangs-Zeit-Wege-Linie und zu den frühestmöglichen Beförderungszeitpunkten. Es wird, wie nachfolgend dargestellt, berechnet.

$$SAQ\left(GP_j\right) = f_{Ag.-ZWL} \ldots \qquad (7.32)$$

$$\ldots \sum_{i=FWA_1(s_n)}^{i=FWA_n(s_n)} \left(t_{GP_j-ZWL}\left(FWA_i\left(s_n\right)\right) - t_{Ag.-ZWL}\left(FWA_i\left(s_n\right)\right)\right)^2 + \ldots$$

$$\ldots + f_{fB} \sum_{i=FWA_1(s_n)}^{i=FWA_n(s_n)} \left(t_{GP_j-ZWL}\left(FWA_i\left(s_n\right)\right) - t_{fB}\left(FWA_i\left(s_n\right)\right)\right)^2$$

Je Fahrwegabschnittsgrenze wird die Fahrzeitdifferenz quadriert. Über alle betrachteten Fahrwegabschnittsgrenzen werden die Abweichungsquadrate aufsummiert. Die Steigung der Ausgangs-Zeit-Wege-Linie verändert sich an den Fahrwegabschnittsgrenzen durch Geschwindigkeitswechsel

---

[61] Für die in Kapitel 9 berechneten Fallbeispiele werden zur Vereinfachung die Wichtungsfaktoren $f_{Ag.-ZWL} = 1,0$ und $f_{fB} = 0$ gesetzt.

sowie Wechsel von Zuschlagswerten. Die zeitlichen Auswirkungen dieser Merkmale im Vergleich zu einer knickfrei berechneten Zeit-Wege-Linie lassen sich an Grenzen von Fahrwegabschnitten direkt berechnen. Deshalb werden die Abweichungsquadrate an den Fahrwegabschnittsgrenzen berechnet und aufsummiert.

Frühestmögliche Beförderungszeitpunkte können sich an Zugfolgestellen verändern. Diese sind ebenfalls Grenzen von Fahrwegabschnitten. Die zeitlichen Abweichungen zwischen einer Zeit-Wege-Linie und den frühestmöglichen Beförderungszeitpunkten können somit grundsätzlich an Grenzen von Fahrwegabschnitten berechnet werden.

Die Güten verschiedener Geschwindigkeitsprofile können anschließend anhand des Sortierkriteriums verglichen und aufsteigend sortiert werden. Die Zeit-Wege-Linie mit der kleinsten Summe der Abweichungsquadrate SAQ wird im Verfahrensablauf weiter verwendet.

7.4.6. Zeit-Wege-Linien vergleichen

Das Geschwindigkeitsprofil der ersten gültig geprüften Zeit-Wege-Linie wird als Lösung des $k$ten Iterationsschrittes gesetzt.

$$GP_k := GP_1^* \tag{7.33}$$

$$t_{GP_k-ZWL}(s) := t_{GP_1^*-ZWL}(s) \tag{7.34}$$

$$SAQ_{GP_k} := SAQ_{GP_1^*} \tag{7.35}$$

Die Lösungen im k und $k-1$ Iterationsschritt werden mit Hilfe der Summe der Abweichungsquadrate miteinander verglichen. Wenn $SAQ_{GP_k} < SAQ_{GP_{k-1}}$, dann folgt ein weiterer Iterationsschritt. Andernfalls ist $SAQ_{GP_k} \geq SAQ_{GP_{k-1}}$. Im betrachteten Fahrzeitberechnungsabschnitt ist sodann GP_{k-1} Ergebnisgeschwindigkeitsprofil und $t_{GP_{k-1}-ZWL}(s)$ Ergebnis-Zeit-Wege-Linie.

Die Menge der untersuchten Geschwindigkeitswerte je Fahrwegabschnittsgruppe beschreibt grundsätzlich den Lösungsraum, welcher verfahrensbedingt mit Hilfe verschiedener Aspekte weiter eingeschränkt wird.

Der Lösungsraum wird genau dann erweitert, wenn im aktuellen Iterationsschritt die Menge $|GP^*| < 1$ und somit keine gültige Lösung berechnet werden konnte. Die Vergrößerung erfolgt über die Variable f_v in Gleichung 7.11 und Gleichung 7.12.

Das gewählte Abbruchkriterium wirkt bei einem identifizierten lokalen oder globalen Minimum der Summe der Abweichungsquadrate. Damit konvergiert der Berechnungsalgorithmus, wenn unter schrittweiser Veränderung des Lösungsraumes keine bessere Lösung als im vorangegangenen Iterationsschritt berechnet werden kann. Die iterative Lösungsberechnung macht es darüber hinaus grundsätzlich möglich, bei beschränkter Rechenzeit das Verfahren vorzeitig abzubrechen und die bis dahin beste berechnete Lösung zu verwenden.

7.5. Sperrzeiten berechnen

Die nachfolgend erläuterten Algorithmen werden im Verfahren für jede neu berechnete Zeit-Wege-Linie einer Zugfahrt benötigt. Auf Grundlage der Sperrzeiten erfolgt die Erkennung von Belegungskonflikten. Das Erkennen und Klassifizieren von Belegungskonflikten wird sowohl im Rahmen der permanenten Arbeitsabläufe als auch bei der Berechnung des konfliktfreien Dispositions- und Prognosefahrplans angewendet.

Die Sperrzeit[62] eines Blockabschnittes besteht grundsätzlich aus Fahrstraßenbildezeit t_{Fb}, Sichtzeit t_{Si}, Annäherungsfahrzeit t_{Af}, Durchfahrzeit durch den Blockabschnitt t_{Df}, Räumzeit t_{Rf} sowie Fahrstraßenauflösezeit t_{Fa}. Die Sperrzeit bezieht sich auf die Zugspitze. Die Fahrstraßenbildezeit[63] t_{Fb} beinhaltet für alle erforderlichen Tätigkeiten des Stellwerkspersonals, vom Ausgeben des Stellbefehls bis zur Fahrtstellung des Startsignals, die notwendige Zeit. Die Sichtzeit t_{Si} beschreibt die Fahrzeit der Zugfahrt vom Sichtpunkt s_{Si} zum Bremseinsatzpunkt s_{BEP}. In der Regel ist die Sichtzeit eine Zeitkonstante.

---

[62] Vergleiche hierzu [Wen95, 269].
[63] Vergleiche hierzu [Nau04, 79].

Wird die Zugfahrt mit Hilfe eines ortsfesten Signalsystems und einer punktförmigen Zugbeeinflussungsanlage gesichert, ist im Grundsatz der Bremseinsatzpunkt das Vorsignal. Wird die Zugfahrt mit Hilfe von LZB-Blocktafeln und einer linienförmigen Zugbeeinflussungsanlage gesichert, ist der Bremseinsatzpunkt abhängig von der Geschwindigkeit und vom Bremsvermögen des Zuges. Der Bremseinsatzpunkt muss explizit berechnet werden.

Die Annäherungsfahrzeit t_{Af} beschreibt die Fahrzeit zwischen Bremseinsatzpunkt und Startsignal der Fahrstraße. Die Durchfahrzeit t_{Df} bezogen auf die Zugspitze[64] $Zg1$ beschreibt die Summe der Fahr- und Haltezeiten einer Zugfahrt innerhalb des Blockabschnittes. Die Räumzeit t_{Rf} beschreibt die Fahrzeit des Zuges zwischen Zielsignal der Fahrstraße (Zugspitze) und Signalzugschlussstelle einschließlich Durchrutschweg[65] (Zugschluss).

Der für die Zugfahrt zusätzlich frei zu haltende Fahrweg wird Sperrstrecke genannt und erstreckt sich vom Sichtpunkt bis zur Signal- bzw. Fahrstraßenzugschlussstelle oder bis zum Ende des Durchrutschweges. Für die Berechnung der Sperrzeit ist bei Durchfahrt eines Zuges die vollständig frei gefahrene Sperrstrecke inklusive Fahrstraßenbilde- und -auflösezeiten relevant. Die Fahrstraßenbilde- und -auflösezeit bezieht sich dabei auf die Fahrstraße bzw. den Blockabschnitt selbst. Bei der Fahrstraßenauflösung ist zwischen der Auflösung der gesamten Fahrstraße oder einer Teilfahrstraßenauflösung[66] zu unterscheiden. Bei Teilfahrstraßenauflösung wird jede Teilfahrstraße genau dann aufgelöst, wenn diese für die Zugfahrt nicht mehr benötigt wird. Bei Stellwerken ohne technisch gesicherte Gleisfreimeldung muss zur Auflösung einer Einfahrstraße der Zugschluss beobachtet und gegebenenfalls die Haltmeldung der Zugfahrt abgewartet werden. Je Teilfahrstraße des gesicherten Blockabschnittes existiert eine Teilfahrstraßenauflösezeit t_{Fa}, die bei der Sperrzeitberechnung berücksichtigt

---

[64]Vergleiche hierzu [Ril301, 301.1101 Abs.2(1)] Signal an Zügen: $Zg1$ - Spitzensignal.

[65]Für Fahrstraßen in bzw. aus einem Bahnhof sind Signal- und Fahrstraßenzugschlussstelle örtlich getrennt. Eine Fahrstraße kann, nach dem der Zugschluss die Fahrstraßenzugschlussstelle passiert hat, aufgelöst werden.

[66]Vergleiche hierzu [Nau04, 222].

wird.

Eine Sperrzeit für einen Blockabschnitt wird in die

- Vorbelegungzeit t_{Vb} (Fahrstraßenbildezeit t_{Fb}, Sichtzeit t_{Si}, Annäherungsfahrzeit t_{Af})

$$t_{Vb} = t_{Fb} + t_{Si} + t_{Af}, \qquad (7.36)$$

- Durchfahrzeit t_{Df} zwischen Start- und Zielsignal und

- Nachbelegungzeit t_{Nb} (Räumfahrzeit t_{Rf}, Fahrstraßenauflösezeit t_{Fa})

$$t_{Nb} = t_{Rf} + t_{Fa} \qquad (7.37)$$

aufgeteilt[67].

Für die Berechnung der Sperrzeiten einer Zugfahrt sind zunächst die Zugfolgestellen im Laufweg zu bestimmen. Zugfolgestellen sind in der Regel ortsfeste Hauptsignale. Je nach verwendetem Zugbeeinflussungssystem für die betrachtete Zugfahrt sind unterschiedliche ortsfeste Hauptsignale zur Begrenzung von Blockabschnitten gültig. Für Zugfahrten mit punktförmiger Zugbeeinflussung gelten ortsfeste Hauptsignale von (mehrabschnittsfähigen) Signalsystemen[68] und für Zugfahrten mit linienförmiger Zugbeeinflussung sind zusätzlich LZB-Blockkennzeichen gültig.

Abhängig vom verwendeten Zugbeeinflussungssystem sind die gültigen Zugfolgestellen und Fahrstraßen aus dem Fahrweg der betrachteten Zugfahrt auszuwählen. Anschließend kann die Sperrzeit je Fahrstraße berechnet werden. Hierbei werden die zeitlichen Bestandteile Vorbelegungs-, Durchfahrts- und Nachbelegungszeit nacheinander ermittelt.

Für die Berechnung der Vorbelegungszeit ist zunächst der Bremseinsatzpunkt s_{BEP} zu bestimmen. Für punktförmige überwachte Zugfahrten innerhalb eines mehrabschnittsfähigen Signalsystems[69] ist der Bremseinsatzpunkt s_{BEP} im Grundsatz durch das Vorsignal festgelegt. Hierauf aufbauend lässt sich der Sichtpunkt s_{Si} abhängig von der gewählten Sichtzeit

---

[67]Vergleiche hierzu [Ril405.0103, 11].
[68]Vergleiche hierzu [Pac08].
[69]Hl-, Hv- oder Ks-Signalsystem sind mehrabschnittsfähig.

t_{Si} und der prognostizierten Geschwindigkeit zwischen Sicht- und Bremseinsatzpunkt bestimmen.

Für linienförmig überwachte Zugfahrten wird der Bremseinsatzpunkt s_{BEP} abhängig von der Höchstgeschwindigkeit und dem Bremsvermögen der Zugfahrt berechnet. Hieraus ergibt sich eine maßgebende, geschwindigkeitsabhängige, konstante Bremsverzögerung[70] b, mit der der Bremseinsatzpunkt s_{BEP} abhängig von dem Startsignal der betrachteten Fahrstraße mit einer Zielgeschwindigkeit von $V_{Ziel} = 0km/h$ und der Geschwindigkeit am Bremseinsatzpunkt $V_{s_{BEP}}$ berechnet werden kann. Des Weiteren hängt der Bremseinsatzpunkt maßgebend von der prognostizierten Geschwindigkeit der Zugfahrt ab. Dieses Vorgehen ist analog zur Realität, in der die elektronische Sicht als Bestandteil der Führerstandsignalisierung für linienförmig überwachte Zugfahrten abhängig von der Geschwindigkeit des Zuges berechnet wird. Auf der Grundlage des ermittelten Bremseinsatzpunktes wird der Stationierungswert des Sichtpunktes s_{Si} bei linienförmig überwachten Zugfahrten berechnet.

Für die Berechnung der Vorbelegungszeit t_{Vb} ist die Fahrstraßenbildezeit t_{Fb} als Bestandteil der Infrastrukturdaten sowie die angenommene Sichtzeit t_{Si} gegeben. Abschließend ist die Annäherungsfahrzeit t_{Af} für die Strecke zwischen Bremseinsatzpunkt und Startsignal abhängig von der prognostizierten Geschwindigkeit der betrachteten Zugfahrt zu bestimmen.

Im Anschluss wird die Durchfahrtszeit t_{Df} der betrachteten Fahrstraße berechnet. Abhängig von den örtlichen Gegebenheiten ist gegebenenfalls für die betrachtete Fahrstraße eine Teilfahrstraßenauflösung modelliert. Für den Fall, dass eine Teilfahrstraßenauflösung möglich ist, wird je modellierte Teilfahrstraße das Sperrzeitende einzeln berechnet. Zum ermittelten Zeitpunkt der Freimeldung[71] ist die Auflösezeit einer Teilfahrstraße zu addieren. Für Fahrstraßen ohne Teilfahrstraßenauflösung wird die Durchfahrtszeit zwischen dem Start- und Zielsignal ermittelt.

Zum Schluss wird die Nachbelegungszeit t_{Nb} berechnet. Hierfür ist ne-

---

[70]Vergleiche hierzu [Hai07, 4].
[71]Vergleiche hierzu [Ril301, 301.1101 Abs.3(1)] Signal an Zügen: $Zg2$ - Schlusssignal.

ben der gegebenen Fahrstraßenauflösezeit t_{Fa} als Bestandteil der Infrastrukturdaten die Räumzeit t_{Rf} zu berechnen. Die Räumzeit berechnet sich zwischen Zielsignal und Zugschlussstelle. Sie ist abhängig von der Art und Weise wie der Durchrutschweg[72] aufgelöst wird. Hierbei sind Einfahrten und Durchfahrten zu unterscheiden[73]. Für durchfahrende Züge erfolgt die Auflösung des Durchrutschweges direkt nach dem die Ausfahrstraße eingestellt ist. Die Räumung der Einfahrfahrstraße erfolgt grundsätzlich nachdem der Zugschluss die Signalzugschlussstelle bzw., wenn vorhanden, die Fahrstraßenzugschlussstelle nach dem Zielsignal passiert hat. Die Fahrstraßensicherung dieses Gleisabschnittes erfolgt jedoch nicht mehr über die Einfahrstraße, sondern über die Ausfahrstraße. Für die zu berechnenden Sperrzeiten und Mindestzugfolgezeiten hat dies keine Auswirkungen.

Für einfahrende Züge erfolgt die Auflösung des Durchrutschweges in der Regel selbsttätig und zeitverzögert[74]. Nachdem der Zug das Einfahrsignal passiert hat, beginnt die Auflösezeit des Durchrutschweges zu wirken. Die Auflösezeit des Durchrutschweges t_{Da} ist Bestandteil der Infrastrukturdaten.

Weiterführende Modellierungsthemen wie beispielsweise Abbildung von verkürzten Signalabständen, Dreiabschnittssignalisierung, Mittelweichen sowie überschneidenden und pendelnden Durchrutschwegen werden in [Pac15] beschrieben.

7.6. Schlussfolgerung und Ausblick

Alle mittels Fahrzeitrechnung berechneten Zeit-Wege-Linien im dargelegten Verfahren sind knickfrei. Weil die jeweils berechnete Fahrzeit direktes Ergebnis der Fahrzeitrechnung ist und diese nicht durch Regel- oder

---

[72]Der Durchrutschweg bezeichnet den Abstand zwischen Ausfahrsignal und Signalzugschlussstelle. Für Einfahrsignale wird dieser Teil der Fahrstraße Gefahrenpunktabstand genannt. Für Signale der freien Strecke wird dieser Abstand als Schutzstrecke definiert.

[73]Vergleiche hierzu [Pac04, 104].

[74]Vergleiche hierzu [Pac04, 104].

Einzelzuschläge ohne fahrdynamische Prüfung verändert wird. Zusätzlich werden Bremslösezeiten berücksichtigt.

Diskrete Zeitvorgaben eines Fahrplans werden bei der Prüfung jeder einzelnen Zeit-Wege-Linie berücksichtigt. Dabei werden Zeitvorgaben aus der Disposition je Zugfolgestelle geprüft, ob diese eingehalten sind. Weitere, prognostizierte Zeitvorgaben der Ausgangs-Zeit-Wege-Linie werden für Ankunftszeiten an Halteorten sowie Durchfahrtszeiten an Ausbruchspunkten verfahrensbedingt überprüft und ggf. mit definierten zeitlichen Abweichungen eingehalten.

Dieses Verfahren stellt eine Ergänzung zum Stand der Anwendungen dar. Eine knickbehaftete Zeit-Wege-Linie aus der Prognoserechnung kann als Ausgangs-Zeit-Wege-Linie verwendet werden. Im Ergebnis wird eine knickfreie Zeit-Wege-Linie berechnet, die die Ausgangs-Zeit-Wege-Linie in ihrer zeitlichen Lage mit möglichst geringen zeitlichen Abweichungen widerspiegelt. Damit ist es möglich, die Qualität zu berechnender Zeit-Wege-Linien im Kontext der Prognoserechnung zu verbessern. Diese können nun knickfrei berechnet werden. Damit erhöht sich die Prognosegüte im Vergleich zu Zeit-Wege-Linien mit Knicken.

Die zeitlichen Anpassungen der Fahrzeit für die Berechnung einer behinderungsfreien Zeit-Wege-Linie erfolgt im dargelegten Verfahren durch die Bestimmung von frühestmöglichen Beförderungszeitpunkten je Zugfolgestelle. Diese werden bei der Bestimmung einer knickbehafteten Ausgangs-Zeit-Wege-Linie analog zu den Dispositionszeiten nach dem Stand der Anwendungen berücksichtigt. Diese Vorgehensweise ist im Vergleich zum Stand der Anwendungen eine alternative Art und Weise die Fahrzeit des nachfahrenden Zuges zeitlich anzupassen[75].

Die zeitlichen Anpassungen der Fahrzeiten erfolgt im beschriebenen Verfahren über die frühestmöglichen Beförderungszeitpunkte. Diese werden abhängig von der Mindestzugfolgezeit bestimmt. Die daraus resultierende Ausgangs-Zeit-Wege-Linie orientiert sich ohne Harmonisierung und Kapazitätsverluste am Verlauf der Zeit-Wege-Linie des vorausfahrenden Zuges. Dadurch entstehen wesentlich mehr Knicke in der Zeit-Wege-Linie.

---

[75]Vergleiche hierzu [Kuc11].

Diese werden im beschriebenen Verfahren für die betrachtete Zeit-Wege-Linie abweichend zum Stand der Anwendungen ganzheitlich und vollständig geglättet. Eine Geschwindigkeitsharmonisierung erfolgt dabei indirekt im Rahmen der Glättung.

Im Verfahren werden Geschwindigkeitsprofile so vorbereitet, dass diese als Eingangsdaten für eine Fahrzeitrechnung nach dem Stand der Anwendungen verwendet werden können. Innerhalb der Fahrzeitrechnung werden die Fahrzustände Beschleunigen mit voller Zugkraft, Beharren mit konstanter Geschwindigkeit und Bremsen mit Komfortbremsverzögerung berechnet. Über die beschriebene fahrzustandsabhängige Regelzuschlagsdefinition können identische Zeitanteile im Vergleich zum Regelzuschlag bei der knickfreien Berechnung von Zeit-Wege-Linien berücksichtigt werden. Im beschriebenen Verfahren werden vorzugsweise knickbehaftete Zeit-Wege-Linien betrachtet, deren Fahrzeit im Rahmen einer Konfliktlösung abschnittsweise verlangsamt wird. Fahrzeiten können im Rahmen einer Konfliktlösung auch gekürzt werden. Das dargelegte Verfahren ist grundsätzlich auf knickbehaftete Zeit-Wege-Linien anwendbar, deren Fahrzeit abschnittsweise gekürzt wird. Die geschilderte Verfahrensweise zur Berechnung knickfreier Zeit-Wege-Linien ist grundsätzlich kombinierbar mit den in [Pä12] angewendeten Strategien für die zeitlichen Anpassungen von Fahrzeiten. Dies gilt ebenfalls für das in [Kuc11] beschriebene Vorgehen zur Berechnung einer behinderungsbedingten Fahrweise (Stutzen). Eine weitere Anwendungsmöglichkeit dieser Verfahrensweise bietet die Berechnung knickfreier Zeit-Wege-Linien im Kontext energiesparsamer Fahrweise an. So erfolgt die angewendete Fahrzeitrechnung auf Basis der Fahrzustände Beschleunigen mit voller Zugkraft, Beharren mit zulässiger Höchstgeschwindigkeit oder konstanter Geschwindigkeit und Bremsen mit konstanter Komfortbremsverzögerung. Es ist grundsätzlich möglich diese Fahrzustände durch alternative, energiesparsame Fahrzustände auszutauschen. So kann beispielsweise der Fahrzustand Beschleunigen mit voller Zugkraft durch den Fahrzustand Beschleunigen mit reduzierter Zugkraft[76] ersetzt werden. Des Weiteren ist es möglich, den Fahrzu-

---

[76]Vergleiche hierzu [Oet08b, 657].

stand Bremsen mit konstanter Komfortbremsverzögerung durch den Fahrzustand Bremsen mit Rekuperationsbremse[77] teilweise oder vollständig zu ersetzen[78]. Verfahrensbedingt kann eine Ergebnis-Zeit-Wege-Linie auch mit alternativen Fahrzuständen berechnet werden. Dies kann die Traktionsenergie bzw. -kosten weiter reduzieren. Eine derart bestimmte energiesparsame knickfreie Zeit-Wege-Linie kann analog zum Verfahren Energiesparsame Fahrweise der DB AG - ESF durch die Fahrzustände Ausrollen mit und ohne Schwerkraftbeschleunigung[79] so ergänzt werden, dass die Fahrzeit sich nicht wesentlich ändert. Diese quasi zeitneutralen Ausrollvorgänge sind in der Regel sehr energieeffizient im Vergleich zu alternativen Fahrzuständen. Darüber hinaus entsprechen örtlich begrenzte Ausrollvorgänge der natürlichen Fahrweise eines geschulten Triebfahrzeugführers. Der Vorteil dieser skizzierten Vorgehensweise zur Berechnung energiesparsamer Zeit-Wege-Linien ist, dass energiesparsame Fahrzustände zeitlich angewendet werden, wo dies aus dispositiven Gründen möglich ist. Beispielsweise kann der Fahrzustand Ausrollen ohne Schwerkraftbeschleunigung für die Fahrweise einer Zuges angewendet werden, wenn dieser seine Fahrt vor einem Engpass dispositiv verlangsamen soll. Eine Anwendung dieser Erkenntnis ggf. ergänzt um die hier umrissene Art der Berechnung energiesparsamer Zeit-Wege-Linien würde die Vorgehensweise in [Oet08b] verbessern.

---

[77] Die Rekuperationsbremse an elektrischen oder dieselelektrischen Triebfahrzeugen nutzt den Elektromotor als Generator. Die dabei erzeugte Energie wird teilweise in Akkumulatoren für Hilfsbetriebe gesammelt oder in Bremswiderständen in Wärme umgesetzt. Die Bremsstromrückspeisung (Nutzbremsung) beruht auf den Möglichkeiten der Traktionsstromrichter. Die Bremsenergie wird hoch transformiert und in die elektrische Fahrleitung zurückgespeist.

[78] Die Bremswirkung der Rekuperationsbremse ist bei niedrigen Geschwindigkeiten ggf. zu gering. Deshalb wird der Fahrzustand Bremsen mit konstanter Komfortbremsverzögerung in der Regel nur teilweise ersetzt.

[79] Der Fahrzustand Ausrollen ohne Schwerkraftbeschleunigung kann den Fahrzustand Bremsen in der Regel teilweise ersetzen. Der Fahrzustand Ausrollen mit Schwerkraftbeschleunigung ist in der Regel dann möglich, wenn die Bilanz der Fahr- und Streckenwiderstände positiv ist.

8. Fahrempfehlungen erstellen und übertragen

Wie Fahrempfehlungen erstellt und übertragen werden, ist in diesem Kapitel thematisiert. Zunächst wird im nachfolgenden Abschnitt der Stand der Anwendungen dargelegt. Dabei werden insbesondere Anwendungen aufgeführt, die Fahrempfehlungen auf Basis der Zugdisposition erstellen und übertragen. Im Abschnitt 8.2 sind Möglichkeiten beschrieben, wie Fahrempfehlungen abhängig vom technischen Ausrüstungsgrad der Triebfahrzeuge übertragen werden können. Im letzten Abschnitt wird erläutert, wie verfahrensbedingt dispositive Geschwindigkeitsvorgaben je Fahrempfehlung bestimmt werden.

8.1. Stand der Anwendungen

Im Folgenden werden die in der Literatur dokumentierten Verfahren (Auswahl) zur Ermittlung von Fahrempfehlungen aus der Disposition heraus beschrieben. Beginnend mit Deutschland werden nach dem Stand der Technik dispositive Geschwindigkeiten als Hinweis zum Fahrverhalten fernmündlich an den Triebfahrzeugführer übertragen[1]. Diese Hinweise zum Fahrverhalten werden allgemein als Fahrempfehlung bezeichnet[2]. Fahrempfehlungen im Eisenbahnbetrieb wurden in Deutschland auf Grundlage der Signale für Zugpersonal $Zp10$ (K-Scheibe) bzw. $Zp11$ (L-Scheibe) an Triebfahrzeuge übertragen[3]. Mit Hilfe des analogen Zugfunks wurden

---

[1]Vergleiche hierzu [Ril42001, 420.0105, S.5].

[2]Vergleiche hierzu [Oet08b, 654].

[3]Vergleiche hierzu Signalbuch §33 [Deu89, 92ff.].

die Fahrempfehlungen fernmündlich oder mittels Drucktaste[4] übermittelt. Mit Einführung des GSM-R-Zugfunks gab es diese technischen Voraussetzungen, Fahrempfehlungen per Drucktaste zu übertragen, nicht mehr. Heute werden Fahrempfehlungen fernmündlich durch den Zugdisponenten oder Fahrdienstleiter gegenüber dem Triebfahrzeugführer übermittelt. Dies erfolgt nicht mehr auf Grundlage der genannten Signale für Zugpersonal, da diese Signale nicht mehr Bestandteil der aktuell gültigen ESO[5] sind. Mit dem Verfahren zur Zuglaufregelung nach [Oet08b] werden Fahrempfehlungen mit Hilfe von Kurzmitteilungen im digitalen Zugfunk GSM-R auf ein Triebfahrzeug übertragen. Die Fahrempfehlung beinhaltet u.a. eine neue zeitliche Sollvorgabe in Form einer Zeit-Wege-Linie. Sie werden bei der Zugdisposition bestimmt und beinhalten zeitliche Auswirkungen von Konfliktlösungen. Die Anzeige der Fahrempfehlungen erfolgt über das EBuLa[6]-Bordgerät. Mit dem System Adaptive Lenkung (ADL) werden bei der Schweizerischen Bundesbahnen (SBB) Fahrempfehlungen versendet. ADL ging im Frühjahr 2012 auf der Strecke Olten-Basel in einen Pilotbetrieb[7]. Auf Basis der Prognoserechnung in der Disposition[8] werden Fahrempfehlungen ermittelt, an Triebfahrzeuge kommuniziert und im Führerstandcomputer Lea angezeigt. Dabei beruhen die Algorithmen zur Berechnung einer Fahrempfehlung auf dem Verfahrensansatz des Driving Style Managers[9]. Das System Greenspeed wird von der Dänischen Staatsbahn und der Firma Cubris entwickelt. Im Level 2, welches derzeit ausgerollt wird, erfolgt eine Datenverbindung zwischen einem zentralen Server sowie den fahrenden Zügen über General Packet Radio Service (GPRS). In Echtzeit werden betriebsrelevante Daten an die Züge übertragen. Hierzu zählen insbesondere aktuelle Fahrplandaten. Auf Grundlage dieser aktuellen Daten erfolgt im Zug die Berechnung einer energiesparsamen Zeit-Wege-Linie. Diese wird dem Triebfahrzeugführer angezeigt, damit er diese

---

[4]Vergleiche hierzu [Ril479/3, 6].
[5]Vergleiche hierzu [Ril301].
[6]Elektronischer Buchfahrplan und Langsamfahrstellen (EBuLa)
[7]Vergleiche hierzu [Eic12].
[8]Vergleiche hierzu [Ach09].
[9]Vergleiche hierzu [Mey02], [Win09] sowie [Mey09].

als aktuelle Sollvorgabe abfahren kann[10]. Das Computersystem Computer Aided Train Operation (CATO) wird von der Transrail Sweden AB im Auftrag für die schwedische Infrastrukturbehörde Trafikverket und der Minengesellschaft LKAB seit dem Jahr 2000 entwickelt. Fahrempfehlungen werden auf Grundlage einer Prognoserechnung im Train Controle Centre (TCC) berechnet und mittels GSM-R und dem EETROP-Standard[11] an Triebfahrzeuge übertragen. Fahrempfehlungen werden über das Modul CATO-TRAIN dem Triebfahrzeugführer angezeigt. Das System wird derzeit für den Stockholm Airport shuttle (ARLANDA EXPRESS) eingesetzt[12]. Die Firma Transrail Sweden AB hat mit dem System CATO den UIC-Award 2012 für Innovation und Forschung in der Kategorie „Nachhaltige Entwicklung" bekommen[13].

8.2. Fahrempfehlungen übertragen

Für eine bessere Auslastung der Eisenbahninfrastruktur sowie Umsetzung von dispositiven Lösungen ist es vorteilhaft, das vorausschauende Fahren für alle Zugfahrten, die unmittelbar an die Umsetzung von Dispositionsentscheidungen gebunden sind, zu unterstützen. Für die Ermittlung von Fahrempfehlungen werden deshalb belegungskonflktfreie Fahrplantrassen inklusive der Wirkungen aller angeordneten Dispostionsentscheidungen prognostiziert. Je nach vorhandenen technischen Möglichkeiten zur Kommunikation zwischen Zugdisponent(en), Fahrdienstleiter(n) bzw. Triebfahrzeugführer(n) werden auf Grundlage der belegungskonfliktfrei prognostizierten Fahrplantrasse dispositive Fahrempfehlungen berechnet und an die Triebfahrzeugführer übermittelt. Möglichkeiten hierzu sind

- K- und L-Scheibe fernmündlich (via GSM-R)[14], fernmündlich per au-

---

[10]Vergleiche hierzu [Ber12].

[11]Vergleiche hierzu [Dub10] sowie [Dub11].

[12]Vergleiche hierzu [Lag11].

[13]Vergleiche hierzu [Mü13].

[14]Es sei hier auf die Signale für Zugpersonal $Zp10$ (K-Scheibe) bzw. $Zp11$ (L-Scheibe) lt. Signalbuch §33 verwiesen [Deu89, 92ff.].

tomatischem Ansagetext (via GSM-R), per Text-SMS und Anzeige über GSM-R Cab Radio[15]

- per Datenpaket/SMS Fahrzustände übertragen, Anzeige und Verarbeitung erfolgt über das EBuLa-Bordgerät[16]

- per Datenpaket/SMS Geschwindigkeitsvorgaben an die Automatische Fahr- und Bremssteuerung (AFB) senden, welche anschließend automatisiert umgesetzt werden[17].

Die Übertragung per Ansagetext hat verschiedene Vorteile. Der Ansagetext kann dynamisch aus der belegungskonfliktfrei prognostizierten Zeit-Wege-Linie erstellt werden. Darüber hinaus ist eine Rückmeldung über einen erfolgreichen Anruf mit gleichzeitiger Übertragung der Nachricht im Gegensatz zur Übertragung per SMS unmittelbar verfügbar, da die Informationsübertragung nicht asynchron erfolgt. Ein Anruf kann im Gegensatz zur SMS im GSM-R-Netz priorisiert werden. Zusätzlich kann der Zugdisponent auf offenbarte Verbindungsfehler direkt reagieren. Zuletzt wird der Zugdisponent mit einfachen Mitteln von Routinearbeit entlastet. Ein Nachteil dieser Vorgehensweise ist, dass die Information der Fahrempfehlung nicht dauerhaft auf dem Triebfahrzeug verfügbar ist. Abhängig vom Ausrüstungsgrad der Triebfahrzeuge lassen sich verschiedene Informationen als Fahrempfehlung versenden. Wird der Triebfahrzeugführer nicht durch technische Hilfsmittel bei der Zuglaufregelung unterstützt, so bietet es sich an, dem Triebfahrzeugführer grundsätzlich nicht mehr als zwei Informationen für die unmittelbar prognostizierte Fahrweise fernmündlich oder per Text-SMS mitzuteilen. Für die Übermittlung einer K-Scheibe[18] reicht es

---

[15]Vergleiche hierzu [Lie01, 54], [Wil03, 40] sowie [Bra07, 8ff.]. In den genannten Literaturquellen wird die technische Möglichkeit aufgezeigt.

[16]Vergleiche hierzu [Oet08b].

[17]Die Verantwortung für die sichere Durchführung der Zugfahrt liegt beim Triebfahrzeugführer. Hinsichtlich Transparenz der Steuersignale unter Berücksichtigung des subjektiven Risikoempfindens abhängig vom Verhältnis zwischen Eigen- und Fremdverantwortung besteht weiterer Forschungsbedarf.

[18]K-Scheibe steht für kürzeste Fahrzeit fahren.

aus, diese örtlich zu begrenzen. Eine K-Scheibe ist genau dann zu übertragen, wenn im relevanten Streckenabschnitt die prognostizierte Fahrplanabweichung[19] eines Zuges kleiner wird. Bleibt die prognostizierte Fahrplanabweichung gleich, so kann dies dem Triebfahrzeugführer inklusive einer örtlichen Eingrenzung, in der er seine Fahrplanabweichung beibehalten soll, mitgeteilt werden. Für die Übertragung einer L-Scheibe muss der Triebfahrzeugführer die Fahrweise verlangsamen. Mit geringem Ausrüstungsgrad der Triebfahrzeuge können dem Triebfahrzeugführer beispielsweise die prognostizierten Fahrplanabweichungen, Ankunfts- oder Durchfahrtszeiten übertragen werden. Des Weiteren bietet sich an, dem Triebfahrzeugführer eine dispositive Geschwindigkeit oder eine dispositiv geänderte Höchstgeschwindigkeit als Fahrempfehlung mitzuteilen. Dies funktioniert in der Regel nur bei einem örtlich begrenzten Engpass, beispielsweise einer Abzweigstelle. Sind im weiteren Fahrtverlauf der betrachteten Zugfahrt mehrere Engpässe, beispielsweise die Zugfolge hinter einen Nahverkehrszug, so ist es schwierig die zur Zuglaufregelung notwendigen Informationen auf zwei zu übertragende Aussagen zu reduzieren. In diesen Fällen bietet es sich bei einem geringen technischen Ausrüstungsgrad der Triebfahrzeuge an, dem Triebfahrzeugführer die betriebliche Situation zu erläutern, um so für Informationsparität zu sorgen[20]. Alternativ können Fahrempfehlungen als Textnachricht via Datenpaket über die europäisch genormte Schnittstelle DAS-C versendet werden[21]. Eine weitere Möglichkeit unter Anpassung des Ausrüstungsgrades der Triebfahrzeuge ist es, die Fahrplanzeiten einer Zugfahrt im elektronischen Buchfahrplan ggf. in einer eigenen Spalte über Fahrempfehlungen zu aktualisieren. Mit Hilfe einer Funkuhr beziehen sich die Uhrzeiten im übertragenen Fahrplan nahezu identisch auf die selbe Uhrzeit beim Disponenten. Diese Form der technischen Anpassung hat den Vorteil, dass für bestehende Applikationen, beispielsweise zur energiesparsamen Fahrweise auf dem Triebfahr-

---

[19]Lässt sich infolge alternativer Fahrwege keine Fahrplanabweichung berechnen, so ist die Uhrzeit für das relevante Abschnittsende dem Triebfahrzeugführer zu übertragen.

[20]Alternativ hierzu kann das Assistenzsystem RouteLint eingesetzt werden, vergleiche hierzu [Alb07].

[21]Vergleiche hierzu [Kau14, 27f.].

zeug die aktualisierten Fahrplanzeiten verwendet werden können[22]. Eine europäisch genormte Schnittstelle zum Versand von Fahrplanzeiten via Datenpaket ist unter [Kau14, 31ff.] und dem Format DAS-O dokumentiert. Hingegen setzt die Übertragung von Fahrzuständen[23] einen sehr hohen technischen Ausrüstungsgrad im Triebfahrzeug voraus. Welcher zusätzliche Nutzen[24] mit diesem erhöhten Ausrüstungsgrad generiert werden kann, ist nicht Untersuchungsgegenstand dieser Arbeit. Eine Grundvoraussetzung für die Übertragung von Fahrzuständen sind knickfrei berechnete Zeit-Wege-Linien. Die in dieser Arbeit beschriebene Verfahrensweise eignet sich somit grundsätzlich für die Übertragung von Fahrzuständen mittels Fahrempfehlung.

8.3. Dispositive Geschwindigkeitsvorgaben für Fahrempfehlungen bestimmen

Das im Verfahren bestimmte Geschwindigkeitsprofil je Zug stellt die Abfolge der dispositiven Geschwindigkeitsvorgaben, unter Berücksichtigung aller zeitlich relevanten Zugfahrten, dar. Je Abschnitt im Geschwindigkeitsprofil wird eine dispositive Geschwindigkeit direkt vorgegeben. Ziel ist es, dass jeder Zug der übermittelten dispositiven Geschwindigkeitsvorgabe zeitlich und örtlich folgt.

Bei der Bestimmung der dispositiven Geschwindigkeitsvorgabe ist die Momentangeschwindigkeit des Zuges nicht bekannt, und wird somit grundsätzlich nicht berücksichtigt. Bei Abweichungen zwischen der übertragenen, dispositiven Geschwindigkeitsvorgabe und der Momentangeschwindigkeit des Zuges ist eine Einschwingphase notwendig, in der der Triebfahrzeugführer seine Geschwindigkeit anpasst. Die Mindestzugfolgepufferzeit muss so gewählt werden, dass diese Einschwingphase ohne ei-

---

[22]Vergleiche hierzu [Neu06] sowie [Alb11, 43].

[23]Vergleiche hierzu [Oet08b] sowie das Format DAS-I dokumentiert unter [Kau14, 28ff.].

[24]Die DB Regio AG erreicht allein mit Schulung der Triebfahrzeugführer eine jährliche Einsparung an Traktionsenergiekosten von bis zu 10%. Vergleiche hierzu [Str05b].

ne Behinderung anderer Zugfahrten erfolgen kann. Die zeitliche Dauer der Einschwingphase hängt weiterhin davon ab, wie schnell die dispositive Geschwindigkeitsvorgabe an einen Triebfahrzeugführer übermittelt werden kann.

Dispositive Geschwindigkeitsvorgaben sind für +10 Minuten nach der Istzeit sehr sinnvoll[25]. Dies ist ein relativ kurzer Zeitraum. Deshalb sind die genannten Aspekte maßgebend für die Umsetzbarkeit der berechneten Lösung im Eisenbahnbetrieb. Abhängig von den Möglichkeiten der technischen Umsetzung benötigen die Triebfahrzeugführer für ein erfolgreiches Umsetzen dispositiver Geschwindigkeitsvorgaben praktisches Gebrauchswissen im Umgang mit diesen. Kann ein Triebfahrzeugführer dieser dispositiven Geschwindigkeitsvorgabe nicht folgen, so verändert sich seine belegungskonfliktfrei prognostizierte Zeit-Wege-Linie. Können diese zeitlichen Veränderungen nicht durch die Zugfolgepufferzeit ausgeglichen werden, behindert diese Zugfahrt gegebenenfalls andere bzw. wird durch andere Zugfahrten behindert. Der Zug kommt durch die Sicherungstechnik vor Zugfolgestellen ins Stutzen[26] bzw. zum außerplanmäßigen Halt. Insofern ist die dispositiv erstellte Geschwindigkeitsvorgabe nicht sicherheitsrelevant. Allerdings sollte zur Akzeptanz unter den Triebfahrzeugführern eine dispositive Geschwindigkeitsvorgabe möglichst im Einklang mit den über die Sicherungstechnik kommunizierten Signalbegriffen stehen. In diesem Zusammenhang ist festzuhalten, dass eine behinderungsbedingte Fahrweise nicht als Bestandteil einer dispositiven Geschwindigkeitsvorgabe auf dem Triebfahrzeug angezeigt werden soll. Der jeweilige Triebfahrzeugführer sieht bereits durch die Signaltechnik, dass eine freie Fahrt nicht möglich ist. Dispositive Effekte, die durch Fahrempfehlungen erreicht werden sollen, greifen in der Regel nicht bei einer behinderungsbedingten Fahrweise. Es wäre aber von Vorteil, dem Triebfahrzeugführer die Information über die Art der Behinderung mitzuteilen. Dies verbessert

---

[25]Vergleiche hierzu [Fra07].

[26]Als „Stutzen" wird das signaltechnisch notwendige Abbremsen des Zuges vor einer Zugfolgestelle bezeichnet, wenn der in Fahrtrichtung vor dem Zug liegende Streckenabschnitt noch durch eine weitere Zugfahrt belegt ist.

den Informationsstand eines Triebfahrzeugführers über die derzeitige betriebliche Situation[27] und er kann seine Verhaltensweise entsprechend anpassen.

Bei der Umsetzung der dispositiven Geschwindigkeitsvorgabe gibt es Situationen, in denen das erlernte Fahrverhalten des Triebfahrzeugführers von der dispositiven Geschwindigkeitsvorgabe abweicht. Z.B. wenn der Triebfahrzeugführer Gefällestrecken mit Schwerkraftbeschleunigung befährt. Infolge der Streckenkenntnis des Triebfahrzeugführers tendiert dieser zu zwei möglichen Fahrweisen. Im Falle kürzester Fahrzeit (keine Abweichung zur dispositiven Geschwindigkeitsvorgabe) befährt der Triebfahrzeugführer die Gefällestrecke mit zugelassener Höchstgeschwindigkeit. Damit der Zug die Höchstgeschwindigkeit nicht überschreitet, bremst der Triebfahrzeugführer vorzugsweise mit Rekuperationsbremse[28] während der Beharrungsfahrt innerhalb der Gefällestrecke. Bei vorhandener Fahrzeitreserve befährt der Triebfahrzeugführer Gefällestrecken mit Schwerkraftbeschleunigung möglichst ohne die Verwendung von Zug- oder Bremskraft, also energiesparsam mittels Ausrollen[29]. Damit der Zug innerhalb der Gefällestrecke nicht die zulässige Höchstgeschwindigkeit überschreitet, beginnt der Triebfahrzeugführer den Ausrollvorgang in der Regel bereits vor Erreichen der Gefällestrecke. Den Beginn des Ausrollvorganges kennt der Triebfahrzeugführer infolge Streckenkenntnis und praktischem Gebrauchswissen über das Fahrverhalten seines Zuges. Dispositive Geschwindigkeitsvorgaben, die kleiner der zulässigen Höchstgeschwindigkeit sind, begünstigen die zuletzt genannte Fahrweise. Infolge der verminderten Geschwindigkeit reduzieren sich die Laufwiderstände und notwendige Zugkraft für die betrachtete Zugfahrt. In der Kräftebilanz fördert dies die Schwerkraftbeschleunigung in Gefällestrecken. Der Triebfahrzeugführer wird diese Möglichkeit nutzen. Im beschriebenen Verfahren gibt es grundsätzlich zwei denkbare Möglichkeiten darauf zu reagieren. Zu-

---

[27]Vergleiche hierzu [Alb07].

[28]Derzeit sind die Triebfahrzeugbaureihen 101, 120, 145, 146, 182, 185, 186, 189 sowie Triebfahrzeuge der ICE-Baureihen 401, 402 und 403 mit rückspeisefähiger Rekuperationsbremse ausgerüstet.

[29]Vergleiche hierzu [Sch91] bzw. [San99].

nächst könnten innerhalb der Fahrzeitrechnung Ausrollfahrzustände berechnet werden, die das natürliche Fahrverhalten der Triebfahrzeugführer berücksichtigen. Die zeitbezogene bzw. geschwindigkeitsbezogene Variationsbreite derartiger Ausrollvorgänge muss bei der Definition der Mindestzugfolgepufferzeit berücksichtigt werden. Es bietet sich an, diese Ausrollvorgänge im Vergleich zur Berechnung ohne Ausrollvorgänge zeitneutral durchzuführen[30].

Des Weiteren könnten dispositive Geschwindigkeitsvorgaben mittels Daten-SMS übertragen werden[31]. In diesem Fall ist es möglich, berechnete Fahrzustände an das Triebfahrzeug zu übermitteln. Zu diesem Zweck wird für jede belegungskonfliktfreie Fahrplantrasse ein zeitlicher Lösungsraum definiert. In diesem erfolgt die Berechnung einer energiesparsameren Fahrplantrasse. Während dieser Berechnung können weitere energetisch günstige Fahrzustände in Kombination berücksichtigt werden[32].

---

[30]Berechnungsansätze hierzu sind in [San99] bzw. [Goh92] beschrieben.
[31]Vergleiche hierzu [Oet08b].
[32]Vergleiche hierzu Abschnitt 7.6.

9. Fallbeispiele

Im diesem Kapitel wird die beschriebene Verfahrensweise in unterschiedlichen Fallbeispielen angewendet. Hierfür wurde mit dem Programm Gnuplot[1] und Kommandodateien das Verfahren beispielhaft implementiert. Mit Hilfe des Programms Gnuplot konnten alle notwendigen Berechnungsschritte inklusive einer Fahrzeitrechnung umgesetzt werden. Der wesentliche Verfahrensablauf ist über Kommandodateien abgebildet. Lediglich die Variation der Geschwindigkeitsprofile erfolgt über ein Java-Programm. Im folgenden Abschnitt wird für einen Modellzug zunächst die Berechnung einer knickfreien Zeit-Wege-Linie angewendet. Anschließend wird im Abschnitt 9.2 ein prognostizierter Belegungskonflikt erkannt, klassifiziert und gelöst. Die Berechnung einer konfliktfreien Prognose im Trassengefüge wird im Abschnitt 9.3 an einer komplexeren Betriebssituation mit fünf Modellzügen und dispositiver Reihenfolgeregelung der Züge auf einer eingleisigen Strecke angewendet. Für die berechneten Zeit-Wege-Linien werden Fahrempfehlungen als Abfolge von Signalen für Zugpersonal erarbeitet.

9.1. Eine Fahrplantrasse knickfrei prognostizieren

Beispielhaft wird für den Zug Z1 die Zeit-Wege-Linie der Prognose knickfrei berechnet. In der Abbildung 9.1 ist der Zug Z1 mit aktuellem Standort im Bahnhof Adorf dargestellt. Des Weiteren ist der Laufweg des Zuges bis zum nächsten planmäßigen Halt im Bahnhof Bheim ersichtlich. Der Laufweg des Zuges Z1 wird für die Fahrzeitrechnung zwischen den planmäßigen Halten in Fahrwegabschnitte aufgeteilt.

---

[1] Vergleiche hierzu [Bro13].

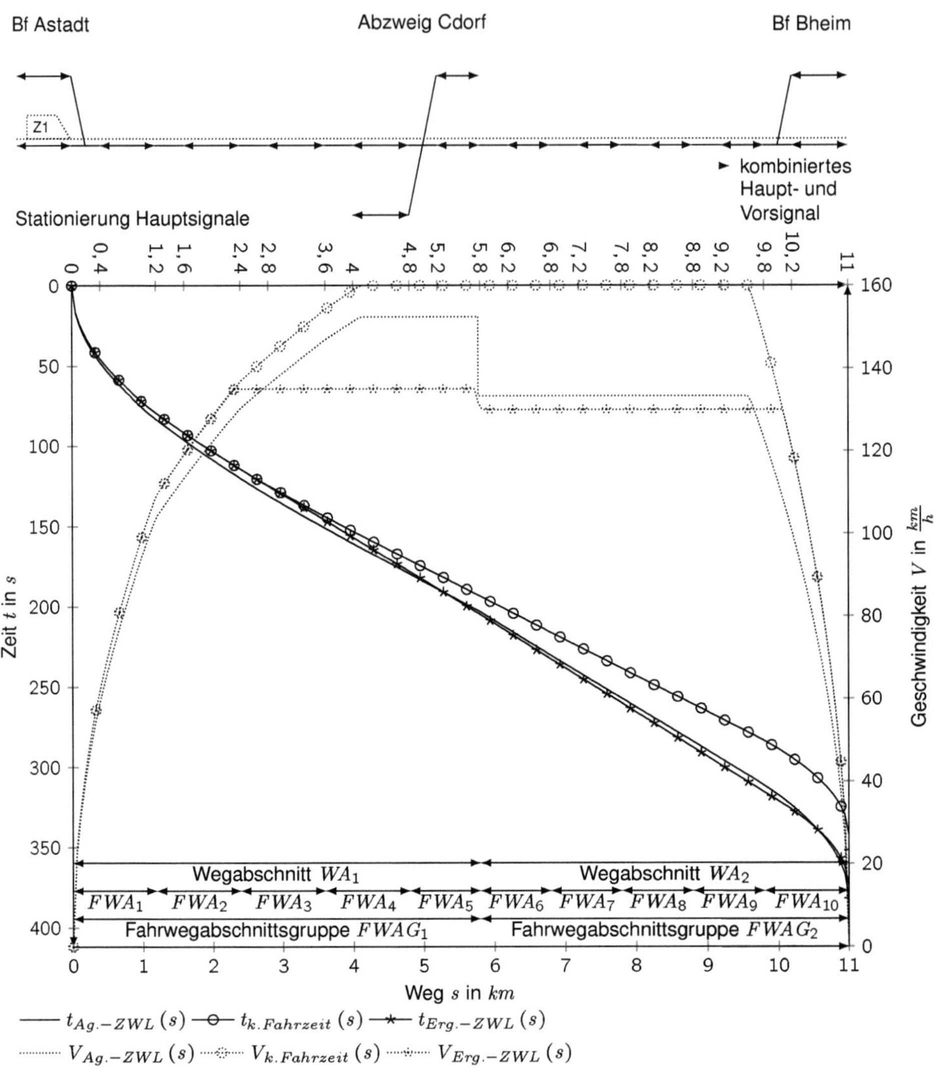

Abbildung 9.1.: Ausgangs- und Ergebnis-Zeit-Wege-Linie für Zug Z1 gemäß Prognose

Die Aufteilung entspricht dem Hauptsignalabstand, da keine weiteren Geschwindigkeitswechsel auf freier Strecke zu berücksichtigen sind. In der Abbildung 9.1 sind als Zeit-Wege-Linien für Zug Z1 die Ausgangs-Zeit-Wege-Linie $t_{Ag.-ZWL}(s)$, die Zeit-Wege-Linie der technisch kürzesten Fahrzeit $t_{k.Fahrzeit}(s)$ sowie die Ergebnis-Zeit-Wege-Linie $t_{Erg.-ZWL}(s)$ gezeichnet. Zusätzlich sind die dazugehörenden Geschwindigkeits-Weg-Linien gepunktet abgebildet. In Tabelle 9.1 sind Stationierungswerte, Fahrwegabschnitte, Fahrwegabschnittsgruppen sowie die Geschwindigkeitswerte aufgeführt. Letztere sind für die Ausgangs-Zeit-Wege-Linie und je Iterationsschritt die Ergebnis-Zeit-Wege-Linie dargelegt. Darüber hinaus sind die kleinsten und größten betrachteten Geschwindigkeitswerte je Fahrwegabschnitt tabellarisch dargestellt.

Tabelle 9.1.: Abschnitte und Geschwindigkeitswerte der Prognose für Zug Z1

Züge	Abschnitte, Stationierungs- und Geschwindigkeitswerte							
Z1	von	km	$0,0$	...	$4,8$	$5,8$	...	$9,8$
	bis	km	$1,2$	...	$5,8$	$6,8$	...	$11,0$
	FWA_i	$-$	1	...	5	6	...	10
	$FWAG_i$	$-$			1			2
	$V_{Ag.-ZWL}$[2]	km/h	152	...	152	133	...	133
	f_{Fzz}	$-$	$1,05$	...	$1,05$	$1,20$	...	$1,20$
	$k=0, SAQ=223,223s^2$							
	$V_{gr.Gw}$	km/h	155	...	155	135	...	135
	$V_{kl.Gw}$	km/h	145	...	145	125	...	125
	$V_{Erg.-ZWL}$	km/h	145	...	145	125	...	125
	$k=1, SAQ=188,146s^2$							
	$V_{gr.Gw}$	km/h	150	...	150	130	...	130
	$V_{kl.Gw}$	km/h	140	...	140	120	...	120
								...

---

[2]Für die Bestimmung der kleinsten und größten Geschwindigkeitswerte für $k=0$ wurde vereinfachend der Geschwindigkeitswert der Ausgangs-Zeit-Wege-Linie auf ein Vielfaches von f_v abgerundet.

Züge	Abschnitte, Stationierungs- und Geschwindigkeitswerte						
	$V_{Erg.-ZWL}$ km/h	140	...	140	125	...	125
	$k=2, SAQ=174,34s^2$						
	$V_{gr.Gw}$ km/h	145	...	145	130	...	130
	$V_{kl.Gw}$ km/h	135	...	135	120	...	120
	$V_{Erg.-ZWL}$ km/h	135	...	135	130	...	130
	$k=3, SAQ=174,34s^2$						
	$V_{gr.Gw}$ km/h	140	...	140	135	...	135
	$V_{kl.Gw}$ km/h	130	...	130	125	...	125
	$V_{Erg.-ZWL}$ km/h	135	...	135	130	...	130

Zwischen den beiden Fahrwegabschnittsgruppen gibt es einen Wechsel im Zuschlagswert f_{Fzz}. Diese Veränderung führt zu einem Knick in der Ausgangs-Zeit-Wege-Linie und zu einem Sprung in der Geschwindigkeits-Weg-Linie. Diese Unstetigkeit ist in der Geschwindigkeits-Weg-Linie in Abbildung 9.1 abgebildet. Die Geschwindigkeits-Weg-Linie der Ergebnis-Zeit-Wege-Linie weißt diese Unstetigkeit nicht mehr auf. Dafür ist der zeitliche Verlauf der Ergebnis-Zeit-Wege-Linie im Vergleich zur Ausgangszeit-Wege-Linie verändert. Die Ankunftszeiten im Bahnhof Bheim sind ebenfalls unterschiedlich. Gemäß Ausgangs-Zeit-Wege-Linie ist die Ankunftszeit 00 : 06 : 21 Uhr. Die Ankunft der Ergebnis-Zeit-Wege-Linie ist 00 : 06 : 14 Uhr. Für Zug Z1 werden insgesamt 22 unterschiedliche Geschwindigkeitsprofile in 4 Iterationsschritten berechnet und untersucht. Zur Plausibilisierung ergibt sich dies aus der Kombinatorik der möglichen Geschwindigkeitswerte je Fahrwegabschnittsgruppe und Iterationsschritt, wobei jedes Geschwindigkeitsprofil nur einmal berechnet und geprüft wird.

Die sortierungsrelevante Größe Summe der Abweichungsquadrate SAQ ist in Tabelle 9.2 aufgeführt. Jedes Geschwindigkeitsprofil wird über die Geschwindigkeitswerte der Fahrwegabschnittsgruppen 1 und 2 unterschieden. Für die Ergebnis-Zeit-Wege-Linie ist die minimale SAQ über alle geprüften Geschwindigkeitsprofile grau hervorgehoben.

Tabelle 9.2.: Sortierergebnisse von Geschwindigkeitsprofilen

Formelzeichen und Einheiten				
SAQ $[s^2]$ (0)	$t_{Fahrzeit}$ $[s]$ $(381,85)$	k $[-]$ (-1)	$V_{Gw}\,(FWAG_1)$ $[km/h]$ (152)	$V_{Gw}\,(FWAG_2)$ $[km/h]$ (133)
$223,22$	$374,17$	0	145	125
$332,59$	$369,17$	0	145	130
$547,66$	$364,65$	0	145	135
$301,34$	$372,23$	0	150	125
$480,22$	$367,17$	0	150	130
$762,09$	$362,59$	0	150	135
$387,45$	$370,78$	0	155	125
$621,38$	$365,66$	0	155	130
$957,03$	$361,03$	0	155	135
$311,34$	$382,14$	1	140	120
$188,15$	$376,65$	1	140	125
$213,10$	$371,70$	1	140	130
$257,49$	$379,73$	1	145	120
$263,11$	$377,84$	1	150	120
$474,18$	$385,06$	2	135	120
$247,19$	$379,63$	2	135	125
$174,34$	$374,75$	2	135	130
$462,04$	$383,17$	3	130	125
$278,04$	$378,37$	3	130	130
$218,16$	$374,16$	3	130	135
$216,55$	$370,38$	3	135	135
$347,65$	$367,25$	3	140	135

Eine Ergebnis-Zeit-Wege-Linie mit einer kleineren Summe der Abweichungsquadrate existiert unter den gesetzten Randbedingungen nicht. Das Ergebnis stellt das Optimum dar.

Die untersuchten Geschwindigkeitswerte sind ein Vielfaches des Parameter $f_{Vf} = 5km/h$. Wird dieser verkleinert, können Zeit-Wege-Linien mit einer kleineren Summe der Abweichungsquadrate berechnet werden.

9.2. Fallbeispiel für eine ausgewählte Belegungskonfliktsituation

In diesem Abschnitt wird eine Belegungskonfliktsituation beispielhaft erkannt, klassifiziert und gelöst. Diese ist in Abbildung 9.2 dargestellt.

9.2.1. Belegungskonfliktsituation erkennen und klassifizieren

Für die Erkennung von Belegungskonflikten werden die Sperrzeiten der prognostizierten Zeit-Wege-Linien je Zug ausgewertet. Wie in der Abbildung 9.2 dargestellt, nutzen die Züge Z1 und Z4 ab Abzweigstelle Cdorf bis zum Bahnhof Bheim den selben Laufweg. Ab Kilometer $7, 2$ läuft der schnellere Zug Z1 zeitlich auf den langsameren Zug Z4 auf. Bei der Sperrzeitberechnung wird behinderungsfreie Fahrt vorausgesetzt, so dass für den Zug Z1 bereits am Bremseinsatzpunkt bei Kilometer $6, 2$ eine Behinderung im Fahrtverlauf eintreten würde.

Der erkannte Belegungskonflikt wird als Belegungskonfliktsituation klassifiziert. Hierzu sind die Laufwege beider Züge als Pfade in einem Graphen zu interpretieren. Bildlich sind die Laufwege beider Züge in der abgebildeten Infrastruktur dargestellt. Der Graph muss mindestens die befahrenen Hauptsignale und Weichen als Knoten sowie die Streckengleise als Kanten beinhalten. Beim Vergleich der Pfade wird an der Kreuzungsweiche in Cdorf eine Einfädelung festgestellt. Das Untersuchungsgebiet endet in Bheim. Bis zu diesem Bahnhof nutzen beide Züge die selbe Infrastruktur in gleicher Fahrtrichtung.

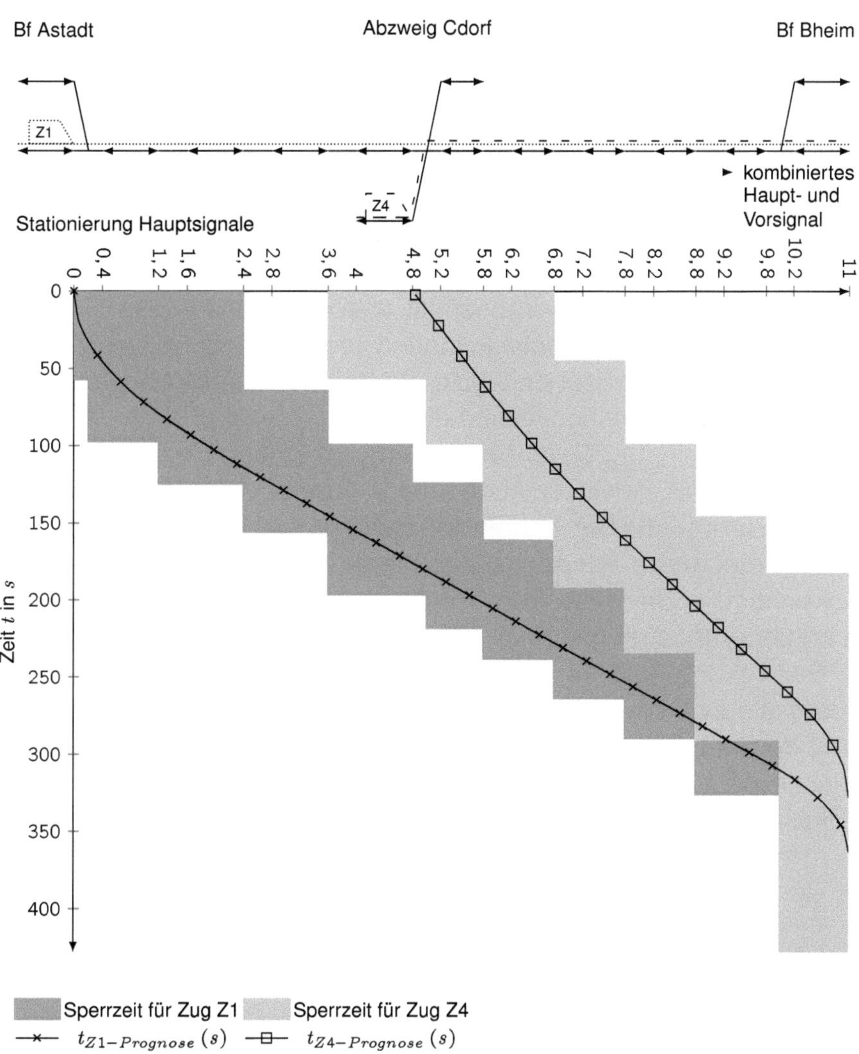

Abbildung 9.2.: Belegungskonflikte erkennen und klassifizieren

Demnach kann der hier untersuchte Belegungskonflikt als Belegungskonfliktsituation Einfädelung mit Folgefahrt (EFF) klassifiziert werden[3]. Beispiele für Belegungskonflikte mit Gegenfahrt sind in der Abbildung 9.6 bzw. Tabelle 9.3 sowie im Anhang C grundsätzlich dokumentiert.

9.2.2. Belegungskonfliktsituation bearbeiten

Im voran gegangenen Unterabschnitt wurde die Belegungskonfliktsituation zwischen Zug Z1 und Z4 erkannt und als Einfädelung mit Folgefahrt klassifiziert. In diesem Unterabschnitt werden ausgewählte Schritte zur Lösung dieser Belegungskonfliktsituation veranschaulicht. Darüber hinaus erfolgt ein Vergleich zwischen knickbehafteter und knickfreier Lösung der betrachteten Belegungskonfliktsituation.

Die gelöste Belegungskonfliktsituation wird in Abbildung 9.3 nach dem Stand der Technik sowie in Abbildung 9.4 unter Anwendung der in Abschnitt 7.4 beschriebenen Verfahrensweise dargestellt.

Die knickbehaftete Ausgangs-Zeit-Wege-Linie für Zug Z1 wurde unter Berücksichtigung der zeitlichen Vorgaben aus der Disposition bzw. Zugfolge behinderungsfrei mit einer Mindestzugfolgepufferzeit $t_{MZP} = 30s$ erstellt. Beim Betrachten der knickbehafteten Lösung in Abbildung 9.3 fällt auf, dass die Zeit-Wege-Linie für Zug Z1 unter nahezu vollständiger Einhaltung der Mindestzugfolgepufferzeit Zug Z4 folgt. Die zeitlichen Vorgaben der Disposition bzw. Zugfolge wurden für jeden nacheinander befahrenen Blockabschnitt bestimmt. Die daraus resultierenden Fahrzeitzuschläge f_{Zss} sind in Tabelle C.2 dargestellt.

Bei der angewendeten Art und Weise den nachfahrenden Zug zeitlich zu verlangsamen, entstehen acht Abschnitte mit unterschiedlichen Fahrzeitzuschlägen und damit sieben Knicke in der Ausgangs-Zeit-Wege-Linie.

---

[3]Der Zug Z4 ist bereits am Ausfahrsignal in Cdorf gemeldet und die Ausfahrt für Zug Z4 ist bereits eingestellt. Die eingestellten Fahrstraßen werden bei der Klassifizierung von Belegungskonfliktsituationen nicht mit berücksichtigt. Für diese Thematik besteht grundsätzlich weiterer Forschungsbedarf.

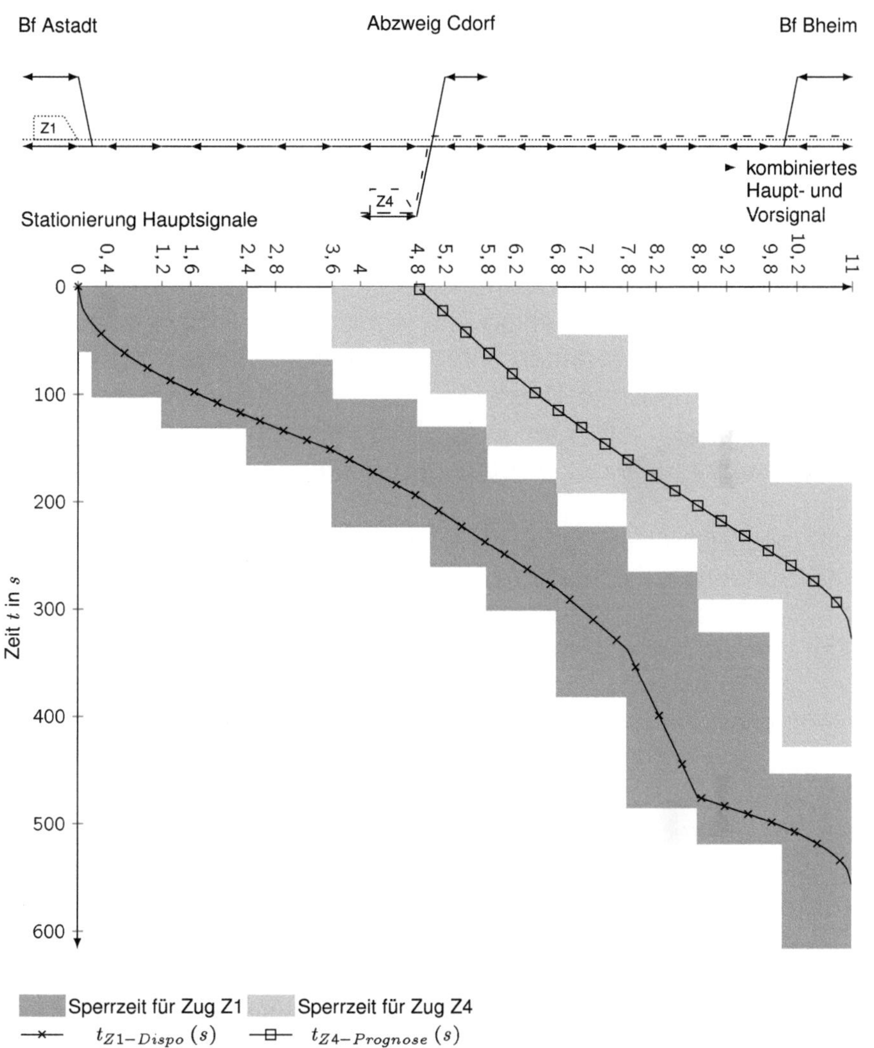

Abbildung 9.3.: Belegungskonflikt lösen mit knickbehafteter Zeit-Wege-Linie

In [Kuc11] und [Pä12] erfolgt bereits eine algorithmisch bedingte Beschränkung der Abschnitte, in denen ein Zug für eine Belegungskonfliktlösung zeitlich verlangsamt wird[4]. Diese Reduzierung entspricht einer Glättung der Ausgangs-Zeit-Wege-Linie. Dadurch wird die Menge der Knicke reduziert. Jedoch bei mehr als einem Abschnitt bleibt mindestens ein Knick vorhanden. Die in [Kuc11] oder [Pä12] verwendete Glättung der Ausgangs-Zeit-Wege-Linie wird aus Gründen der Vereinfachung in allen dargestellten Beispielen nicht angewendet.

Die Anzahl der Knicke in einer Ausgangs-Zeit-Wege-Linie sind Ausdruck dafür, wie oft diese infolge unterschiedlicher Fahrzeitzuschläge[5] in ihrer zeitlichen Lage verändert wird. Die in [Kuc11] oder [Pä12] realisierte algorithmisch bedingte Beschränkung der Abschnitte würde die Zahl der Knicke und damit die Menge der Fahrwegsabschnitte und Fahrwegsabschnittsgruppen in einer berechneten Ausgangs-Zeit-Wege-Linie direkt beeinflussen.

Verfahrensbedingt erfolgt zur Reduktion der Rechenzeit eine Glättung der Variationsbreite je Fahrwegabschnitt. Unterschiede in den kleinsten und größten Geschwindigkeitswerten zwischen benachbarten Fahrwegabschnitte werden sukzessive angeglichen. Dies dezimiert schrittweise die Anzahl der Fahrwegabschnittsgruppen $FWAG$ und somit die Menge der zu untersuchenden Geschwindigkeitsprofile. Im ungünstigsten Fall führt dies dazu, dass die Zahl der Fahrwegwegabschnittsgruppen auf eins reduziert wird.

Diese Art der rechenzeitbedingten Glättung wirkt sich auf die Güte der Ergebnis-Zeit-Wege-Linie aus. Ein Geschwindigkeitswechsel wird nur zwischen zwei benachbarten Fahrwegabschnittsgruppen je Geschwindigkeitsprofil im Verfahren zugelassen. Wenn die Anzahl der Fahrwegabschnittsgruppen verringert wird, verkleinert sich damit die mögliche Genauigkeit[6] zwischen Ergebnis- und Ausgangs-Zeit-Wege-Linie.

---

[4]Vergleiche hierzu Abschnitt 7.1.
[5]Ursache hierfür sind u.a. örtliche Zeitvorgaben aus der Disposition.
[6]Ein im Verfahren angewendetes Maß der Genauigkeit ist die Summe der Abweichungsquadrate SAQ.

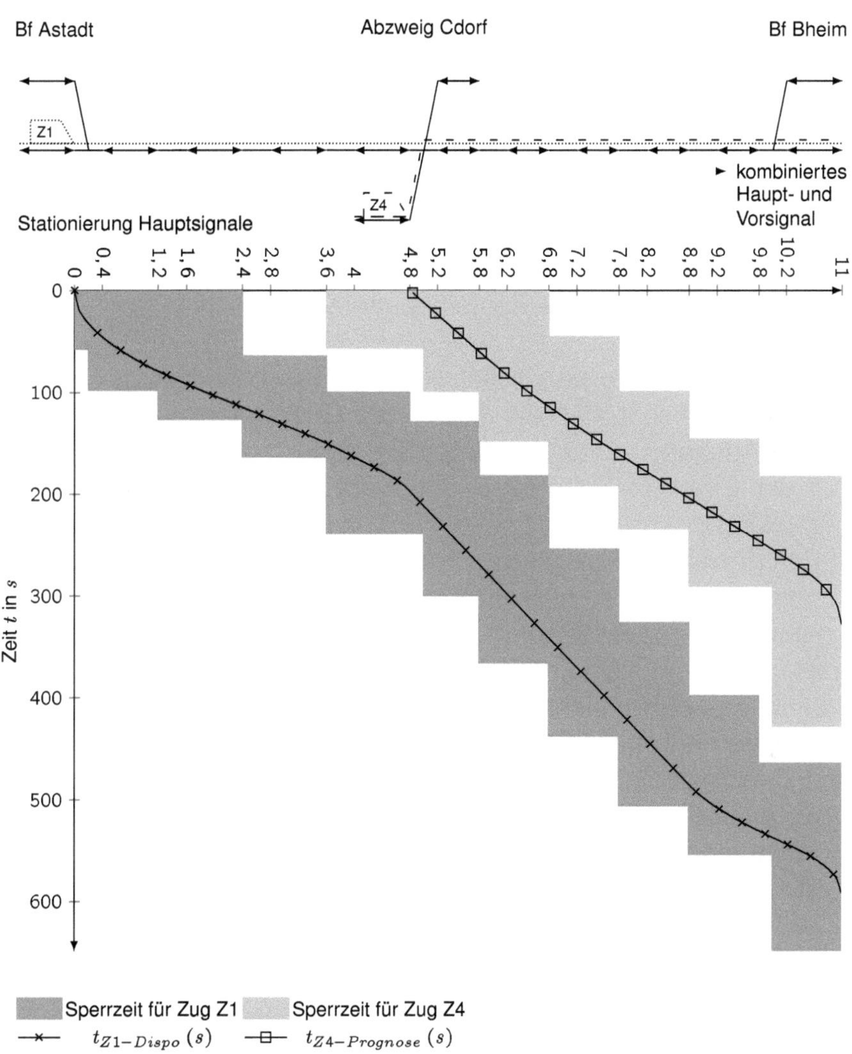

Abbildung 9.4.: Belegungskonflikt lösen mit knickfreier Zeit-Wege-Linie

143

Je weniger Knicke eine Ausgangs-Zeit-Wege-Linie enthalten sind, umso weniger greift die rechenzeitbedingte Glättung über die Fahrwegabschnittsgruppen. Bei Anwendung der Lösungsalgorithmen aus [Kuc11] oder [Pä12] für die Berechnung der Ausgangs-Zeit-Wege-Linie würde dies die Wirkung der rechenzeitbedingten Glättung reduzieren.

In Abbildung 9.4 wird die knickfreie Lösung der Belegungskonfliktsituation dargestellt. Vergleicht man diese mit der Ausgangs-Zeit-Wege-Linie, so fällt auf, dass die Zugfolgepufferzeit in der Regel größer ist als die Mindestzugfolgepufferzeit. Zu Beginn und am Ende des gemeinsam befahrenen Wegabschnittes ist die Zugfolgepufferzeit zwischen Zug Z4 und Z1 am geringsten.

In Abbildung 9.5 werden zusätzlich die Geschwindigkeits-Weg-Linien dargestellt. Vergleicht man die Anzahl der Geschwindigkeitswechsel zwischen der Ausgangs- und Ergebnis-Zeit-Wege-Linie, so fällt auf, dass im Verlauf der Ergebnis-Zeit-Wege-Linie weniger Geschwindigkeitswechsel enthalten sind.

Mit den gewählten Parametern zur Begrenzung der Rechenzeit, ist die maximale Anzahl von zu untersuchenden Geschwindigkeitsprofilen bei einem genutzten Prozessor auf $|GP| = 1500$ festgelegt. Für das betrachtete Beispiel heißt dies infolge der Kombinatorik, dass höchstens vier Fahrwegabschnittsgruppen gleichzeitig betrachtet werden können. Deshalb erfolgt eine Verringerung auf vier Fahrwegabschnittsgruppen zu untersuchende Geschwindigkeitsprofile. In Tabelle C.2 sind die Zwischenergebnisse für die Berechnung der Ergebnis-Zeit-Wege-Linie für Zug Z1 tabellarisch dokumentiert. Die Reduktion der Fahrwegabschnittsgruppen ist in dieser Tabelle ersichtlich.

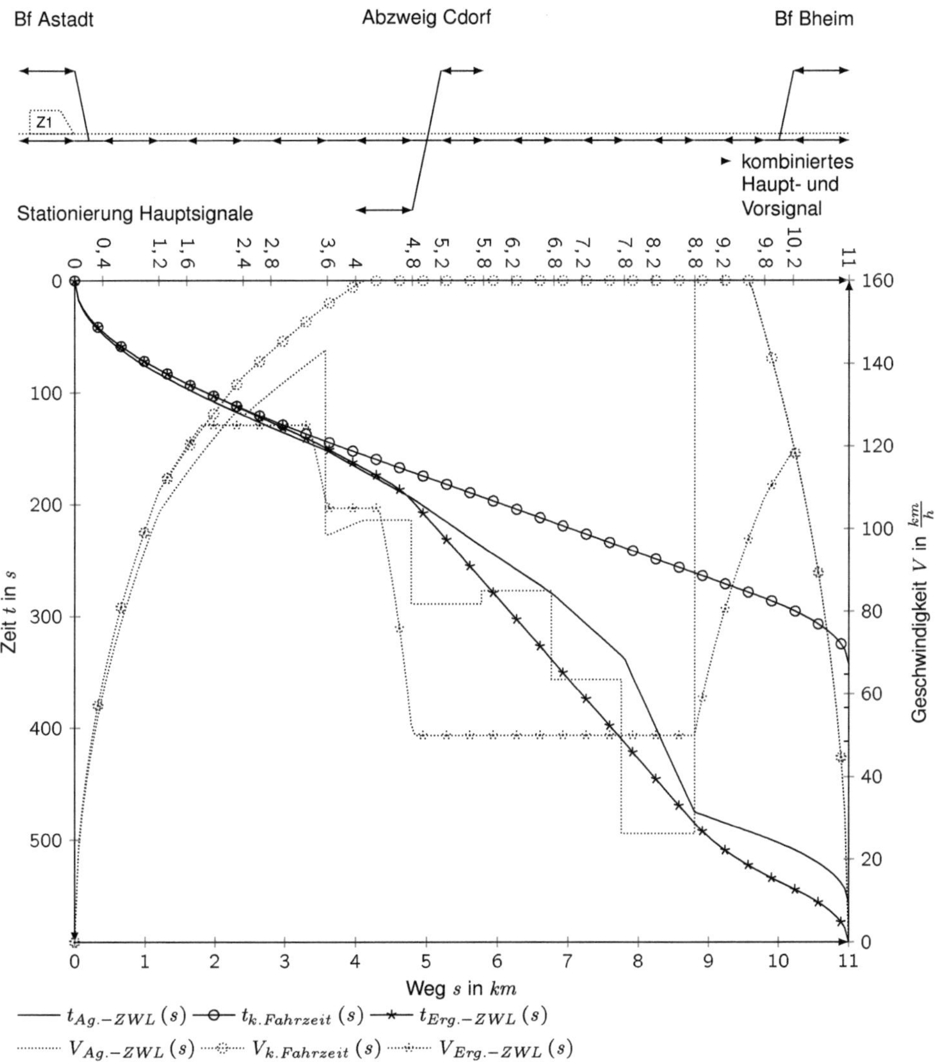

Abbildung 9.5.: Ausgangs- und Ergebnis-Zeit-Wege-Linie für Zug Z1 gemäß Disposition

9.3. Fallbeispiel im Trassengefüge

In den folgenden beiden Abschnitten werden zunächst die betriebliche Ausgangssituation und anschließend der ermittelte, belegungskonfliktfreie Dispositions- und Prognosefahrplan dargelegt. Im letzten Abschnitt werden auf Grundlage der berechneten Lösung Fahrempfehlungen für die einzelnen Züge erstellt. Die Zwischenergebnisse des belegungskonfliktfreien Dispositions- und Prognosefahrplans sind unter Anhang C dokumentiert.

9.3.1. Betriebliche Ausgangssituation

In der Abbildung 9.6 ist die prognostizierte Ausgangssituation ersichtlich. Neben dem Zeit-Wege-Liniendiagramm sind ein schematisches Gleisbild, die Laufwege und gegenwärtigen Standorte der Züge bezogen auf die Zugspitze abgebildet. Die Schieneninfrastruktur ist begrenzt auf eine eingleisige Strecke ohne Längsneigung zwischen den Kreuzungsbahnhöfen Astadt und Bheim sowie der Abzweigstelle Cdorf. Z1 bis Z5 sind Modellzüge. Diese sind im Anhang unter Abschnitt C.1 dokumentiert. Die Standorte der Züge zum Zeitpunkt $t = 0s$ beziehen sich auf den Stationierungswert am jeweiligen kombiniertem Haupt- und Vorsignal.

Die zulässige Streckenhöchstgeschwindigkeit der Schieneninfrastruktur beträgt für

- das durchgehende Hauptgleis $V_{zul} = 160\frac{km}{h}$ und

- alle abzweigenden Hauptgleise[7] $V_{zul} = 60\frac{km}{h}$.

Die dargestellte zukünftige Betriebssituation weist Belegungskonflikte auf. Es existieren künftige Sperrzeitüberlagerungen zwischen verschiedenen Zügen. Diese lassen sich in Belegungskonfliktsituationen klassifizieren.

---

[7]Die zulässige Geschwindigkeit im Abzweig wird vereinfachend erst mit Befahren des folgenden Hauptsignals wieder aufgehoben. Damit wird sichergestellt, dass das Zugende die im Abzweig befahrende Weiche passiert hat.

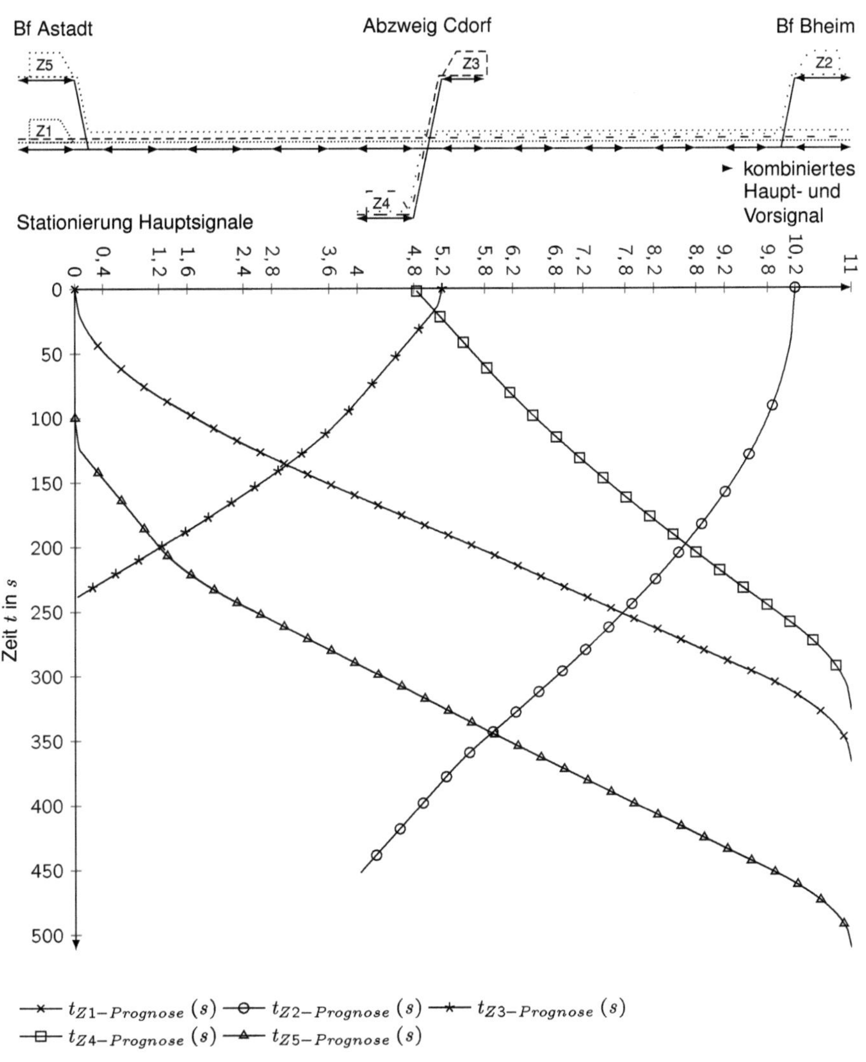

$\times$ $t_{Z1-Prognose}$ (s) $\circ$ $t_{Z2-Prognose}$ (s) $\ast$ $t_{Z3-Prognose}$ (s)
$\square$ $t_{Z4-Prognose}$ (s) $\triangle$ $t_{Z5-Prognose}$ (s)

Abbildung 9.6.: Zeit-Wege-Diagramm der Prognose

In der Tabelle 9.3 sind die erkannten Belegungskonfliktsituationen als Matrix dargestellt. Je erkannter Belegungskonfliktsituation sind die Zugreihenfolgen aufgeführt. Diese sind durch Reihenfolgezwang, Prognose und dispositiver Entscheidungen festgelegt. In der Belegungskonflikttabelle grau hinterlegt, sind die Belegungskonfliktsituationen, die in der ersten Iteration[8] unabhängig voneinander gelöst werden können.

Tabelle 9.3.: Belegungskonfliktsituationen der Prognose

	Z1	Z2	Z3	Z4	Z5
Z1		GFoRZ (prognostizierte Zugreihenfolge 1.Z2, 2.Z1)	GFmRZ (Zugreihenfolgezwang 1.Z1, 2.Z3)	EFF (prognostizierte Zugreihenfolge 1.Z4, 2.Z1)	EFF (dispositive Zugreihenfolge 1.Z1, 2.Z5)
Z2				GFmRZ (Zugreihenfolgezwang 1.Z4, 2.Z2)	GFoRZ (prognostizierte Zugreihenfolge 1.Z2, 2.Z5)
Z3				EA (prognostizierte Zugreihenfolge 1.Z4, 2.Z3)	GFoRZ (dispositive Zugreihenfolge 1.Z3, 2.Z5)
Z4					EFF (prognostizierte Zugreihenfolge 1.Z4, 2.Z5)
Z5					

9.3.2. Belegungskonfliktfreier Prognosefahrplan

In der vierten und letzten Iteration wird der in der Tabelle C.8 grau hinterlegte Belegungskonflikt zwischen den Zügen Z3-Z5 unter Berücksichtigung der dispositiv festgelegten Zugreihenfolge gelöst. Die sich daraus ergebenden prognostizierten Betriebssituationen sind in der Abbildung 9.7 dargestellt. Es überlagern sich keine Sperrzeiten mehr auf gemeinsam befahrenen Abschnitten. Des Weiteren ist das Geschwindigkeits-Weg-Diagramm in Abbildung 9.8 ersichtlich.

---

[8]Vergleiche hierzu Abbildung 5.2.

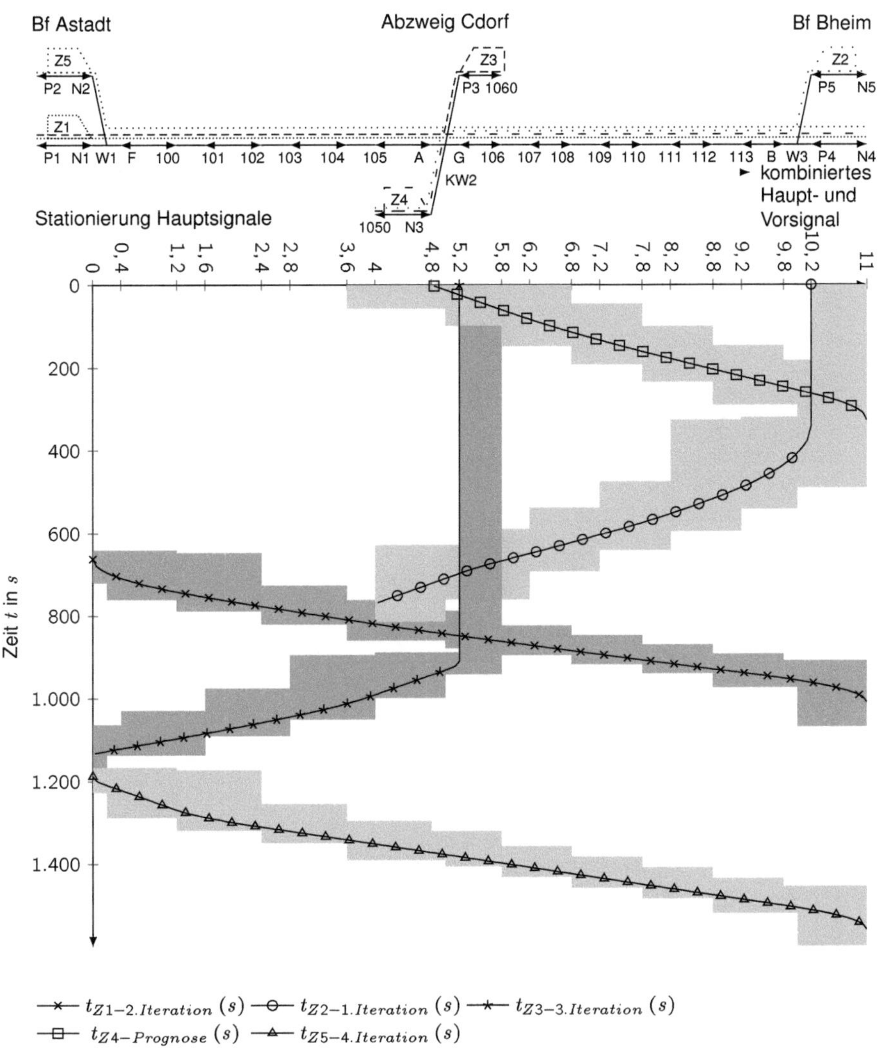

$$-\!\!\times\!\!- \ t_{Z1-2.Iteration}\,(s) \quad -\!\!\ominus\!\!- \ t_{Z2-1.Iteration}\,(s) \quad -\!\!*\!\!- \ t_{Z3-3.Iteration}\,(s)$$
$$-\!\!\boxminus\!\!- \ t_{Z4-Prognose}\,(s) \quad -\!\!\triangle\!\!- \ t_{Z5-4.Iteration}\,(s)$$

Abbildung 9.7.: Zeit-Wege-Diagramm der 4. Iteration

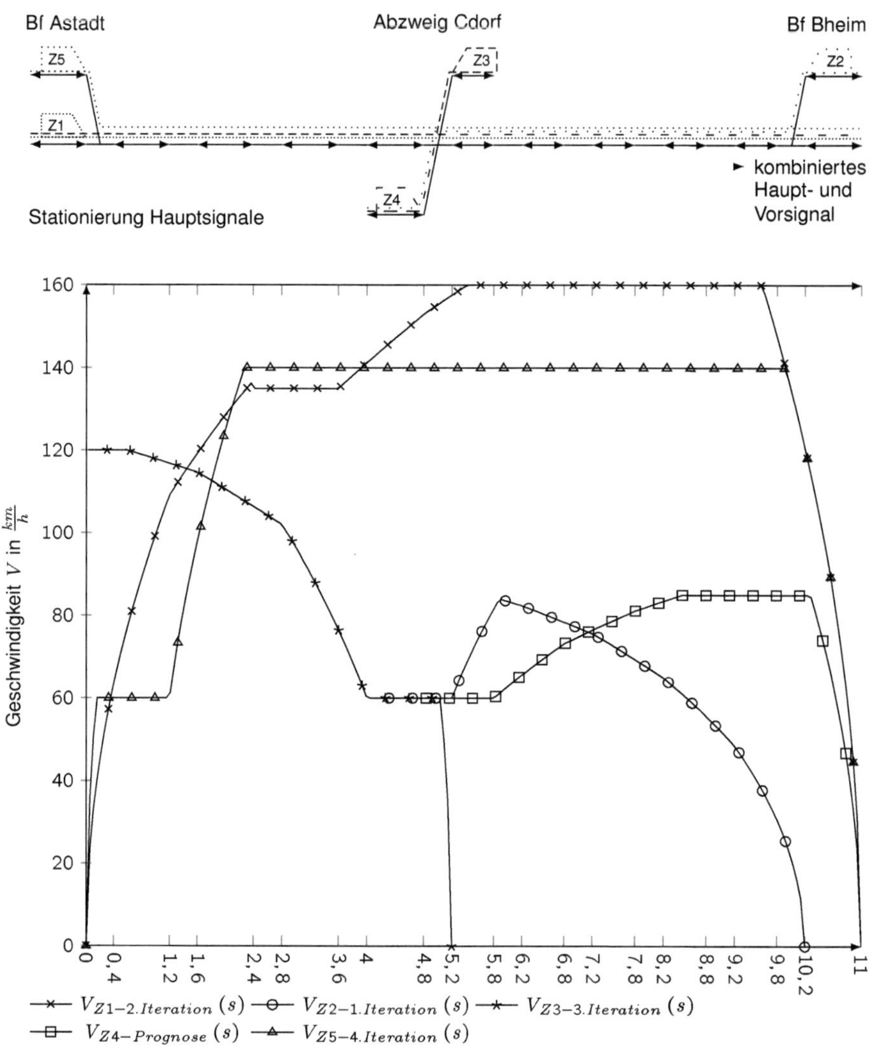

Abbildung 9.8.: Geschwindigkeits-Weg-Diagramm der 4. Iteration

In Tabelle 9.4 sind je Zug die Geschwindigkeitsprofile der vierten Iteration dargestellt.

Tabelle 9.4.: Geschwindigkeitsvorgaben der 4. Iteration

Züge	Stationierungswerte der Fahrwegabschnitte für Z1, Z4, Z5							
	von km	0,0	1,2	2,4	3,6	4,8	5,8	6,8
	bis km	1,2	2,4	3,6	4,8	5,8	6,8	11
	Stationierungswerte der Fahrwegabschnitte für Z2, Z3							
	von km	10,2	9,2	8,2	7,2	6,2	5,2	4,0
	bis km	9,2	8,2	7,2	6,2	5,2	4,0	-0,8
Z1	V_{zul} km/h	160	160	160	160	160	160	160
	$V_{Erg.-ZWL}$, $\frac{km}{h}$	155	155	135	160	160	160	160
	FE[9] km/h	$Zp11$: 155	135	$Zp10$ (K-Scheibe)				
Z4	V_{zul} km/h						60	100	100
	$V_{Erg.-ZWL}$, $\frac{km}{h}$						60	85	85
	FE km/h					$Zp11$[10]: 85			
Z5	V_{zul} km/h	60	140	140	140	140	140	140
	$V_{Erg.-ZWL}$, $\frac{km}{h}$	60	140	140	140	140	140	140
	FE km/h	$Zp10$ (K-Scheibe)						
Z2	V_{zul} km/h	60	90	90	90	90	60	
	$V_{Erg.-ZWL}$, $\frac{km}{h}$	60	90	90	90	90	60	
	FE km/h	$Zp10$ (K-Scheibe)						
Z3	V_{zul} km/h						60	120
	$V_{Erg.-ZWL}$, $\frac{km}{h}$						60	120
	FE km/h					$Zp10$[11]		

---

[9]Fahrempfehlung (FE) für Zug Z1 enthält für die Fahrwegabschnitte eins und zwei ab Stationierungswert $0,0km$ und den Fahrwegabschnitt drei ab Stationierungswert $3,6km$ eine L-Scheibe ($Zp11$).

[10](L-Scheibe)

[11](K-Scheibe)

9.3.3. Fahrempfehlungen erstellen

Auf Grundlage der Geschwindigkeitsprofile je Ergebnis-Zeit-Wege-Linie und Zug werden die Signale für Zugpersonal $Zp10$ (K-Scheibe) bzw. $Zp11$ (L-Scheibe)[12] ermittelt. In den dargestellten Geschwindigkeitsvorgaben der vierten Iteration sind je Zug und Fahrwegabschnitt die Signale für Zugpersonal abgebildet. Hierbei werden gleiche Informationen in benachbarten Fahrwegabschnitten zusammengefasst.

Für Fahrwegabschnitte, in denen das Geschwindigkeitsprofil der Ergebnis-Zeit-Wege-Linie gleich dem Geschwindigkeitsprofil der zulässigen Höchstgeschwindigkeit entspricht, wird eine K-Scheibe als Fahrempfehlung ausgesprochen.

Eine L-Scheibe wird in Fahrwegabschnitten erteilt, in denen die Geschwindigkeitswerte der Ergebnis-Zeit-Wege-Linie kleiner der zulässigen Höchstgeschwindigkeit der Zugfahrt sind. Der Geschwindigkeitswert des Fahrwegabschnittes wird dem Triebfahrzeugführer als Information zur L-Scheibe übermittelt.

Der Triebfahrzeugführer vergleicht bereits nach dem Stand der Technik die zulässigen Geschwindigkeitsangaben aus dem (elektronischen) Buchfahrplan mit den auf der Strecke und im Bahnhof signalisierten Geschwindigkeitsangaben. Der kleinste Geschwindigkeitswert bezogen auf die Streckenkilometrierung ist für ihn maßgebend. Der Vergleich und die Minimumbildung mit einem weiteren Geschwindigkeitswert ordnet sich in die bestehende Arbeitsabläufe des Triebfahrzeugführers ein.

Veränderte Abfahrtszeiten sind über den Fahrdienstleiter zu realisieren. Der Fahrdienstleiter signalisiert dem Zugführer bzw. Triebfahrzeugführer den Fahrauftrag. Für die Umsetzung einer dispositiv veränderten Abfahrtszeit eines Zuges ist die dafür notwendige Fahrstraße vom Fahrdienstleiter zum richtigen Zeitpunkt einzustellen.

Dem zuständigen Fahrdienstleiter ist der dispositiv veränderte Abfahrtszeitpunkt des Zuges zu nennen. Aus dieser Angabe kann dieser den Zeitpunkt zur Einstellung der Fahrstraße selbständig ermitteln.

---

[12]Vergleiche hierzu [Deu89, 92ff.].

10. Fazit

In dieser Arbeit wird das bedienergeführte Regelungssystem zur Betriebsprozessdisposition weiter entwickelt. Der Schwerpunkt liegt auf der automatisierten Erarbeitung eines belegungskonfliktfreien Dispositions- und Prognosefahrplans unter Einhaltung der dispositiv angeordneten Zugreihenfolge und fahrdynamischen Fahrbarkeit der berechneten Fahrplantrassen. Mit dem beschriebenen Verfahren kann die Ermittlung der Datengrundlage zur Zuglaufregelung ohne nennenswerten bedienergeführten Mehraufwand bei der Reihenfolgeregelung der Zugfahrten innerhalb der Betriebsprozessdisposition erfolgen. In dieser Arbeit werden Algorithmen für die genannten Weiterentwicklungen beschrieben und fallweise erprobt. Die Ergebnisse werden nachfolgend in zusammengefasster Form nochmals dargestellt.

Knickfreie Berechnung von Fahrplantrassen

Mit dieser Arbeit wurden Algorithmen zur knickfreien Berechnung von prognostizierten Fahrplantrassen entwickelt. Die Lösungsberechnung erfolgt dabei iterativ. Der Lösungsraum für eine knickfreie Zeit-Wege-Linie wird je Iterationsschritt über kleine und große Geschwindigkeitswerte in Fahrwegabschnitten und Fahrwegabschnittsgruppen wohl definiert. Mit diesen Einschränkungen wird das faktorielle Wachstum an Variationen innerhalb des Lösungsraums regelbasiert reduziert. Die ermittelten Lösungen erfüllen alle geprüften dispositiven Zeitvorgaben, welche im Zuggefüge eines konfliktfreien Dispositions- und Prognosefahrplans bestehen. Je Iterationsschritt werden die gültig geprüften Lösungen mittels der Summe der Abweichungsquadrate bewertet und sortiert. Die Lösung mit der kleinsten Summe der Abweichungsquadrate wird im nächsten Iterationsschritt verbessert.

Die Anwendung der Algorithmen zur knickfreien Berechnung von prognostizierten Fahrplantrassen hat gezeigt, dass diese Verfahrensweise grundsätzlich dazu geeignet ist Fahrplantrassen knickfrei fahrdynamisch zu berechnen. Die Verfahrensweise erweitert den Stand der Anwendung. Eine Migration in bestehende Verfahren ist somit grundsätzlich möglich ohne diese im Kern zu verändern.

Belegungskonfliktsituationen erkennen und klassifizieren

Das Erkennen und Klassifizieren von Belegungskonfliktsituationen führt von der isolierten Betrachtung mehrerer Sperrzeitüberlagerungen hin zur situationsabhängigen Strukturierung von erkannten Belegungskonflikten. Dies ist eine praxistaugliche Verbesserung der Informationsaufbereitung innerhalb der Konflikterkennung. Mit dieser Arbeit wurde die Klassifizierung im Vergleich zum Stand der Wissenschaft ergänzt.

Belegungskonfliktfreie Berechnung eines Dispositions- und Prognosefahrplan

Die entwickelten Algorithmen zur Berechnung eines belegungskonfliktfreien Dispositions- und Prognosefahrplans werden in dieser Arbeit beispielhaft angewendet. Die grundsätzliche Funktionalität im Anwendungsbereich der Zuglaufregelung wurde damit bestätigt.

Fahrempfehlung

Die beschriebenen Möglichkeiten, Fahrempfehlungen an die betrachteten Zugfahrten abhängig vom technischen Ausrüstungsgrad der Triebfahrzeuge zu übermitteln, zeigen, dass bereits mit einfachen Mitteln eine Zuglaufregelung möglich ist. Mit steigendem Grad der technischen Ausrüstung lassen sich weitere Effekte bei der energiesparsamen Fahrweise bei Abweichungen vom Regelbetrieb erreichen.

Weiterer Forschungsbedarf

Im Rahmen dieser Arbeit ergaben sich neue Fragestellungen, die Gegenstand weiterer Forschungstätigkeiten sein können:

- Wie können teilautomatische Dispositionsverfahren für die bedienergeführte Betriebsprozessdispositionen aufgebaut werden, dass sie zum Einen die prognostizierte Betriebssituation und zum Anderen das Gesamtoptimum mit berücksichtigen?

- Wie lassen sich die Algorithmen zur Berechnung des belegungskonfliktfreien Dispositions- und Prognosefahrplans als Eingangslösung für Dispositionsverfahren unter Berücksichtigung von Operating Research Funktionalitäten nutzen?

- Wie sollten Arbeitsmittel aussehen, die auch Konfliktlösungsmaßnahmen als Bündel für den Zugdisponenten in einer Art und Weise aufbereiten, so dass diese für ihn leicht bearbeitbar sind?

- Wie können Fahrempfehlungen als Eingangsgröße für die Automatische Fahr- und Bremssteuerung (AFB) verwendet werden?

A. Fahrdynamik der Fahrzeitrechnung

In diesem Teil des Anhangs werden die verwendete mathematischen und physikalischen Grundlagen der Fahrzeitrechnung beschrieben. In den folgenden Abschnitten werden zunächst die wirkenden Kräfte und Widerstände erläutert. Abschließend werden die Fahrzustände sowie die unterschiedlichen Fahrwegabschnittstypen erläutert. Die Gesamtarbeit und -zeit wird zum Schluss zusammenfassend dargestellt.

A.1. Kräfte und Widerstände

In den nächsten beiden Abschnitten werden die verwendeten Zug- und Bremskraftformeln sowie Strecken- und Laufwiderstände erläutert.

A.1.1. Zug- und Bremskraft

Die Zugkraft $F_Z(v)$ in $[kN]$ am Treibrad ist, wie nachfolgend dargestellt, als zusammengesetzte Funktion von $F_{Z_1}(v) \dots F_{Z_n}(v)$ definiert.

$$\forall F_{Z_i}(v) \in F_{Z_n}(v) := n_{Tf}\left(c_{i1} + c_{i2}v + c_{i3}v^2\right) \text{ für } v_i \leq v \leq v_{i+1} \qquad \text{(A.1)}$$

n_{Tf} ist die Anzahl der zugfördernden Triebfahrzeuge. Über die Faktoren c_{i1}, c_{i2}, c_{i3}, die je zusammengesetzter Funktion der Zugkraft definiert sind, wird der abschnittsweise Funktionsverlauf der Zugkraft definiert. Die Unterscheidung zwischen Reibungs- und Leistungsgrenze wird über die Faktoren und die Geschwindigkeitsgrenzen $v_i \leq v \leq v_{i+1}$ definiert.

Bremskräfte werden aus Gründen der Vereinfachung nicht berücksichtigt.

A.1.2. Strecken- und Laufwiderstand

Der Gesamtwiderstand F_{W_G} in (kN) berechnet sich, wie nachfolgend dargestellt, aus den Summanden Streckenwiderstand F_{W_S} und Laufwiderstand des Zuges $F_{W_{LZ}}$.

$$F_{W_G}(s, v) = F_{W_S}(s) + F_{W_{LZ}}(v) \tag{A.2}$$

Der Streckenwiderstand F_{W_S} in (kN) wird vereinfachend ausschließlich über den Längsneigungswiderstand definiert. Die Längsneigung $l(s)$ geht einheitenlos in die Berechnung des Streckenwiderstandes ein. Für Gefällestrecken ist $l(s) < 0$.

$$F_{W_S}(s) = l(s)\, m_Z g \tag{A.3}$$

Der Laufwiderstand $F_{W_{LZ}}(v)$ in (kN) eines Zuges berechnet sich aus den Laufwiderständen der Triebfahrzeuge und des Wagenzuges.

$$F_{W_{LZ}}(v) = n_{Tf} F_{W_{LTf}}(v) + F_{W_{LW_z}}(v) \tag{A.4}$$

Der Laufwiderstand $F_{W_{LTf}}(v)$ in (kN) eines Triebfahrzeugs berechnet sich wie nachfolgend dargestellt. f_0, f_1, f_2 sind fahrzeugabhängige Laufwiderstandsbeiwerte.

$$F_{W_{LTf}}(v) = \frac{\left(m_{Tf}(f_0 + f_1 V) + f_2 V^2\right) g}{1000} \tag{A.5}$$

Der Laufwiderstand[1] $F_{W_{LW_z}}(v)$ in (kN) des Wagenzug berechnet sich für einen Reisewagenzug nach SAUTHOFF und für einen Güterwagenzug

---

[1] Vergleiche hierzu [Leh05, 135f.].

nach STRAHL.

$$F_{W_{LWz}}(v) = \dots \tag{A.6}$$

$$\dots = \begin{cases} \dfrac{m_{Wz}g(c_{Lb0}+c_b\,V)+0{,}0471f(n_{Pw}+2.7)(15+V)^2}{1000} & \text{für Reisewagenzug} \\[2ex] \dfrac{m_{Wz}g\left(c_{Lb1}+(0{,}007+c_m)\left(\frac{V}{10}\right)^2\right)}{1000} & \text{für Güterwagenzug} \end{cases}$$

$$
\begin{aligned}
c_{Lb0} &= & 1{,}9 & \quad [-] & \text{Beiwert für Lagerreibung und Rollwiderstand} \\
c_b &= & 0{,}0025 & \quad [-] & \text{Laufwiderstandsbeiwert} \\
f &= & 1{,}45 & \quad [m^2] & \text{Äquivalenzfläche des Fahrzeugquerschnittes} \\
c_{Lb1} &= & 1{,}4 & \quad [-] & \text{Beiwert für Lagerreibung und Rollwiderstand} \\
c_m &= & 0{,}05 & \quad [-] & \text{Luftwiderstandsbeiwert}
\end{aligned}
$$

A.2. Fahrzustände einer Zugfahrt

Nachfolgend werden die betrachteten Fahrzustände einer Zugfahrt erläutert. Es werden die fahrdynamischen Bewegungs- sowie Arbeitsgleichungen aufgestellt.

A.2.1. Beschleunigen

Während des Fahrzustandes Beschleunigen erhöht ein Zug grundsätzlich seine Geschwindigkeit[2]. Hierfür ist ein positiver Zugkraftüberschuss in der fahrdynamischen Kräftebilanz zwischen Zugkraft und einwirkenden Widerstandskräften notwendig. Die daraus resultierende Beschleunigung ist allgemein eine Funktion der gefahrenen Geschwindigkeit und des zurück gelegten Weges. Der zurück gelegte Weg wird aus Gründen der Vereinfachung nicht berücksichtigt.

$$a(v) = \frac{f_{Zka}F_Z(v) - F_W(v)}{m_Z \rho_Z} \tag{A.7}$$

---

[2]Bei steilen Steigungsstrecken kann trotz Fahrzustand Beschleunigen mit maximaler Zugkraft ein Geschwindigkeitseinbruch bzw. eine Geschwindigkeitsreduzierung einer Zugfahrt erfolgen.

Der Mittelwert der Beschleunigung innerhalb eines Fahrzustandes Beschleunigen berechnet sich wie folgt.

$$a\left(v\right) = a = \left\{(konst.)\wedge > 0\right\} \tag{A.8}$$

$$a = \frac{1}{v_k - v_a} \int_{v_a}^{v_k} \frac{f_{Zka}F_Z\left(v\right) - F_W\left(v\right)}{m_Z\rho_Z}\,dv \tag{A.9}$$

Der Fahrzustand Beschleunigen lässt sich als gleichmäßig beschleunigte Bewegung, wie nachfolgend dargestellt, berechnen.

$$S_a = \frac{a}{2}t_a^2 + v_a t_a \tag{A.10}$$

$$t_a = \frac{v_k - v_a}{a} \tag{A.11}$$

Die Berechnungsreihenfolge lautet im Grundsatz wie nachfolgend aufgeführt.

1. v_a und v_k wählen

2. a berechnen

3. t_a berechnen

4. t_a um Regelzuschlag für Fahrzustand Beschleunigen vergrößern

5. a und danach f_{Zka} unter Verwendung von 4. berechnen

6. S_a unter Verwendung von 4. und 5. berechnen

A.2.2. Bremsen

Während des Fahrzustandes Bremsen erniedrigt ein Zug seine Geschwindigkeit. Die zulässige Höchstgeschwindigkeit eines Zuges ist derart bemessen, dass dessen Bremsvermögen für die zur Verfügung stehenden Bremswege ausreicht. Hierfür ist ein negativer Bremskraftüberschuss in der fahrdynamischen Kräftebilanz zwischen Bremskraft und einwirkenden Widerstandskräften notwendig. Die daraus resultierende Bremsverzögerung ist allgemein eine Funktion der gefahrenen Geschwindigkeit.

$$b\left(v\right) = \frac{F_B\left(v\right) - F_W\left(v\right)}{m_Z \rho_Z} \tag{A.12}$$

Der Fahrzustand Bremsen wird mittels konstanter Komfortbremsverzögerung berechnet. Diese ist je Modellzug definiert.

$$b\left(v\right) = f_{Bka}\, b = \{(konst.)\wedge < 0\} \tag{A.13}$$

Der Fahrzustand Bremsen lässt sich als gleichmäßig verzögerte Bewegung, wie nachfolgend dargestellt, berechnen.

$$S_b = \frac{f_{Bka}\, b}{2} t_b^2 + v_k\, t_b \tag{A.14}$$

$$t_b = \frac{v_b - v_k}{f_{Bka}\, b} \tag{A.15}$$

Die Berechnungsreihenfolge lautet im Grundsatz wie nachfolgend aufgeführt.

1. v_b, v_k und b wählen

2. t_b berechnen

3. t_b um Regelzuschlag für Fahrzustand Bremsen vergrößern

4. f_{Bka} unter Verwendung von 3. berechnen

5. S_b unter Verwendung von 3. und 4. berechnen

A.2.3. Beharren

Während des Fahrzustandes Beharrungsfahrt hält ein Zug grundsätzlich seine Geschwindigkeit konstant. Die Kräftebilanz zwischen Zugkraft und wirkenden Widerstandskräften während dieses Fahrzustandes ist ausgeglichen. Werden die einwirkenden Widerstandskräfte größer als die verfügbare Zugkraft, kann der Zug die Beharrungsfahrt nicht mehr fortsetzen. Das Kräftegleichgewicht lässt sich allgemein wie folgt darstellen.

$$0 = \begin{cases} F_Z\left(v\right) - F_W\left(v\right) & \text{für } F_W\left(v\right) > 0 \\ F_B\left(v\right) - F_W\left(v\right) & \text{für } F_W\left(v\right) < 0 \end{cases} \tag{A.16}$$

Der Fahrzustand Beharrungsfahrt lässt sich als gleichförmige Bewegung, wie nachfolgend dargestellt, berechnen.

$$S_k = \left(v_k - v_{Aw}\right) t_k \tag{A.17}$$

Die Berechnungsreihenfolge lautet im Grundsatz wie nachfolgend aufgeführt.

1. v_k wählen

2. t_k mit $v_{Aw} = 0$ berechnen

3. t_k um Regelzuschlag für Fahrzustand Beharren vergrößern

4. v_{Aw} und anschließend S_k unter Verwendung von 3.berechnen

A.3. Fahrwegabschnitte eines Geschwindigkeitsprofils

Nachfolgend werden die möglichen Fahrwegabschnitte im Kontext der Fahrzeitrechnung eines Geschwindigkeitsprofils beschrieben.

A.3.1. Fahrwegabschnittstyp I

In Abbildung A.1 sind Fahrwegabschnitte vom Typ I dargestellt. Diese sind dadurch gekennzeichnet, dass die Abschnittseingangs- und -endgeschwindigkeit $\{v_{i-1}, v_{i+1}\} \geq v_i$ der Beharrungsgeschwindigkeit sind. In der-

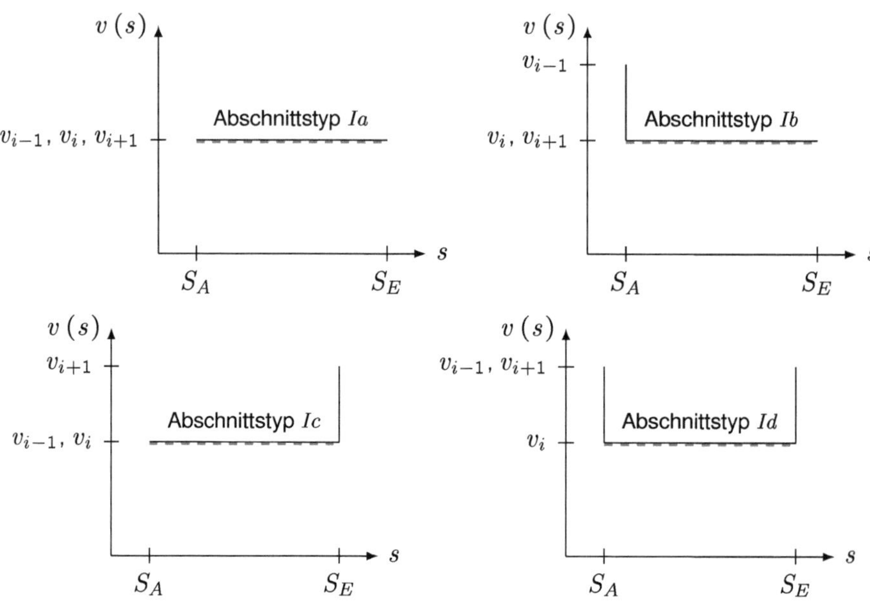

Abbildung A.1.: Geschwindigkeitsabschnittstyp I

artigen Fahrwegabschnitten ist ausschließlich der Fahrzustand Konstantfahrt definiert.

Mit Vorgabe der Fahrwegabschnittslänge S_i

$$S_i = S_A\left(v_{i+1}\right) - S_E\left(v_{i-1}\right) = S_k \tag{A.18}$$

und der Beharrungsgeschwindigkeit v_i, die durch die zulässige Höchstgeschwindigkeit v_{zul} begrenzt ist, kann die Fahrzeit $t_i = t_k$ innerhalb des Fahrwegabschnittes bestimmt werden. Darüber hinaus sind die Mindestzeiten gemäß Unterabschnitt 7.4.4 zu berücksichtigen. Für die Berücksichtigung stochastischer Einflüsse ist der Regelzuschlag und damit die Reduzierung der Beharrungsgeschwindigkeit um v_{Aw} gemäß Berechnungsabfolge für den Fahrzustand Beharren einzuhalten.

A.3.2. Fahrwegabschnittstyp II

In Abbildung A.2 sind Fahrwegabschnitte vom Typ II dargestellt. Diese sind dadurch gekennzeichnet, dass die Abschnittseingangsgeschwindigkeit $v_{i-1} < v_i$ und die Abschnittsendgeschwindigkeit $v_{i+1} \geq v_i$ der Beharrungsgeschwindigkeit sind. In derartigen Fahrwegabschnitten ist die Abfol-

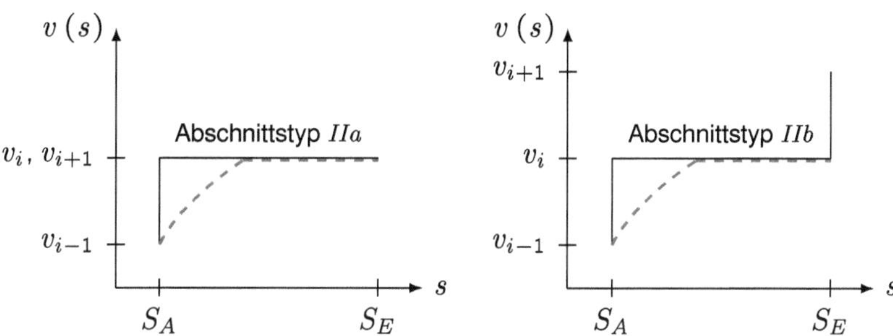

Abbildung A.2.: Geschwindigkeitsabschnittstyp II

ge der Fahrzustände definiert über Beschleunigen ggf. mit anschließender Konstantfahrt.

Mit Vorgabe der Fahrwegabschnittslänge S_i,

$$S_i = S_A \left(v_{i+1} \right) - S_E \left(v_{i-1} \right) = S_a + S_k \qquad (A.19)$$

der Abschnittseingangsgeschwindigkeit v_{i-1} und Beharrungsgeschwindigkeit v_i kann grundsätzlich die Fahrzeit

$$t_i = t_a + t_k \qquad (A.20)$$

$$t_i = \frac{\left(v_i - v_{i-1} \right)^2 + 2aS_i}{2a \left(v_i - v_{Aw} \right)} \qquad (A.21)$$

innerhalb des Fahrwegabschnittes bestimmt werden.

Die Fahrwegabschnittslänge schränkt die Fahrzustände örtlich ein.

$$S_i = S_a + S_k \tag{A.22}$$

$$S_k = \frac{2aS_i - v_i^2 + v_{i-1}^2}{2a} \tag{A.23}$$

Darüber hinaus sind für den Fahrzustand Beharren die Mindestzeiten gemäß Unterabschnitt 7.4.4 zu berücksichtigen. Für die Berücksichtigung stochastischer Einflüsse ist der Regelzuschlag einzuhalten. Die Berechnungsreihenfolge lautet im Grundsatz wie nachfolgend aufgeführt.

1. Berechnungsreihenfolge für den Fahrzustand Beharren durchführen.

2. Berechnungsreihenfolge für den Fahrzustand Beschleunigen ausführen. Dabei sind die Variablen v_k und v_{Aw} unveränderbar Eingangsgrößen.

A.3.3. Fahrwegabschnittstyp III

In Abbildung A.3 sind Fahrwegabschnitte vom Typ III dargestellt. Diese sind dadurch gekennzeichnet, dass die Abschnittseingangsgeschwindigkeit $v_{i-1} \geq v_i$ und die Abschnittsendgeschwindigkeit $v_{i+1} < v_i$ der Beharrungsgeschwindigkeit sind. In derartigen Fahrwegabschnitten ist die Abfol-

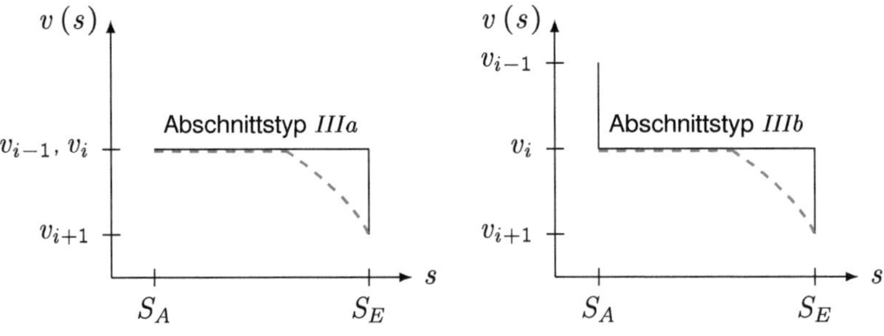

Abbildung A.3.: Geschwindigkeitsabschnittstyp III

ge der Fahrzustände definiert über ggf. Konstantfahrt mit anschließendem Bremsen.

Mit Vorgabe der Fahrwegabschnittslänge S_i,

$$S_i = S_A\left(v_{i+1}\right) - S_E\left(v_{i-1}\right) = S_k + S_b \qquad \text{(A.24)}$$

der Beharrungsgeschwindigkeit v_i und der Abschnittsendgeschwindigkeit v_{i+1} kann grundsätzlich die Fahrzeit

$$t_i = t_k + t_b \qquad \text{(A.25)}$$

$$t_i = \frac{2f_{Bka}\,bS_i - \left(v_i - v_{i+1}\right)^2}{2f_{Bka}\,bv_i} \qquad \text{(A.26)}$$

innerhalb des Fahrwegabschnittes bestimmt werden.

Die Fahrwegabschnittslänge schränkt die Fahrzustände örtlich ein.

$$S_i = S_k + S_b \qquad \text{(A.27)}$$

$$S_k = \frac{2f_{Bka}\,bS_i - v_{i+1}^2 + v_i^2}{2f_{Bka}\,b} \qquad \text{(A.28)}$$

Darüber hinaus sind für den Fahrzustand Beharren die Mindestzeiten gemäß Unterabschnitt 7.4.4 zu berücksichtigen. Für die Berücksichtigung stochastischer Einflüsse ist der Regelzuschlag einzuhalten. Die Berechnungsreihenfolge lautet im Grundsatz wie nachfolgend aufgeführt.

1. Berechnungsreihenfolge für den Fahrzustand Beharren durchführen.

2. Berechnungsreihenfolge für den Fahrzustand Bremsen ausführen. Dabei sind die Variablen v_k und v_{Aw} unveränderbar Eingangsgrößen.

A.3.4. Fahrwegabschnittstyp IV

In Abbildung A.4 sind Fahrwegabschnitte vom Typ IV dargestellt. Diese sind dadurch gekennzeichnet, dass die Abschnittseingangs- und -endgeschwindigkeit $\{v_{i-1}, v_{i+1}\} < v_i$ der Beharrungsgeschwindigkeit sind. In

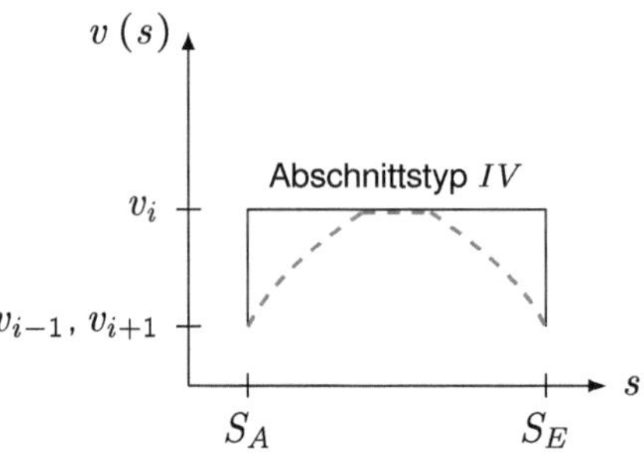

Abbildung A.4.: Geschwindigkeitsabschnittstyp IV

derartigen Fahrwegabschnitten ist die Abfolge der Fahrzustände definiert über Beschleunigen ggf. anschließender Konstantfahrt und darauf folgendem Bremsen.

Mit Vorgabe der Fahrwegabschnittslänge S_i,

$$S_i = S_A\left(v_{i+1}\right) - S_E\left(v_{i-1}\right) = S_a + S_k + S_b \tag{A.29}$$

der Abschnittseingangsgeschwindigkeit v_{i-1}, der Beharrungsgeschwindigkeit v_i und der Abschnittsendgeschwindigkeit v_{i+1} kann grundsätzlich die Fahrzeit

$$t_i = t_a + t_k + t_b \tag{A.30}$$

$$t_i = \frac{2af_{Bka}\,bS_i + f_{Bka}\,b\left(v_i - v_{i-1}\right)^2 - a\left(v_i - v_{i+1}\right)^2}{2af_{Bka}\,bv_i} \tag{A.31}$$

innerhalb des Fahrwegabschnittes bestimmt werden.

Die Fahrwegabschnittslänge schränkt die Fahrzustände örtlich ein.

$$S_i = S_a + S_k + S_b \tag{A.32}$$

$$S_k = S_i - \frac{v_i^2 - v_{i-1}^2}{2a} - \frac{v_{i+1}^2 - v_i^2}{2f_{Bka}\,b} \tag{A.33}$$

Darüber hinaus sind für den Fahrzustand Beharren die Mindestzeiten gemäß Unterabschnitt 7.4.4 zu berücksichtigen. Für die Berücksichtigung stochastischer Einflüsse ist der Regelzuschlag einzuhalten. Die Berechnungsreihenfolge lautet im Grundsatz wie nachfolgend aufgeführt.

1. Berechnungsreihenfolge für den Fahrzustand Beharren durchführen.

2. Berechnungsreihenfolge für den Fahrzustand Beschleunigen und anschließend Bremsen ausführen. Dabei sind die Variablen v_k und v_{Aw} unveränderbar Eingangsgrößen.

A.4. Die Gesamtzeit zur Zugförderung

Grundsätzlich kann die Fahrzeit t_G einer Fahrzeitrechnung, wie nachfolgend dargestellt, abhängig vom Fahrwegsabschnittstyp berechnet werden. Sie wird über die definierten Fahrwegabschnitte $1 \dots n$ im Fahrweg der betrachteten Zugfahrt aufsummiert.

$$t_G = \sum_{i=1}^{i=n} \begin{cases} \frac{S_i}{v_i} & \text{für Typ } I \\ \frac{(v_i - v_{i-1})^2 + 2aS_i}{2av_i} & \text{für Typ } II \\ \frac{2f_{Bka}bS_i - (v_i - v_{i+1})^2}{2f_{Bka}bv_i} & \text{für Typ } III \\ \frac{2af_{Bka}bS_i + f_{Bka}b(v_i - v_{i-1})^2 - a(v_i - v_{i+1})^2}{2af_{Bka}bv_i} & \text{für Typ } IV \end{cases} \qquad (A.34)$$

Für den i.ten Fahrwegabschnitt berechnet sich die Fahrzeit wie folgt.

$$t_{FWA_i} = \begin{cases} \frac{S_i}{v_i} & \text{für Typ } I \\ \frac{(v_i - v_{i-1})^2 + 2aS_i}{2av_i} & \text{für Typ } II \\ \frac{2f_{Bka}bS_i - (v_i - v_{i+1})^2}{2f_{Bka}bv_i} & \text{für Typ } III \\ \frac{2af_{Bka}bS_i + f_{Bka}b(v_i - v_{i-1})^2 - a(v_i - v_{i+1})^2}{2af_{Bka}bv_i} & \text{für Typ } IV \end{cases} \qquad (A.35)$$

B. Ergänzungen zu den Belegungskonfliktsituationen

Tabelle B.1.: Für den Eisenbahnbetrieb relevante Elementarsituationen

Darstellung	Beschreibung	
	Bezeichnung	FOLLOW
	Besonderheit	Diese Elementarsituation beschreibt eine gewöhnliche Situation inmitten von zwei überlagerten Fahrwegen.
	Bei der Elementarsituation FOLLOW sind die Eingangs- bzw. Ausgangsfahrwegkanten der prognostizierten Fahrwege am betrachteten Fahrwegknoten identisch. Die Fahrtrichtung der prognostizierten Fahrplantrassen am betrachteten Fahrwegknoten ist gleich.	
	Bezeichnung	FOLLOW AT BEGIN
	Besonderheit	Diese Elementarsituation beschreibt eine Anfangssituation von zwei überlagerten Fahrwegen.
	Bei der Elementarsituation FOLLOW AT BEGIN ist die Ausgangsfahrwegkante der prognostizierten Fahrwege am betrachteten Fahrwegknoten identisch. Ein prognostizierter Fahrweg beginnt am betrachteten Fahrwegknoten. Die Fahrtrichtung der prognostizierten Fahrplantrassen am betrachteten Fahrwegknoten ist gleich.	
	...	

Darstellung	Beschreibung	
	Bezeichnung	FOLLOW AT BOTH BEGIN
	Besonderheit	Diese Elementarsituation beschreibt eine Anfangssituation von zwei überlagerten Fahrwegen.
	Bei der Elementarsituation FOLLOW AT BOTH BEGIN ist die Ausgangsfahrwegkante der prognostizierten Fahrwege am betrachteten Fahrwegknoten identisch. Beide prognostizierten Fahrwege beginnen am betrachteten Fahrwegknoten. Die Fahrtrichtung der prognostizierten Fahrplantrassen am betrachteten Fahrwegknoten ist gleich.	
	Bezeichnung	FOLLOW AT END
	Besonderheit	Diese Elementarsituation beschreibt eine Endsituation von zwei überlagerten Fahrwegen.
	Bei der Elementarsituation FOLLOW AT END ist die Eingangsfahrwegkante der prognostizierten Fahrwege am betrachteten Fahrwegknoten identisch. Ein prognostizierter Fahrweg endet am betrachteten Fahrwegknoten. Die Fahrtrichtung der prognostizierten Fahrplantrassen am betrachteten Fahrwegknoten ist gleich.	
	Bezeichnung	FOLLOW AT BOTH END
	Besonderheit	Diese Elementarsituation beschreibt eine Endsituation von zwei überlagerten Fahrwegen.

...

Darstellung	Beschreibung	
	Bei der Elementarsituation FOLLOW AT BOTH END ist die Eingangsfahrwegkante der prognostizierten Fahrwege am betrachteten Fahrwegknoten identisch. Beide prognostizierten Fahrwege enden am betrachteten Fahrwegknoten. Die Fahrtrichtung der prognostizierten Fahrplantrassen am betrachteten Fahrwegknoten ist gleich.	
	Bezeichnung	BLOCK
	Besonderheit	Diese Elementarsituation beschreibt eine gewöhnliche Situation inmitten von zwei überlagerten Fahrwegen.
	Bei der Elementarsituation BLOCK sind die verwendeten Fahrwegkanten der prognostizierten Fahrwege am betrachteten Fahrwegknoten identisch. Die Fahrtrichtungen der prognostizierten Fahrplantrassen sind entgegengesetzt.	
	Bezeichnung	BLOCK AT BEGIN
	Besonderheit	Diese Elementarsituation beschreibt eine Anfangs- bzw. Endsituation von zwei überlagerten Fahrwegen.
	Bei der Elementarsituation BLOCK AT BEGIN sind die verwendeten Fahrwegkanten der prognostizierten Fahrwege am betrachteten Fahrwegknoten identisch. Ein prognostizierter Fahrweg beginnt am betrachteten Fahrwegknoten. Die Fahrtrichtungen der prognostizierten Fahrplantrassen sind entgegengesetzt.	
	Bezeichnung	BLOCK AT END
	Besonderheit	Diese Elementarsituation beschreibt eine Anfangs- bzw. Endsituation von zwei überlagerten Fahrwegen.

...

Darstellung	Beschreibung	
	Bei der Elementarsituation BLOCK AT END sind die verwendeten Fahrwegkanten der prognostizierten Fahrwege am betrachteten Fahrwegknoten identisch. Ein prognostizierter Fahrweg endet am betrachteten Fahrwegknoten. Die Fahrtrichtungen der prognostizierten Fahrplantrassen sind entgegengesetzt.	
	Bezeichnung	CONTINUE WITH BLOCK
	Besonderheit	Diese Elementarsituation beschreibt eine Anfangs- bzw. Endsituation von zwei überlagerten Fahrwegen.
	Bei der Elementarsituation CONTINUE WITH BLOCK sind die verwendeten Fahrwegkanten der prognostizierten Fahrwege am betrachteten Fahrwegknoten identisch. Ein prognostizierter Fahrweg endet am betrachteten Fahrwegknoten. Ein prognostizierter Fahrweg beginnt am betrachteten Fahrwegknoten. Die Fahrtrichtungen der prognostizierten Fahrplantrassen sind entgegengesetzt.	
	Bezeichnung	CONTINUE
	Besonderheit	Diese Elementarsituation beschreibt eine Anfangs- bzw. Endsituation von zwei überlagerten Fahrwegen.

...

Darstellung	Beschreibung	
	Bei der Elementarsituation CONTINUE sind die verwendeten Fahrwegkanten der prognostizierten Fahrwege am betrachteten Fahrwegknoten nicht identisch. Ausschließlich der betrachtete Fahrwegknoten ist in beiden prognostizierten Fahrwegen identisch. Ein prognostizierter Fahrweg endet bzw. beginnt am betrachteten Fahrwegknoten. Die Fahrtrichtungen der prognostizierten Fahrplantrassen sind gleich.	
	Bezeichnung	JOIN
	Besonderheit	Diese Elementarsituation beschreibt eine gewöhnliche Situation inmitten von zwei überlagerten Fahrwegen.
	Bei der Elementarsituation JOIN sind die Ausgangsfahrwegkanten der prognostizierten Fahrwege am betrachteten Fahrwegknoten identisch, die Eingangsfahrwegkanten jedoch unterschiedlich. Die Fahrtrichtung der prognostizierten Fahrplantrassen am betrachteten Fahrwegknoten ist gleich.	
	Bezeichnung	SLIP INTO
	Besonderheit	Diese Elementarsituation beschreibt eine gewöhnliche Situation inmitten von zwei überlagerten Fahrwegen.

...

<table>
<tr><th>Darstellung</th><th colspan="2">Beschreibung</th></tr>
<tr><td>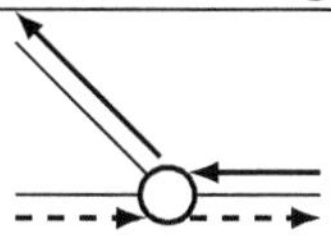</td><td colspan="2">Bei der Elementarsituation SLIP INTO ist eine Fahrwegkante der prognostizierten Fahrwege am betrachteten Fahrwegknoten identisch, alle weiteren Fahrwegkanten sind unterschiedlich. Für den gestrichelten, prognostizierten Fahrweg ist die Ausgangsfahrwegkante identisch mit der Eingangsfahrwegkante des linierten, prognostizierten Fahrweges. Die Fahrtrichtung der prognostizierten Fahrplantrassen am betrachteten Fahrwegknoten ist entgegengesetzt.</td></tr>
<tr><td rowspan="2"></td><td>Bezeichnung</td><td>FORK</td></tr>
<tr><td>Besonderheit</td><td>Diese Elementarsituation beschreibt eine gewöhnliche Situation inmitten von zwei überlagerten Fahrwegen.</td></tr>
<tr><td>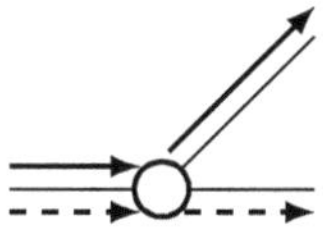</td><td colspan="2">Bei der Elementarsituation FORK sind die Eingangsfahrwegkanten der prognostizierten Fahrwege am betrachteten Fahrwegknoten identisch, die Ausgangsfahrwegkanten jedoch unterschiedlich. Die Fahrtrichtung der prognostizierten Fahrplantrassen am betrachteten Fahrwegknoten ist gleich.</td></tr>
<tr><td rowspan="2"></td><td>Bezeichnung</td><td>SLIP OUT</td></tr>
<tr><td>Besonderheit</td><td>Diese Elementarsituation beschreibt eine gewöhnliche Situation inmitten von zwei überlagerten Fahrwegen.</td></tr>
<tr><td colspan="3">...</td></tr>
</table>

Darstellung	Beschreibung	
	Bei der Elementarsituation SLIP OUT ist eine Fahrwegkante der prognostizierten Fahrwege am betrachteten Fahrwegknoten identisch, alle weiteren Fahrwegkanten sind unterschiedlich. Für den linierten, prognostizierten Fahrweg ist die Ausgangsfahrwegkante identisch mit der Eingangsfahrwegkante des gestrichelten, prognostizierten Fahrweges. Die Fahrtrichtung der prognostizierten Fahrplantrassen am betrachteten Fahrwegknoten ist entgegengesetzt.	
	Bezeichnung	CROSS
	Besonderheit	Diese Elementarsituation beschreibt eine gewöhnliche Situation inmitten von zwei überlagerten Fahrwegen.
	Bei der Elementarsituation CROSS sind die verwendeten Fahrwegkanten der prognostizierten Fahrwege am betrachteten Fahrwegknoten nicht identisch. Ausschließlich der betrachtete Fahrwegknoten ist in beiden prognostizierten Fahrwegen identisch. Die Fahrtrichtungen der prognostizierten Fahrplantrassen sind entgegengesetzt.	

B.1. Beispiele

Nachfolgend sind Beispiele für Belegungskonfliktsituationen dokumentiert.

B.1.1. Folgefahrt (FF)

Für den betrachteten, gemeinsamen Wegabschnitt beider Züge sind die Zugfolgestellen $Zfst$, Zugschlussstellen Zss und deren Abfolge grundsätzlich identisch. Nachfolgend wird dies als Tupel von Objekten beschrieben.

$$
\begin{aligned}
&\left(s_{\{1,Z1,Zss\}},\, s_{\{2,Z1,Zfst\}},\, s_{\{3,Z1,Zss\}},\, s_{\{4,Z1,Zfst\}},\, \cdots \right. \\
&\left. \cdots,\, s_{\{n-1,Z1,Zfst\}},\, s_{\{n,Z1,Zss\}}\right) = \cdots \\
&\cdots = \left(s_{\{1,Z2,Zss\}},\, s_{\{2,Z2,Zfst\}},\, s_{\{3,Z2,Zss\}},\, s_{\{4,Z2,Zfst\}},\, \cdots \right. \\
&\left. \cdots,\, s_{\{m-1,Z2,Zfst\}},\, s_{\{m,Z2,Zss\}}\right) : \cdots \\
&\cdots :\Leftrightarrow n = m \land \forall i \in \{1, 2, \ldots, n\} : \cdots \\
&\cdots : s_{\{i,Z1,Zfst\}} = s_{\{i,Z2,Zfst\}} \lor s_{\{i,Z1,Zss\}} = s_{\{i,Z2,Zss\}}
\end{aligned}
\tag{B.1}
$$

Nachfolgend ist der betrachtete, gemeinsame Wegabschnitt beider Züge als Adjazenzmatrix innerhalb eines Freimeldegraphs veranschaulicht. Die Nachbarschaftsbeziehungen der n Fahrtrichtung gemeinsam befahrenen Knoten sind mit 1 klassifiziert.

$$
Z2 \smallsetminus Z1 \quad
\begin{pmatrix}
& s_{\{1,Zss\}} & s_{\{2,Zfst\}} & s_{\{3,Zss\}} & s_{\{4,Zfst\}} & \cdots & s_{\{n-1,Zfst\}} & s_{\{n,Zss\}} \\
s_{\{1,Zss\}} & 0 & 1 & 0 & 0 & \cdots & 0 & 0 \\
s_{\{2,Zfst\}} & 1 & 0 & 1 & 0 & \cdots & 0 & 0 \\
s_{\{3,Zss\}} & 0 & 1 & 0 & 1 & \cdots & 0 & 0 \\
s_{\{4,Zfst\}} & 0 & 0 & 1 & 0 & \cdots & 0 & 0 \\
\cdots & \vdots & \vdots & \vdots & \vdots & \ddots & \vdots & \vdots \\
s_{\{m-1,Zfst\}} & 0 & 0 & 0 & 0 & \cdots & 0 & 1 \\
s_{\{m,Zss\}} & 0 & 0 & 0 & 0 & \cdots & 1 & 0
\end{pmatrix}
\tag{B.2}
$$

B.1.2. Folgefahrt mit anschließender Ausfädelung (FFA)

Für den betrachteten, gemeinsamen Wegabschnitt beider Züge sind die Zugfolgestellen $Zfst$, Zugschlussstellen Zss sowie die Ausfädelungsweiche W und deren Abfolge grundsätzlich identisch. Nachfolgend wird dies als

Tupel von Objekten beschrieben.

$$\left(s_{\{1,Z1,Zss\}},\, s_{\{2,Z1,Zfst\}},\, s_{\{3,Z1,Zss\}},\, s_{\{4,Z1,Zfst\}},\, \cdots\right.$$

$$\left.\cdots,\, s_{\{n-2,Z1,Zfst\}},\, s_{\{n-1,Z1,W\}},\, s_{\{n,Z1,Zss\}}\right) = \cdots$$

$$\cdots = \left(s_{\{1,Z2,Zss\}},\, s_{\{2,Z2,Zfst\}},\, s_{\{3,Z2,Zss\}},\, s_{\{4,Z2,Zfst\}},\, \cdots\right.$$

$$\left.\cdots,\, s_{\{m-2,Z2,Zfst\}},\, s_{\{m-1,Z2,W\}},\, s_{\{m,Z2,Zss\}}\right) :\Leftrightarrow n = \cdots \qquad (B.3)$$

$$\cdots m \wedge \forall i \in \{1,2,\ldots,n-1\} : \cdots$$

$$\cdots : s_{\{i,Z1,Zfst\}} = s_{\{i,Z2,Zfst\}} \vee s_{\{i,Z1,Zss\}} = \cdots$$

$$\cdots = s_{\{i,Z2,Zss\}} \vee s_{\{i,Z1,W\}} = s_{\{i,Z2,W\}}$$

Nachfolgend ist der betrachtete, gemeinsame Wegabschnitt beider Züge als Adjazenzmatrix innerhalb eines Freimeldegraphs veranschaulicht. Die Nachbarschaftsbeziehungen der in Fahrtrichtung gemeinsam befahrenen Knoten sind mit 1 klassifiziert.

$$Z2 \setminus Z1 \quad
\begin{pmatrix}
 & s_{\{1,Zss\}} & s_{\{2,Zfst\}} & s_{\{3,Zss\}} & \cdots & s_{\{n-2,Zfst\}} & s_{\{n-1,W\}} & s_{\{n,Zss\}} \\
s_{\{1,Zss\}} & 0 & 1 & 0 & \cdots & 0 & 0 & 0 \\
s_{\{2,Zfst\}} & 1 & 0 & 1 & \cdots & 0 & 0 & 0 \\
s_{\{3,Zss\}} & 0 & 1 & 0 & \cdots & 0 & 0 & 0 \\
\cdots & \vdots & \vdots & \vdots & \ddots & \vdots & \vdots & \vdots \\
s_{\{m-2,Zfst\}} & 0 & 0 & 0 & \cdots & 0 & 1 & 0 \\
s_{\{m-1,W\}} & 0 & 0 & 0 & \cdots & 1 & 0 & 1 \\
s_{\{m,Zss\}} & 0 & 0 & 0 & \cdots & 0 & 1 & 0
\end{pmatrix} \qquad (B.4)$$

B.1.3. Einfädelung mit anschließender Folgefahrt (EFF)

Für den betrachteten, gemeinsamen Wegabschnitt beider Züge sind die Einfädelungsweiche W sowie Zugfolgestellen $Zfst$, Zugschlussstellen Zss

und deren Abfolge grundsätzlich identisch. Nachfolgend wird dies als Tupel von Objekten beschrieben.

$$\left(s_{\{1,Z1,Zfst\}}, s_{\{2,Z1,W\}}, s_{\{3,Z1,Zss\}}, s_{\{4,Z1,Zfst\}}, s_{\{5,Z1,Zss\}}, \cdots \right.$$
$$\left. \cdots, s_{\{6,Z1,Zfst\}}, s_{\{n-1,Z1,Zfst\}}, s_{\{n,Z1,Zss\}} \right) = \cdots$$
$$\cdots = \left(s_{\{1,Z2,Zfst\}}, s_{\{2,Z2,W\}}, s_{\{3,Z2,Zss\}}, s_{\{4,Z2,Zfst\}}, s_{\{5,Z2,Zss\}}, \cdots \right.$$
$$\left. \cdots, s_{\{6,Z2,Zfst\}}, s_{\{m-1,Z2,Zfst\}}, s_{\{m,Z2,Zss\}} \right) :\Leftrightarrow n = \cdots \qquad \text{(B.5)}$$
$$\cdots = m \wedge \forall i \in \{2,3,\ldots,n\} : \cdots$$
$$\cdots s_{\{i,Z1,Zfst\}} = s_{\{i,Z2,Zfst\}} \vee s_{\{i,Z1,Zss\}} = \cdots$$
$$\cdots = s_{\{i,Z2,Zss\}} \vee s_{\{i,Z1,W\}} = s_{\{i,Z2,W\}}$$

Nachfolgend ist der betrachtete, gemeinsame Wegabschnitt beider Züge als Adjazenzmatrix innerhalb eines Freimeldegraphs veranschaulicht. Die Nachbarschaftsbeziehungen der in Fahrtrichtung gemeinsam befahrenen Knoten sind mit 1 klassifiziert.

$$
Z2 \setminus Z1 \quad
\begin{array}{c|ccccccc}
 & s_{\{1,Zfst\}} & s_{\{2,W\}} & s_{\{3,Zss\}} & s_{\{4,Zfst\}} & \cdots & s_{\{n-1,Zfst\}} & s_{\{n,Zss\}} \\
\hline
s_{\{1,Zfst\}} & 0 & 1 & 0 & 0 & \cdots & 0 & 0 \\
s_{\{2,W\}} & 1 & 0 & 1 & 0 & \cdots & 0 & 0 \\
s_{\{3,Zss\}} & 0 & 1 & 0 & 1 & \cdots & 0 & 0 \\
s_{\{4,Zfst\}} & 0 & 0 & 1 & 0 & \cdots & 0 & 0 \\
\cdots & \vdots & \vdots & \vdots & \vdots & \ddots & \vdots & \vdots \\
s_{\{m-1,Zfst\}} & 0 & 0 & 0 & 0 & \cdots & 0 & 1 \\
s_{\{m,Zss\}} & 0 & 0 & 0 & 0 & \cdots & 1 & 0
\end{array}
\qquad \text{(B.6)}
$$

B.1.4. Einfädelung (gegebenenfalls mit Folgefahrt) mit anschließender Ausfädelung (E(FF)A)

Für den betrachteten, gemeinsamen Wegabschnitt beider Züge sind die Einfädelungsweiche W, Zugfolgestellen $Zfst$, Zugschlussstellen Zss sowie die Ausfädelungsweiche W und deren Abfolge grundsätzlich identisch. Nachfolgend wird dies als Tupel von Objekten beschrieben.

$$\left(s_{\{1,Z1,Zfst\}}, s_{\{2,Z1,W\}}, s_{\{3,Z1,Zss\}}, s_{\{4,Z1,Zfst\}}, s_{\{5,Z1,Zss\}}, \cdots \right.$$

$$\cdots, s_{\{6,Z1,Zfst\}}, s_{\{n-2,Z1,Zfst\}}, s_{\{n-1,Z1,W\}}, s_{\{n,Z1,Zss\}} \Big) = \cdots$$

$$\cdots = \left(s_{\{1,Z2,Zfst\}}, s_{\{2,Z2,W\}}, s_{\{3,Z2,Zss\}}, s_{\{4,Z2,Zfst\}}, s_{\{5,Z2,Zss\}}, \cdots \right.$$

$$\cdots, s_{\{6,Z2,Zfst\}}, s_{\{m-2,Z2,Zfst\}}, s_{\{m-1,Z2,W\}}, s_{\{m,Z2,Zss\}} \Big) :\Leftrightarrow n = \cdots \quad \text{(B.7)}$$

$$\cdots = m \wedge \forall i \in \{2,3,\ldots,n-1\} : \cdots$$

$$\cdots s_{\{i,Z1,Zfst\}} = s_{\{i,Z2,Zfst\}} \vee s_{\{i,Z1,Zss\}} = \cdots$$

$$\cdots = s_{\{i,Z2,Zss\}} \vee s_{\{i,Z1,W\}} = s_{\{i,Z2,W\}}$$

Nachfolgend ist der betrachtete, gemeinsame Wegabschnitt beider Züge als Adjazenzmatrix innerhalb eines Freimeldegraphs veranschaulicht. Die Nachbarschaftsbeziehungen der gemeinsam befahrenen Knoten sind mit 1 klassifiziert.

$$
Z2 \diagdown Z1 \quad
\begin{pmatrix}
 & s_{\{1,Zfst\}} & s_{\{2,W\}} & s_{\{3,Zss\}} & \cdots & s_{\{n-2,Zfst\}} & s_{\{n-1,W\}} & s_{\{n,Zss\}} \\
s_{\{1,Zfst\}} & 0 & 1 & 0 & \cdots & 0 & 0 & 0 \\
s_{\{2,W\}} & 1 & 0 & 1 & \cdots & 0 & 0 & 0 \\
s_{\{3,Zss\}} & 0 & 1 & 0 & \cdots & 0 & 0 & 0 \\
\cdots & \vdots & \vdots & \vdots & \ddots & \vdots & \vdots & \vdots \\
s_{\{m-2,Zfst\}} & 0 & 0 & 0 & \cdots & 0 & 1 & 0 \\
s_{\{m-1,W\}} & 0 & 0 & 0 & \cdots & 1 & 0 & 1 \\
s_{\{m,Zss\}} & 0 & 0 & 0 & \cdots & 0 & 1 & 0
\end{pmatrix}
\quad \text{(B.8)}
$$

B.1.5. Gegenfahrt ohne Reihenfolgezwang (GFoRZ)

Für den betrachteten, gemeinsamen Wegabschnitt beider Züge sind die erste Weiche W, Zugfolgestellen $Zfst$, Zugschlussstellen Zss sowie die letzten Weichen W und deren Abfolge grundsätzlich identisch. Die Wirkrichtung der Zugfolge- und Zugschlussstellen für Zug $Z1$ und $Z2$ unterschiedlich ist.

$$\left(s_{\{1,Z1,Zfst\}},\, s_{\{2,Z1,W\}},\, s_{\{3,Z1,Zss\}},\, s_{\{4,Z1,Zfst\}},\, s_{\{5,Z1,Zss\}},\, s_{\{6,Z1,Zfst\}},\, \cdots \right.$$
$$\left. \cdots,\, s_{\{n-2,Z1,Zfst\}},\, s_{\{n-1,Z1,W\}},\, s_{\{n,Z1,Zss\}} \right) \tag{B.9}$$

$$\left(s_{\{1,Z2,Zfst\}},\, s_{\{2,Z2,W\}},\, s_{\{3,Z2,Zss\}},\, s_{\{4,Z2,Zfst\}},\, s_{\{5,Z2,Zss\}},\, s_{\{6,Z2,Zfst\}},\, \cdots \right.$$
$$\left. \cdots,\, s_{\{m-2,Z2,Zfst\}},\, s_{\{m-1,Z2,W\}},\, s_{\{m,Z2,Zss\}} \right) \tag{B.10}$$

Die befahrenen Elemente beider Züge lassen sich, wie nachfolgend dargestellt, nach der Streckenkilometrierung aufsteigend sortieren.

$$\left(s_{\{1,Z1,Zfst\}} \leq s_{\{m,Z2,Zss\}} \leq s_{\{2,Z1,W\}},\, s_{\{m-1,Z2,W\}} \leq s_{\{3,Z1,Zss\}} \leq \cdots \right.$$
$$\cdots \leq s_{\{m-2,Z2,Zfst\}} \leq s_{\{n-2,Z1,Zfst\}} \leq s_{\{3,Z2,Zss\}} \leq \cdots$$
$$\left. \cdots \leq s_{\{n-1,Z1,W\}},\, s_{\{2,Z2,W\}} \leq s_{\{n,Z1,Zss\}} \leq s_{\{1,Z2,Zfst\}} \right) \tag{B.11}$$

Nachfolgend ist der betrachtete, gemeinsame Wegabschnitt beider Züge als Adjazenzmatrix innerhalb eines Freimeldegraphs veranschaulicht. Die Nachbarschaftsbeziehungen der gemeinsam befahrenen Knoten sind mit 1 klassifiziert.

$$
Z2 \diagdown Z1
$$

	$S\{1,Z1,Zfst\}$	$S\{m,Z2,Zss\}$	$S\{2,Z1,W\}, S\{m-1,Z2,W\}$	$S\{3,Z1,Zss\}$	$S\{m-2,Z2,Zfst\}$	$\ldots$	$S\{n-2,Z1,Zfst\}$	$S\{3,Z2,Zss\}$	$S\{n-1,Z1,W\}, S\{2,Z2,W\}$	$S\{n,Z1,Zss\}$	$S\{1,Z2,Zfst\}$
$S\{1,Z1,Zfst\}$	0	0	1	0	0	$\ldots$	0	0	0	0	0
$S\{m,Z2,Zss\}$	0	0	1	0	0	$\ldots$	0	0	0	0	0
$S\{2,Z1,W\}, S\{m-1,Z2,W\}$	1	1	0	1	0	$\ldots$	0	0	0	0	0
$S\{3,Z1,Zss\}$	0	0	1	0	1	$\ldots$	0	0	0	0	0
$S\{m-2,Z2,Zfst\}$	0	0	0	1	0	$\ldots$	0	0	0	0	0
$\ldots$	$\vdots$	$\vdots$	$\vdots$	$\vdots$	$\vdots$	$\ddots$	$\vdots$	$\vdots$	$\vdots$	$\vdots$	$\vdots$
$S\{n-2,Z1,Zfst\}$	0	0	0	0	0	$\ldots$	0	1	0	0	0
$S\{3,Z2,Zss\}$	0	0	0	0	0	$\ldots$	1	0	1	0	0
$S\{n-1,Z1,W\}, S\{2,Z2,W\}$	0	0	0	0	0	$\ldots$	0	1	0	1	1
$S\{n,Z1,Zss\}$	0	0	0	0	0	$\ldots$	0	0	1	0	0
$S\{1,Z2,Zfst\}$	0	0	0	0	0	$\ldots$	0	0	1	0	0

$$\tag{B.12}$$

B.1.6. Gegenfahrt mit Reihenfolgezwang (GFmRZ)

Für den betrachteten, gemeinsamen Wegabschnitt beider Züge sind die Zugfolgestellen $Zfst$, Zugschlussstellen Zss sowie die letzte Weiche W und deren Abfolge grundsätzlich identisch. Die Wirkrichtung der Zugfolge- und Zugschlussstellen für Zug $Z1$ und $Z2$ unterschiedlich ist.

$$\left(s_{\{1,Z1,Zss\}}, s_{\{2,Z1,Zfst\}}, s_{\{3,Z1,Zss\}}, s_{\{4,Z1,Zfst\}}, s_{\{5,Z1,Zss\}}, s_{\{6,Z1,Zfst\}}, \cdots \right.$$
$$\left. \cdots, s_{\{n-2,Z1,Zfst\}}, s_{\{n-1,Z1,W\}}, s_{\{n,Z1,Zss\}} \right)$$

$$(B.13)$$

$$\left(s_{\{1,Z2,Zfst\}}, s_{\{2,Z2,W\}}, s_{\{3,Z2,Zss\}}, s_{\{4,Z2,Zfst\}}, s_{\{5,Z2,Zss\}}, s_{\{6,Z2,Zfst\}}, \cdots \right.$$
$$\left. \cdots, s_{\{m-1,Z2,Zfst\}}, s_{\{m,Z2,Zss\}} \right)$$

$$(B.14)$$

Die befahrenen Elemente beider Züge lassen sich, wie nachfolgend dargestellt, nach der Streckenkilometrierung aufsteigend sortieren.

$$\left(s_{\{1,Z1,Zss\}} \leq s_{\{2,Z1,Zfst\}} \leq s_{\{m,Z2,Zss\}} \leq s_{\{3,Z1,Zss\}} \leq s_{\{m-2,Z2,Zfst\}} \cdots \right.$$
$$\cdots \leq s_{\{n-2,Z1,Zfst\}} \leq s_{\{3,Z2,Zss\}} \leq s_{\{n-1,Z1,W\}}, s_{\{2,Z2,W\}} \leq \cdots$$
$$\left. \cdots \leq s_{\{n,Z1,Zss\}} \leq s_{\{1,Z2,Zfst\}} \right)$$

$$(B.15)$$

Nachfolgend ist der betrachtete, gemeinsame Wegabschnitt beider Züge als Adjazenzmatrix innerhalb eines Freimeldegraphs veranschaulicht. Die Nachbarschaftsbeziehungen der gemeinsam befahrenen Knoten sind mit

1 klassifiziert.

$$
Z2 \diagdown Z1
$$

$Z2 \diagdown Z1$	$S_{\{1,Z1,Zss\}}$	$S_{\{2,Z1,Zfst\}}$	$S_{\{m,Z2,Zss\}}$	$S_{\{3,Z1,Zss\}}$	$S_{\{m-2,Z2,Zfst\}}$	$\ldots$	$S_{\{n-2,Z1,Zfst\}}$	$S_{\{3,Z2,Zss\}}$	$S_{\{n-1,Z1,W\}},\, S_{\{2,Z2,W\}}$	$S_{\{n,Z1,Zss\}}$	$S_{\{1,Z2,Zfst\}}$
$S_{\{1,Z1,Zss\}}$	0	1	0	0	0	$\ldots$	0	0	0	0	0
$S_{\{2,Z1,Zfst\}}$	1	0	1	0	0	$\ldots$	0	0	0	0	0
$S_{\{m,Z2,Zss\}}$	0	1	0	1	0	$\ldots$	0	0	0	0	0
$S_{\{3,Z1,Zss\}}$	0	0	1	0	1	$\ldots$	0	0	0	0	0
$S_{\{m-2,Z2,Zfst\}}$	0	0	0	1	0	$\ldots$	0	0	0	0	0
$\ldots$	$\vdots$	$\vdots$	$\vdots$	$\vdots$	$\vdots$	$\ddots$	$\vdots$	$\vdots$	$\vdots$	$\vdots$	$\vdots$
$S_{\{n-2,Z1,Zfst\}}$	0	0	0	0	0	$\ldots$	0	1	0	0	0
$S_{\{3,Z2,Zss\}}$	0	0	0	0	0	$\ldots$	1	0	1	0	0
$S_{\{n-1,Z1,W\}},\, S_{\{2,Z2,W\}}$	0	0	0	0	0	$\ldots$	0	1	0	1	1
$S_{\{n,Z1,Zss\}}$	0	0	0	0	0	$\ldots$	0	0	1	0	0
$S_{\{1,Z2,Zfst\}}$	0	0	0	0	0	$\ldots$	0	0	1	0	0

$$\tag{B.16}$$

B.1.7. Gegenfahrt mit verklemmter Reihenfolge (Deadlock)

Für den betrachteten, gemeinsamen Wegabschnitt beider Züge sind die Zugfolgestellen $Zfst$ sowie Zugschlussstellen Zss und deren Abfolge grundsätzlich identisch. Die Wirkrichtung der Zugfolge- und Zugschlussstellen für Zug $Z1$ und $Z2$ unterschiedlich ist.

$$
\begin{aligned}
\big(&S_{\{1,Z1,Zss\}},\, S_{\{2,Z1,Zfst\}},\, S_{\{3,Z1,Zss\}},\, S_{\{4,Z1,Zfst\}},\, \cdots \\
&\cdots,\, S_{\{n-1,Z1,Zfst\}},\, S_{\{n,Z1,Zss\}}\big)
\end{aligned}
\tag{B.17}
$$

$$\left(s_{\{1,Z2,Zfst\}}, s_{\{2,Z2,Zss\}}, s_{\{3,Z2,Zfst\}}, s_{\{4,Z2,Zss\}}, \cdots \right.$$
$$\left. \cdots, s_{\{m-1,Z2,Zfst\}}, s_{\{m,Z2,Zss\}}\right) \tag{B.18}$$

Die befahrenen Elemente beider Züge lassen sich, wie nachfolgend dargestellt, nach der Streckenkilometrierung aufsteigend sortieren.

$$\left(s_{\{1,Z1,Zss\}} \leq s_{\{2,Z1,Zfst\}} \leq s_{\{m,Z2,Zss\}} \leq s_{\{3,Z1,Zss\}} \leq s_{\{m-1,Z2,Zfst\}} \cdots \right.$$
$$\left. \cdots \leq s_{\{n-1,Z1,Zfst\}} \leq s_{\{3,Z2,Zss\}} \leq s_{\{n,Z1,Zss\}} \leq s_{\{2,Z2,Zfst\}} \leq s_{\{1,Z2,Zss\}}\right) \tag{B.19}$$

Nachfolgend ist der betrachtete, gemeinsame Wegabschnitt beider Züge als Adjazenzmatrix innerhalb eines Freimeldegraphs veranschaulicht. Die Nachbarschaftsbeziehungen der gemeinsam befahrenen Knoten sind mit 1 klassifiziert.

$$Z2 \setminus Z1$$

	$s_{\{1,Z1,Zss\}}$	$s_{\{2,Z1,Zfst\}}$	$s_{\{m,Z2,Zss\}}$	$s_{\{3,Z1,Zss\}}$	$s_{\{m-1,Z2,Zfst\}}$	$\cdots$	$s_{\{n-1,Z1,Zfst\}}$	$s_{\{3,Z2,Zss\}}$	$s_{\{n,Z1,Zss\}}$	$s_{\{2,Z2,Zfst\}}$	$s_{\{1,Z2,Zss\}}$
$s_{\{1,Z1,Zss\}}$	0	1	0	0	0	$\cdots$	0	0	0	0	0
$s_{\{2,Z1,Zfst\}}$	1	0	1	0	0	$\cdots$	0	0	0	0	0
$s_{\{m,Z2,Zss\}}$	0	1	0	1	0	$\cdots$	0	0	0	0	0
$s_{\{3,Z1,Zss\}}$	0	0	1	0	1	$\cdots$	0	0	0	0	0
$s_{\{m-1,Z2,Zfst\}}$	0	0	0	1	0	$\cdots$	0	0	0	0	0
$\cdots$	$\vdots$	$\vdots$	$\vdots$	$\vdots$	$\vdots$	$\ddots$	$\vdots$	$\vdots$	$\vdots$	$\vdots$	$\vdots$
$s_{\{n-1,Z1,Zfst\}}$	0	0	0	0	0	$\cdots$	0	1	0	0	0
$s_{\{3,Z2,Zss\}}$	0	0	0	0	0	$\cdots$	1	0	1	0	0
$s_{\{n,Z1,Zss\}}$	0	0	0	0	0	$\cdots$	0	1	0	1	0
$s_{\{2,Z2,Zfst\}}$	0	0	0	0	0	$\cdots$	0	0	1	0	1
$s_{\{1,Z2,Zss\}}$	0	0	0	0	0	$\cdots$	0	0	0	1	0

$$\tag{B.20}$$

B.1.8. Indizierung frühestmöglicher Beförderungszeitpunkte

Tabelle B.2.: Beispielhafte Indizierung für die Berechnung von frühestmöglichen Beförderungszeitpunkten

BKS	Gruppe	Index j	Index k	Index l
FF	I	$t_{fB,Z2}\left(s_j:=2,Zfst\right)$	$s_k:=4,Z1,Zfst$	$s_l:=5,Z1,Zss$
		$t_{fB,Z2}\left(s_j:=i,Zfst\right)$	$s_k:=i+2,Z1,Zfst$	$s_l:=i+3,Z1,Zss$
		$t_{fB,Z2}\left(s_j:=m-3,Zfst\right)$	$s_k:=n-1,Z1,Zfst$	$s_l:=n,Z1,Zss$
FFA	I	$t_{fB,Z2}\left(s_j:=2,Zfst\right)$	$s_k:=4,Z1,Zfst$	$s_l:=5,Z1,Zss$
		$t_{fB,Z2}\left(s_j:=i,Zfst\right)$	$s_k:=i+2,Z1,Zfst$	$s_l:=i+3,Z1,Zss$
		$t_{fB,Z2}\left(s_j:=m-4,Zfst\right)$	$s_k:=n-2,Z1,Zfst$	$s_l:=n,Z1,Zss$
EFF	II	$t_{fB,Z2}\left(s_j:=1,Zfst\right)$	$s_k:=4,Z1,Zfst$	$s_l:=5,Z1,Zss$
		$t_{fB,Z2}\left(s_j:=i,Zfst\right)$	$s_k:=i+3,Z1,Zfst$	$s_l:=i+4,Z1,Zss$
		$t_{fB,Z2}\left(s_j:=m-3,Zfst\right)$	$s_k:=n-1,Z1,Zfst$	$s_l:=n,Z1,Zss$
		$t_{fB,Z1}\left(s_j:=1,Zfst\right)$	$s_k:=4,Z2,Zfst$	$s_l:=5,Z2,Zss$
		$t_{fB,Z1}\left(s_j:=i,Zfst\right)$	$s_k:=i+3,Z2,Zfst$	$s_l:=i+4,Z2,Zss$
		$t_{fB,Z1}\left(s_j:=n-3,Zfst\right)$	$s_k:=m-1,Z2,Zfst$	$s_l:=m,Z2,Zss$
E(FF)A	II	$t_{fB,Z2}\left(s_j:=1,Zfst\right)$	$s_k:=4,Z1,Zfst$	$s_l:=5,Z1,Zss$
		$t_{fB,Z2}\left(s_j:=i,Zfst\right)$	$s_k:=i+3,Z1,Zfst$	$s_l:=i+4,Z1,Zss$
		$t_{fB,Z2}\left(s_j:=m-4,Zfst\right)$	$s_k:=n-2,Z1,Zfst$	$s_l:=n,Z1,Zss$
		$t_{fB,Z1}\left(s_j:=1,Zfst\right)$	$s_k:=4,Z2,Zfst$	$s_l:=5,Z2,Zss$
		$t_{fB,Z1}\left(s_j:=i,Zfst\right)$	$s_k:=i+3,Z2,Zfst$	$s_l:=i+4,Z2,Zss$
		$t_{fB,Z1}\left(s_j:=n-4,Zfst\right)$	$s_k:=m-2,Z2,Zfst$	$s_l:=m,Z2,Zss$
GFoRZ	II	$t_{fB,Z2}\left(s_j:=1,Zfst\right)$	$s_k:=n-2,Z1,Zfst$	$s_l:=n,Z1,Zss$
		$t_{fB,Z2}\left(s_j:=m-2,Zfst\right)$	$s_k:=1,Z1,Zfst$	$s_l:=3,Z1,Zss$
		$t_{fB,Z1}\left(s_j:=1,Zfst\right)$	$s_k:=m-2,Z2,Zfst$	$s_l:=m,Z2,Zss$
		$t_{fB,Z1}\left(s_j:=n-2,Zfst\right)$	$s_k:=1,Z2,Zfst$	$s_l:=3,Z2,Zss$
GFmRZ	I	$t_{fB,Z2}\left(s_j:=1,Zfst\right)$	$s_k:=n-2,Z1,Zfst$	$s_l:=n,Z1,Zss$
		$t_{fB,Z2}\left(s_j:=m-2,Zfst\right)$	$s_k:=1,Z1,Zfst$	$s_l:=3,Z1,Zss$

C. Ergänzungen zu den Fallbeispielen

In den nachfolgenden Teil des Anhangs werden die in dieser Arbeit verwendeten Modellzüge erläutert, sowie für die untersuchten Fallbeispiele alle Zwischenergebnisse in vollständiger bildlicher Dokumentation dargestellt. Es werden von jedem Iterationsschritt Zeit-Wege- und Geschwindigkeits-Weg-Diagramm dargestellt. Darüber hinaus ist als Ergebnis je Iterationsschritt die Matrix der prognostizierten Belegungskonfliktsituationen ersichtlich.

C.1. Modellzüge

In der Tabelle C.1 sind die im Rahmen dieser Arbeit verwendeten Modellzüge über ihre Eigenschaften beschrieben.

Tabelle C.1.: Definition Modellzüge

Modell-zug	Eigenschaft	Formel-zeichen	Eigenschaftswert
Z1	Zugart	-	Reisezug (Rz)
	Zuggattung	-	InterCity (IC)
	Antriebsart	-	elektrisch
	Baureihe Triebfahrzeug	-	BR 101
	Anzahl Triebfahrzeug	n_{Tf}	1
	Anzahl Personenwagen	n_{Pw}	11
	Länge Triebfahrzeug	l_{Tf}	$19m$
	Länge Wagenzug	l_{Wz}	$230m$
	Länge Zug	l_Z	$249m$
			...

Modell-zug	Eigenschaft	Formel-zeichen	Eigenschaftswert
	Masse Triebfahrzeug	m_{Tf}	$87t$
	Masse Wagenzug	m_{Wz}	$513t$
	Masse Zug	m_Z	$600t$
	Massefaktor Triebfahrzeug	ρ_{Tf}	$1,111$
	Massefaktor Wagenzug	ρ_{Wz}	$1,06$
	Massefaktor Zug	ρ_Z	$1,067$
	zulässige Höchstgeschwindigkeit des Zuges	$V_{\max Z}$	$200\frac{km}{h}$
	Beschleunigung (Anfangswert für Fahrzeitrechnung)	a_0	$0,5\frac{m}{s}$
	Bremsverzögerung (Anfangs- und Komfortwert für Fahrzeitrechnung)	b_0	$-0,7\frac{m}{s}$
Z2	Zugart	-	Güterzug (Gz)
	Zuggattung	-	Internationale Züge des Einzelwagenverkehrs (FE)
	Antriebsart	-	elektrisch
	Baureihe Triebfahrzeug	-	BR 185
	Anzahl Triebfahrzeug	n_{Tf}	1
	Anzahl Personenwagen	n_{Pw}	0
	Länge Triebfahrzeug	l_{Tf}	$19m$
	Länge Wagenzug	l_{Wz}	$670m$
	Länge Zug	l_Z	$689m$
	Masse Triebfahrzeug	m_{Tf}	$85t$
	Masse Wagenzug	m_{Wz}	$2415t$
	Masse Zug	m_Z	$2500t$

...

Modell-zug	Eigenschaft	Formel-zeichen	Eigenschaftswert
	Massefaktor Triebfahrzeug	ρ_{Tf}	$1,1$
	Massefaktor Wagenzug	ρ_{Wz}	$1,06$
	Massefaktor Zug	ρ_Z	$1,061$
	zulässige Höchstgeschwindigkeit des Zuges	$V_{\max Z}$	$90\frac{km}{h}$
	Beschleunigung (Anfangswert für Fahrzeitrechnung)	a_0	$0,2\frac{m}{s}$
	Bremsverzögerung (Anfangs- und Komfortwert für Fahrzeitrechnung)	b_0	$-0,2\frac{m}{s}$
Z3	Zugart	-	Reisezug (Rz)
	Zuggattung	-	Regionalbahn (RB)
	Antriebsart	-	dieselelektrisch
	Baureihe Triebfahrzeug	-	BR 650
	Anzahl Triebfahrzeug	n_{Tf}	1
	Anzahl Personenwagen	n_{Pw}	0
	Länge Triebfahrzeug	l_{Tf}	$26m$
	Länge Wagenzug	l_{Wz}	$0m$
	Länge Zug	l_Z	$26m$
	Masse Triebfahrzeug	m_{Tf}	$47t$
	Masse Wagenzug	m_{Wz}	$0t$
	Masse Zug	m_Z	$47t$
	Massefaktor Triebfahrzeug	ρ_{Tf}	$1,06$
	Massefaktor Wagenzug	ρ_{Wz}	0
	Massefaktor Zug	ρ_Z	$1,06$

...

Modell-zug	Eigenschaft	Formel-zeichen	Eigenschaftswert
	zulässige Höchstge-schwindigkeit des Zuges	$V_{\max Z}$	$120\frac{km}{h}$
	Beschleunigung (An-fangswert für Fahrzeit-rechnung)	a_0	$0,5\frac{m}{s}$
	Bremsverzögerung (Anfangs- und Komfort-wert für Fahrzeitrech-nung)	b_0	$-0,7\frac{m}{s}$
Z4	Zugart	-	Güterzug (Gz)
	Zuggattung	-	Güterzug–Standardtrasse Expressgüterzug (DGS)
	Antriebsart	-	dieselelektrisch
	Baureihe Triebfahrzeug	-	BR 66
	Anzahl Triebfahrzeug	n_{Tf}	1
	Anzahl Personenwagen	n_{Pw}	0
	Länge Triebfahrzeug	l_{Tf}	$21\,m$
	Länge Wagenzug	l_{Wz}	$571\,m$
	Länge Zug	l_Z	$592\,m$
	Masse Triebfahrzeug	m_{Tf}	$126\,t$
	Masse Wagenzug	m_{Wz}	$1074\,t$
	Masse Zug	m_Z	$1200\,t$
	Massefaktor Triebfahr-zeug	ρ_{Tf}	$1,17$
	Massefaktor Wagenzug	ρ_{Wz}	$1,06$
	Massefaktor Zug	ρ_Z	$1,072$
	zulässige Höchstge-schwindigkeit des Zuges	$V_{\max Z}$	$100\frac{km}{h}$

...

Modell-zug	Eigenschaft	Formel-zeichen	Eigenschaftswert
	Beschleunigung (Anfangswert für Fahrzeitrechnung)	a_0	$0,2\frac{m}{s}$
	Bremsverzögerung (Anfangs- und Komfortwert für Fahrzeitrechnung)	b_0	$-0,2\frac{m}{s}$
Z5	Zugart	-	Reisezug (Rz)
	Zuggattung	-	Regionalexpress (RE)
	Antriebsart	-	elektrisch
	rückspeisefähige Rekuperationsbremse	-	ja
	Baureihe Triebfahrzeug	-	BR 146
	Anzahl Triebfahrzeug	n_{Tf}	1
	Anzahl Personenwagen	n_{Pw}	5
	Länge Triebfahrzeug	l_{Tf}	$21m$
	Länge Wagenzug	l_{Wz}	$133m$
	Länge Zug	l_Z	$154m$
	Masse Triebfahrzeug	m_{Tf}	$84t$
	Masse Wagenzug	m_{Wz}	$199t$
	Masse Zug	m_Z	$283t$
	Massefaktor Triebfahrzeug	ρ_{Tf}	$1,1083$
	Massefaktor Wagenzug	ρ_{Wz}	$1,06$
	Massefaktor Zug	ρ_Z	$1,074$
	zulässige Höchstgeschwindigkeit des Zuges	$V_{\max Z}$	$140\frac{km}{h}$

...

Modell-zug	Eigenschaft	Formel-zeichen	Eigenschaftswert
	Beschleunigung (Anfangswert für Fahrzeitrechnung)	a_0	$0,5\frac{m}{s}$
	Bremsverzögerung (Anfangs- und Komfortwert für Fahrzeitrechnung)	b_0	$-0,7\frac{m}{s}$

C.2. Reduktion von Geschwindigkeitsprofilen

Tabelle C.2.: Geschwindigkeitsvorgaben der konfliktfreien Prognose für Z1

Abschnitte, Stationierungs- und Geschwindigkeitswerte										
von km	$0,0$	$1,2$	$2,4$	$3,6$	$4,8$	$5,8$	$6,8$	$7,8$	$8,8$	$9,8$
bis km	$1,2$	$2,4$	$3,6$	$4,8$	$5,8$	$6,8$	$7,8$	$8,8$	$9,8$	11
FWA_i	1	2	3	4	5	6	7	8	9	10
$t_{Ag.-ZWL}$	$t_{Fahrzeit}=556,10s$									
$V_{Ag.-ZWL},\frac{km}{h}$	152	152	149	102	82	87	66	26	159	160
f_{Fzz} %	5	5	8	57	96	88	152	510	0	0
$k=f_v=0$										
$V_{gr.Gw}$ km/h	155	155	150	105	85	85	65	30	160	160
$V_{kl.Gw}$ km/h	145	145	140	95	75	75	55	20	150	155
$FWAG_i$		1	2	3		4	5	6	7	8
$|V_{Gw}(FWAG_i)|$		3	3	3		3	3	3	3	2
$|GP|$									4374 > 1500	
$V_{gr.Gw}$ km/h	150	150	150	105	85	85	65	30	160	160
$V_{kl.Gw}$ km/h	140	140	140	95	75	75	55	20	150	150
$FWAG_i$			1	2		3	4	5		6
$|V_{Gw}(FWAG_i)|$			3	3		3	3	3		3
$|GP|$									729 < 1500	
$|GP^*|$									0 = 0	
$k=0,f_v=1$										
										...

Abschnitte, Stationierungs- und Geschwindigkeitswerte											
von	km	0,0	1,2	2,4	3,6	4,8	5,8	6,8	7,8	8,8	9,8
bis	km	1,2	2,4	3,6	4,8	5,8	6,8	7,8	8,8	9,8	11
FWA_i		1	2	3	4	5	6	7	8	9	10
$V_{gr.Gw}$	km/h	160	160	155	110	90	90	70	35	160	160
$V_{kl.Gw}$	km/h	140	140	135	90	70	70	50	15	145	150
$FWAG_i$			1	2	3		4	5	6	7	8
$|V_{Gw}\,(FWAG_i)|$			5	5	5		5	5	5	4	3
$|GP|$										187500	> 1500
$V_{gr.Gw}$	km/h	155	155	155	100	35	35	35	35	160	160
$V_{kl.Gw}$	km/h	135	135	135	80	15	15	15	15	145	145
$FWAG_i$				1	2					3	4
$|V_{Gw}\,(FWAG_i)|$				5	5					5	4
$|GP|$										500	< 1500
$|GP^*|$										220	> 0
$t_{Erg.-ZWL}$		$SAQ = 123776,17s^2,\ t_{Fahrzeit} = 728,30s$									
$V_{Erg.-ZWL},\ \frac{km}{h}$		135	135	135	90	35	35	35	35	145	145
$k = 1,\ f_v = 0$											
$V_{gr.Gw}$	km/h	140	140	140	95	40	40	40	40	150	150
$V_{kl.Gw}$	km/h	130	130	130	85	30	30	30	30	140	140
$FWAG_i$				1	2					3	4
$|V_{Gw}\,(FWAG_i)|$				3	3					3	3
$|GP|$										81	< 1500
$|GP^*|$										54	> 0
$t_{Erg.-ZWL}$		$SAQ = 60852,88s^2,\ t_{Fahrzeit} = 671,92s$									
$V_{Erg.-ZWL},\ \frac{km}{h}$		130	130	130	95	40	40	40	40	140	140
$k = 2,\ f_v = 0$											
$V_{gr.Gw}$	km/h	135	135	135	100	45	45	45	45	145	145
$V_{kl.Gw}$	km/h	125	125	125	90	35	35	35	35	135	135
$FWAG_i$				1	2					3	4
$|V_{Gw}\,(FWAG_i)|$				3	3					3	3
$|GP|$										81	< 1500
$|GP^*|$										63	> 0
$t_{Erg.-ZWL}$		$SAQ = 27095,90s^2,\ t_{Fahrzeit} = 626,57s$									
$V_{Erg.-ZWL},\ \frac{km}{h}$		130	130	130	100	45	45	45	45	135	135
$k = 3,\ f_v = 0$											
$V_{gr.Gw}$	km/h	135	135	135	105	50	50	50	50	140	140
$V_{kl.Gw}$	km/h	125	125	125	95	40	40	40	40	130	130
											...

Abschnitte, Stationierungs- und Geschwindigkeitswerte										
von km	$0,0$	$1,2$	$2,4$	$3,6$	$4,8$	$5,8$	$6,8$	$7,8$	$8,8$	$9,8$
bis km	$1,2$	$2,4$	$3,6$	$4,8$	$5,8$	$6,8$	$7,8$	$8,8$	$9,8$	11
FWA_i	1	2	3	4	5	6	7	8	9	10
$FWAG_i$			1	2				3		4
$\lvert V_{Gw}\,(FWAG_i)\rvert$			3	3				3		3
$\lvert GP\rvert$									$81 < 1500$	
$\lvert GP^*\rvert$									$45 > 0$	
$t_{Erg.-ZWL}$	$SAQ = 11422,56s^2,\ t_{Fahrzeit} = 591,19s$									
$V_{Erg.-ZWL},\ \frac{km}{h}$	125	125	125	105	50	50	50	50	130	130
$k = 4,\ f_v = 0,\ SAQ = 11422,56s^2$										
$V_{gr.Gw}\ km/h$	130	130	130	110	55	55	55	55	135	135
$V_{kl.Gw}\ km/h$	120	120	120	100	45	45	45	45	125	125
$FWAG_i$			1	2				3		4
$\lvert V_{Gw}\,(FWAG_i)\rvert$			3	3				3		3
$\lvert GP\rvert$									$81 < 1500$	
$\lvert GP^*\rvert$									$36 > 0$	
$t_{Erg.-ZWL}$	$SAQ = 11422,56s^2,\ t_{Fahrzeit} = 591,19s$									
$V_{Erg.-ZWL},\ \frac{km}{h}$	125	125	125	105	50	50	50	50	125	125

C.3. 1. Iteration

In der ersten Iteration werden die in der Tabelle 9.3 grau hinterlegten Belegungskonflikte unter Berücksichtigung der angegebenen Zugreihenfolge gelöst. Die sich daraus ergebenden prognostizierten Betriebssituationen sind in Abbildung C.1 dargestellt. Des Weiteren sind die Geschwindigkeits-Weg-Diagramme in Abbildung C.2 ersichtlich.

Für die Prognose eines Zuges müssen zusätzlich zu den Prognoseregeln die frühestmöglichen Beförderungszeitpunkte bzw. Zeitvorgaben aus der Disposition berücksichtigt werden. Sie ergeben sich aus den Sperrzeiten des am Belegungskonflikt beteiligten und vorausfahrenden Zuges, der gewählten Mindestzugfolgepufferzeit und Sicht- sowie Fahrstraßenbildezeit für den betrachteten Zug.

In Tabelle C.3 sind je Zug die Geschwindigkeitsprofile der ersten Iteration dargestellt.

Tabelle C.3.: Geschwindigkeitsvorgaben der 1. Iteration

Züge	Stationierungswerte der Fahrwegabschnitte für Z1, Z4, Z5									
	von km	0,0	1,2	3,6	4,8	5,8	6,8	7,8	8,8	9,8
	bis km	1,2	3,6	4,8	5,8	6,8	7,8	8,8	9,8	11
	Stationierungswerte der Fahrwegabschnitte für Z2, Z3									
	von km	10,2	9,2	7,2	6,2	5,2	4,0	2,8	1,6	0,4
	bis km	9,2	7,2	6,2	5,2	4,0	2,8	1,6	0,4	-0,8
Z1	V_{zul} km/h	160	160	160	160	160	160	160	160	160
	$V_{Erg.-ZWL}, \frac{km}{h}$	125	125	105	50	50	50	50	130	130
Z4	V_{zul} km/h				60	100	100	100	100	100
	$V_{Erg.-ZWL}, \frac{km}{h}$				60	85	85	85	85	85
Z5	V_{zul} km/h	60	140	140	140	140	140	140	140	140
	$V_{Erg.-ZWL}, \frac{km}{h}$	45	125	125	125	140	140	55	130	140
Z2	V_{zul} km/h	60	90	90	90	60				
	$V_{Erg.-ZWL}, \frac{km}{h}$	60	90	90	90	60				
Z3	V_{zul} km/h					60	120	120	120	120
	$V_{Erg.-ZWL}, \frac{km}{h}$					60	120	120	120	120

In der Tabelle C.4 sind die erkannten Belegungskonfliktsituationen als Matrix dargestellt. Grau hinterlegt, sind die Belegungskonfliktsituationen, die in der zweiten Iteration unabhängig voneinander gelöst werden können.

Tabelle C.4.: Belegungskonfliktsituationen der 1. Iteration

	Z1	Z2	Z3	Z4	Z5
Z1		GFoRZ (prognostizierte Zugreihenfolge 1.Z2, 2.Z1)	GZmRZ (Zugreihenfolgezwang 1.Z1, 2.Z3)		EFF (dispositive Zugreihenfolge 1.Z1, 2.Z5)
Z2					GFoRZ (prognostizierte Zugreihenfolge 1.Z2, 2.Z5)
Z3					GFoRZ (dispositive Zugreihenfolge 1.Z3, 2.Z5)
Z4					
Z5					

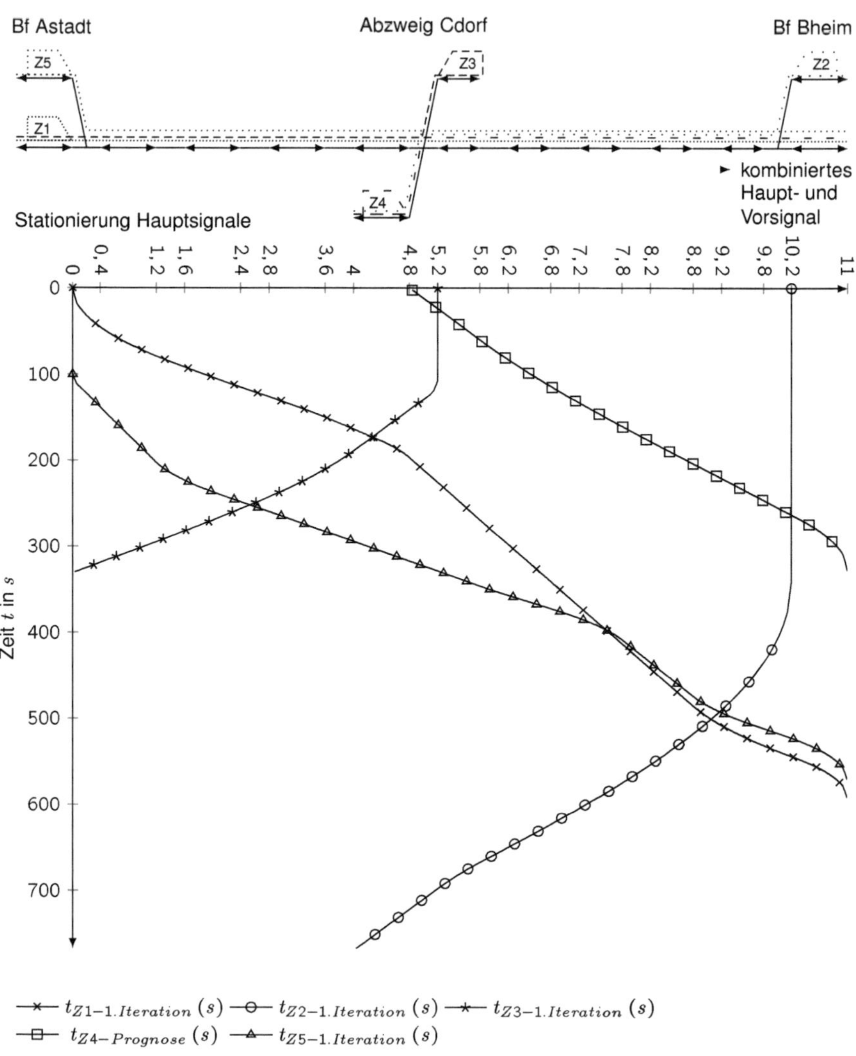

$-\!\!\times\!\!-\ t_{Z1-1.Iteration}\ (s)$ $-\!\!\ominus\!\!-\ t_{Z2-1.Iteration}\ (s)$ $-\!\!*\!\!-\ t_{Z3-1.Iteration}\ (s)$

$-\!\!\square\!\!-\ t_{Z4-Prognose}\ (s)$ $-\!\!\triangle\!\!-\ t_{Z5-1.Iteration}\ (s)$

Abbildung C.1.: Zeit-Wege-Diagramm der 1. Iteration

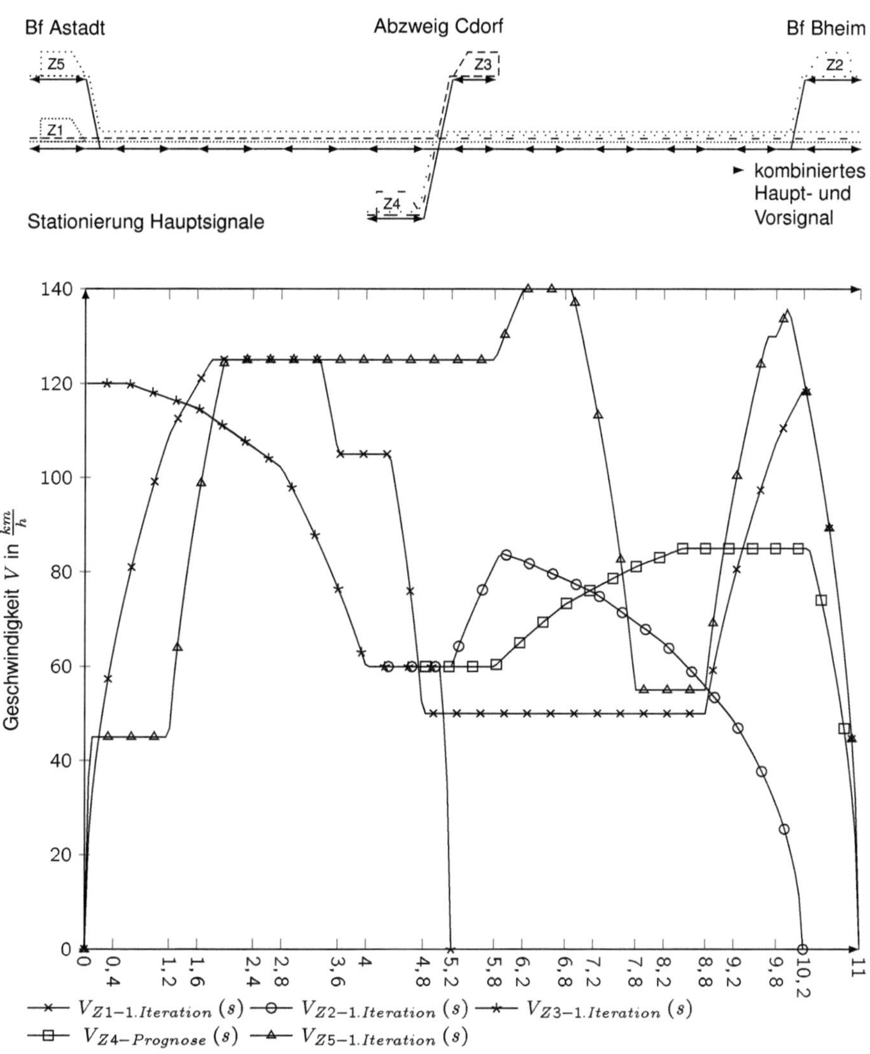

Abbildung C.2.: Geschwindigkeits-Weg-Diagramm der 1. Iteration

195

C.4. 2. Iteration

In der zweiten Iteration werden die in der Tabelle C.4 grau hinterlegten Belegungskonflikte unter Berücksichtigung der angegebenen Zugreihenfolge gelöst. Die sich daraus ergebenden prognostizierten Betriebssituationen sind in Abbildung C.3 dargestellt. Des Weiteren ist das Geschwindigkeits-Weg-Diagramm in Abbildung C.4 ersichtlich.

Für die Lösung der ausgewählten Belegungskonflikte in der zweiten Iteration sind für die Züge Z1 und Z5 im Bahnhof Astadt Haltezeitverlängerungen notwendig. Diese wurden so gewählt, dass je Zug die Fahrzeit der Prognose vom Bahnhof Astadt bis zum Bremseinsatzpunkt der Einfahrt in die Abzweigstelle Cdorf eingehalten werden kann.

In Tabelle C.5 sind je Zug die Geschwindigkeitsprofile der zweiten Iteration dargestellt.

Tabelle C.5.: Geschwindigkeitsvorgaben der 2. Iteration

Züge	**Stationierungswerte der Fahrwegabschnitte für Z1, Z4, Z5**						
	von km	0, 0	1, 2	2, 4	3, 6	4, 8	5, 8	6, 8
	bis km	1, 2	2, 4	3, 6	4, 8	5, 8	6, 8	11
	Stationierungswerte der Fahrwegabschnitte für Z2, Z3						
	von km	10, 2	9, 2	8, 2	7, 2	6, 2	5, 2	4, 0
	bis km	9, 2	8, 2	7, 2	6, 2	5, 2	4, 0	-0, 8
Z1	V_{zul} km/h	160	160	160	160	160	160	160
	$V_{Erg.-ZWL}, \frac{km}{h}$	155	155	135	160	160	160	160
Z4	V_{zul} km/h					60	100	100
	$V_{Erg.-ZWL}, \frac{km}{h}$					60	85	85
Z5	V_{zul} km/h	60	140	140	140	140	140	140
	$V_{Erg.-ZWL}, \frac{km}{h}$	60	120	80	140	140	140	140
Z2	V_{zul} km/h	60	90	90	90	90	60	
	$V_{Erg.-ZWL}, \frac{km}{h}$	60	90	90	90	90	60	
Z3	V_{zul} km/h					60	120	120
								...

Züge	Stationierungswerte der Fahrwegabschnitte für Z1, Z4, Z5							
	von km	0,0	1,2	2,4	3,6	4,8	5,8	6,8
	bis km	1,2	2,4	3,6	4,8	5,8	6,8	11
	Stationierungswerte der Fahrwegabschnitte für Z2, Z3							
	von km	10,2	9,2	8,2	7,2	6,2	5,2	4,0
	bis km	9,2	8,2	7,2	6,2	5,2	4,0	-0,8
	$V_{Erg.-ZWL}, \frac{km}{h}$					60	120	120

In der Tabelle C.6 sind die erkannten Belegungskonfliktsituationen als Matrix dargestellt. Grau hinterlegt, sind die Belegungskonfliktsituationen, die in der dritten Iteration unabhängig voneinander gelöst werden können.

Tabelle C.6.: Belegungskonfliktsituationen der 2. Iteration

	Z1	Z2	Z3	Z4	Z5
Z1			GFmRZ (Zugreihenfolgezwang 1.Z1, 2.Z3)		EFF (dispositive Zugreihenfolge 1.Z1, 2.Z5)
Z2					
Z3					GFoRZ (dispositive Zugreihenfolge 1.Z3, 2.Z5)
Z4					
Z5					

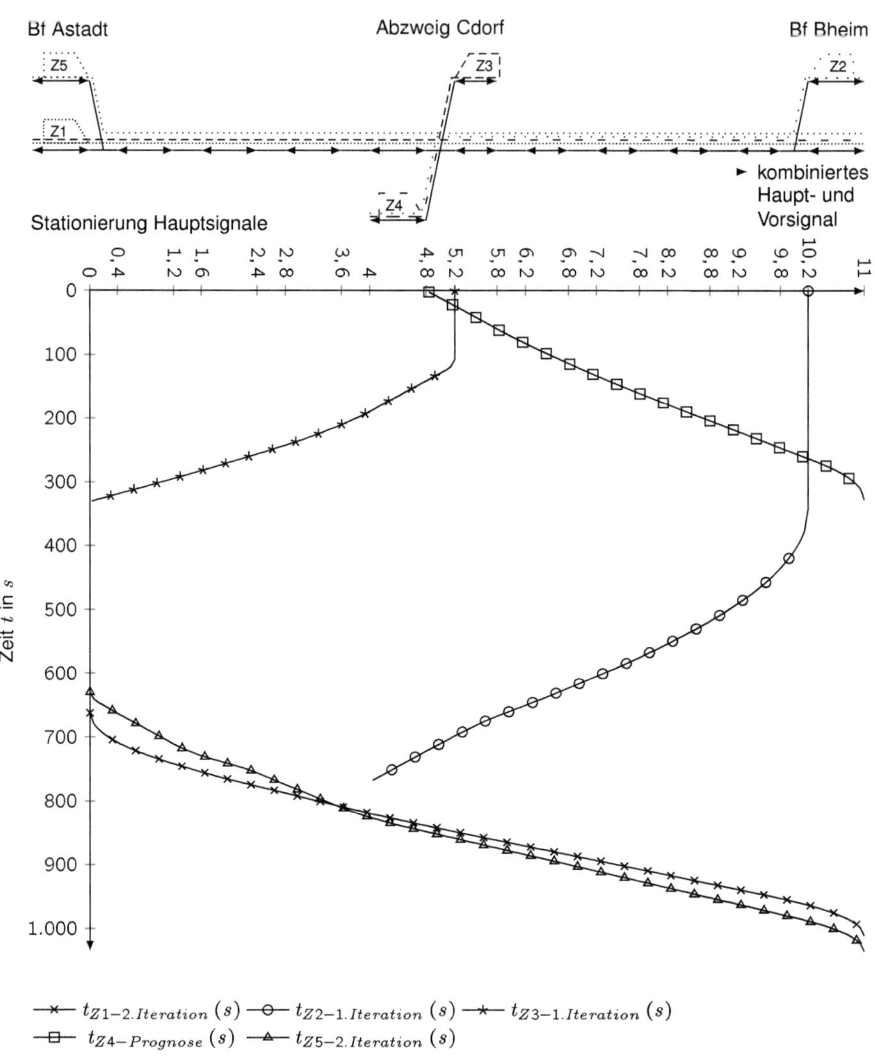

Abbildung C.3.: Zeit-Wege-Diagramm der 2. Iteration

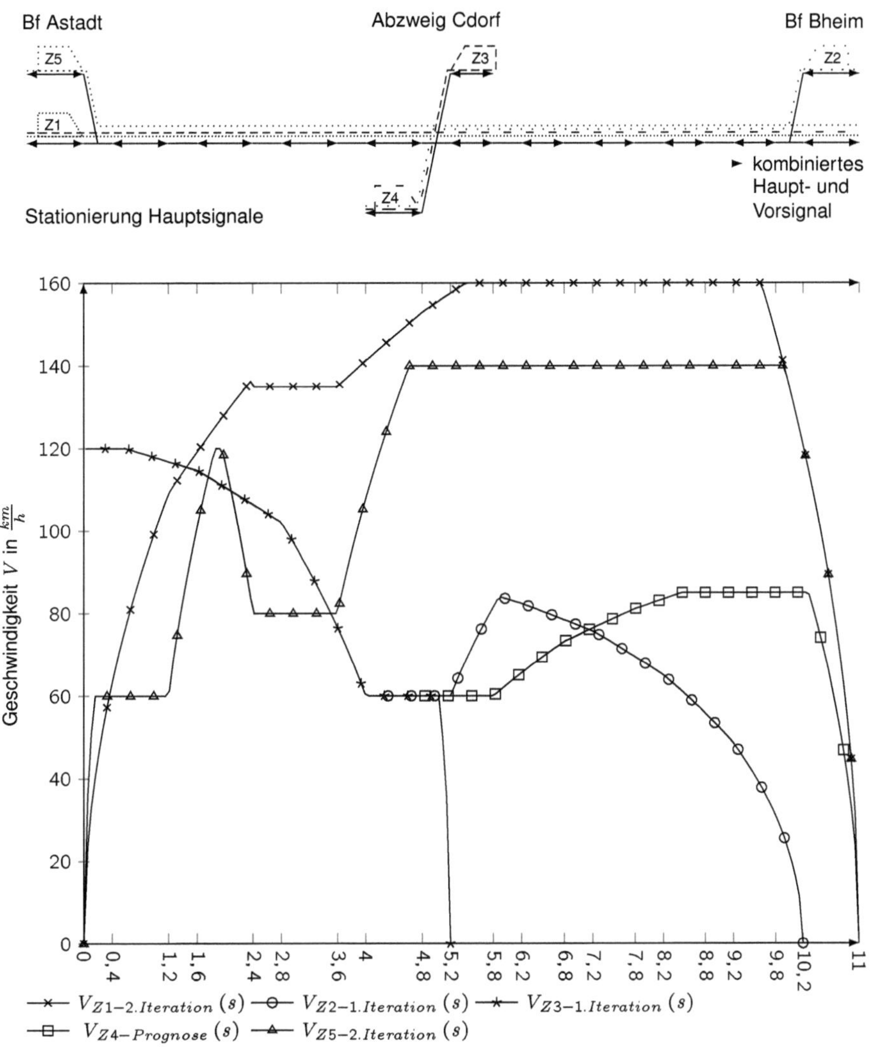

Abbildung C.4.: Geschwindigkeits-Weg-Diagramm der 2. Iteration

C.5. 3. Iteration

In der dritten Iteration werden die in der Tabelle C.6 grau hinterlegten Belegungskonflikte unter Berücksichtigung der angegebenen Zugreihenfolge gelöst. Die sich daraus ergebenden prognostizierten Betriebssituationen sind in Abbildung C.5 dargestellt. Des Weiteren ist das Geschwindigkeits-Weg-Diagramm in Abbildung C.6 ersichtlich. In Tabelle C.7 sind je Zug die Geschwindigkeitsprofile der dritten Iteration dargestellt. In der Tabelle C.8 ist die erkannte Belegungskonfliktsituation in Matrixform dargestellt. Grau hinterlegt, ist die Belegungskonfliktsituation, die in der vierten Iteration gelöst werden kann.

Tabelle C.7.: Geschwindigkeitsvorgaben der 3. Iteration

Züge	Stationierungswerte der Fahrwegabschnitte für Z1, Z4, Z5							
	von km	0,0	1,2	2,4	3,6	4,8	5,8	6,8
	bis km	1,2	2,4	3,6	4,8	5,8	6,8	11
	Stationierungswerte der Fahrwegabschnitte für Z2, Z3							
	von km	10,2	9,2	8,2	7,2	6,2	5,2	4,0
	bis km	9,2	8,2	7,2	6,2	5,2	4,0	-0,8
Z1	V_{zul} km/h	160	160	160	160	160	160	160
	$V_{Erg.-ZWL}, \frac{km}{h}$	155	155	135	160	160	160	160
Z4	V_{zul} km/h						60	100	100
	$V_{Erg.-ZWL}, \frac{km}{h}$						60	85	85
Z5	V_{zul} km/h	60	140	140	140	140	140	140
	$V_{Erg.-ZWL}, \frac{km}{h}$	60	140	140	140	140	140	140
Z2	V_{zul} km/h	60	90	90	90	90	60	
	$V_{Erg.-ZWL}, \frac{km}{h}$	60	90	90	90	90	60	
Z3	V_{zul} km/h						60	120
	$V_{Erg.-ZWL}, \frac{km}{h}$						60	120

Tabelle C.8.: Belegungskonfliktsituationen der 3. Iteration

	Z1	Z2	Z3	Z4	Z5
Z1, Z2					
Z3					GFoRZ (dispositive Zugreihenfolge 1.Z3, 2.Z5)
Z4, Z5					

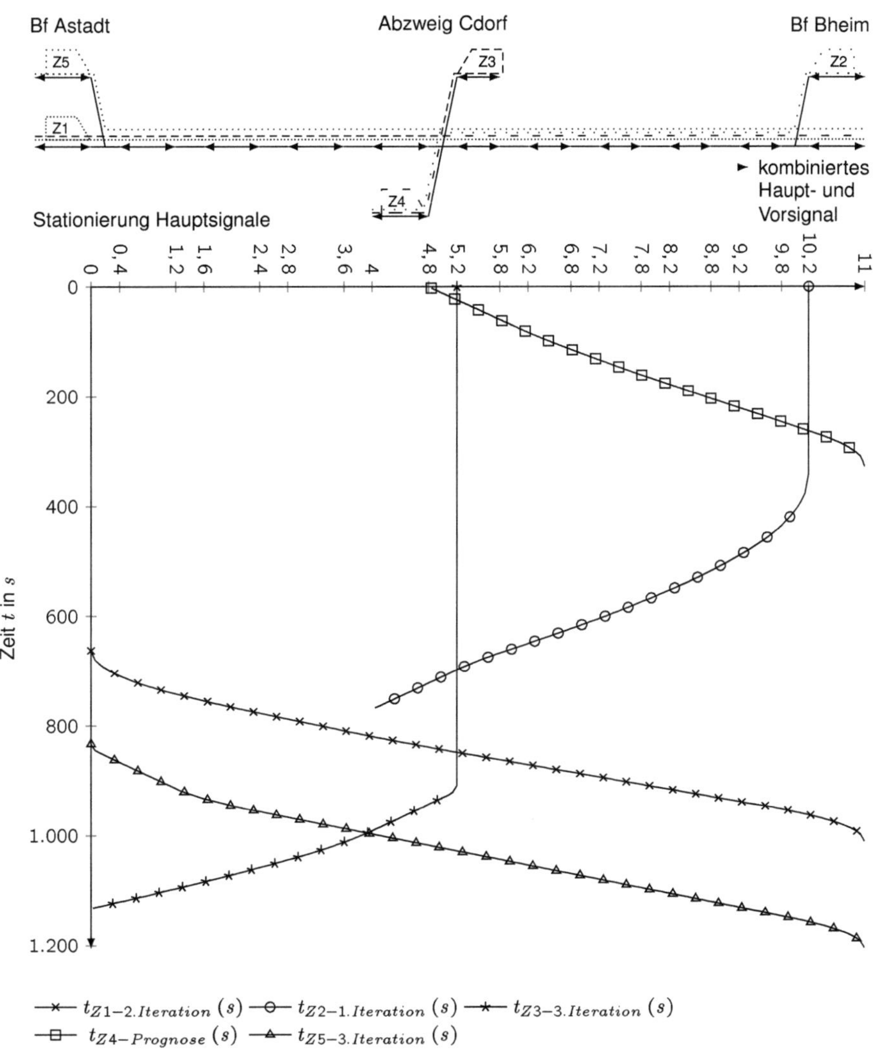

$\begin{array}{l}\text{—×—} \; t_{Z1-2.Iteration}\,(s) \quad \text{—⊖—} \; t_{Z2-1.Iteration}\,(s) \quad \text{—✶—} \; t_{Z3-3.Iteration}\,(s) \\ \text{—□—} \; t_{Z4-Prognose}\,(s) \quad \text{—△—} \; t_{Z5-3.Iteration}\,(s)\end{array}$

Abbildung C.5.: Zeit-Wege-Diagramm der 3. Iteration

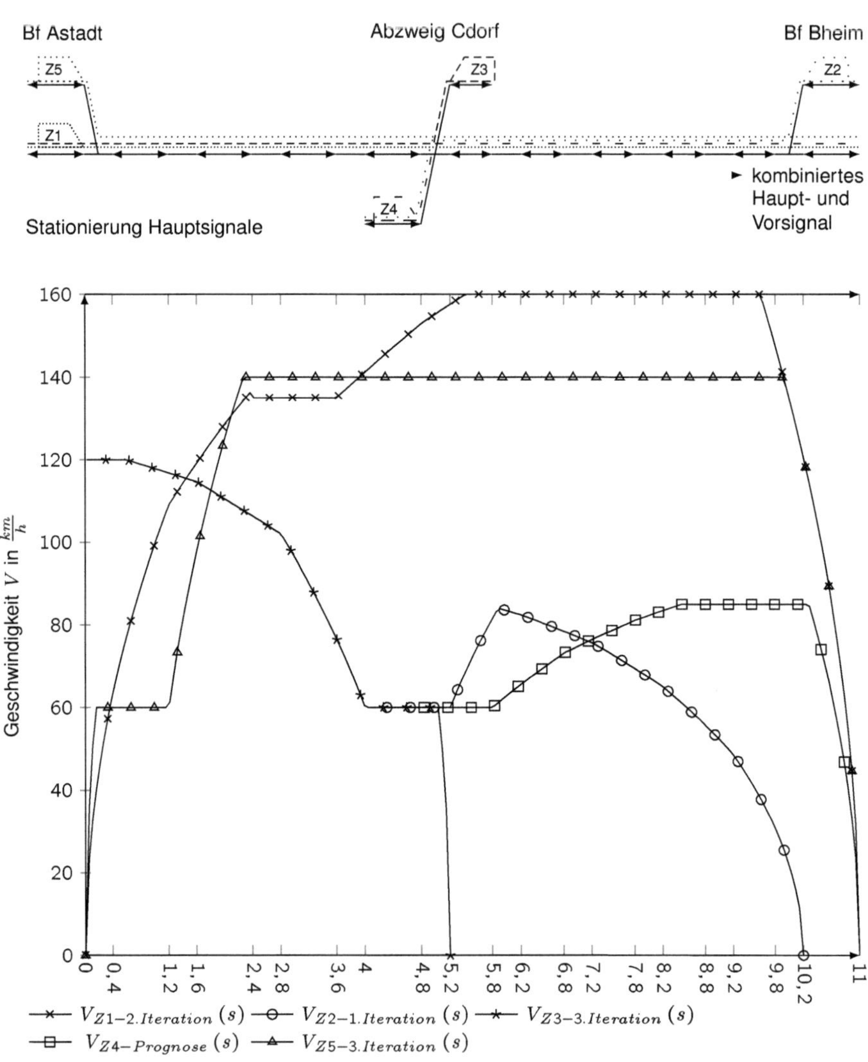

Abbildung C.6.: Geschwindigkeits-Weg-Diagramm der 3. Iteration

Glossar

Anschlusskonflikt

Ein Anschlusskonflikt tritt auf, wenn mindestens ein Zug die zeitlichen Vorgaben der Fahrplantrasse nicht wie geplant erfüllen oder die vorgesehenen Anschlüsse nicht realisieren kann, da ein weiterer Zug, dessen Reisenden oder Ladeeinheiten Anschluss gewährt werden soll, vom Fahrplan abweicht[1].

außerplanmäßige Abweichungen vom Regelbetrieb

Außerplanmäßige Abweichungen vom Regelbetrieb können auftreten bei Störungen und Ausfällen von Anlagen, Betriebsmitteln bzw. Personal. Betriebshemmende Ursachen hierfür können sein Witterungseinflüsse und Unregelmäßigkeiten sowie Einschränkungen der Zuverlässigkeit und Verfügbarkeit von Anlagen, Betriebsmittel wie auch Personal[2].

Belegungskonflikt

Ein Belegungskonflikt tritt auf, wenn mindestens ein Zug die zeitlichen und/oder örtlichen Vorgaben seiner Fahrplantrasse nicht erfüllen kann, da das gleichzeitige Belegen von Infrastruktur durch diesen und einem weiteren Zug nicht möglich ist[3]. Das gleichzeitige Belegen von Infrastruktur bezieht sich auf

- Fahrstraßen innerhalb einer Zugmeldestelle oder
- Fahrstraßen zwischen benachbarten Zugfolgestellen und

---

[1]Vergleiche hierzu [Mar08].
[2]Vergleiche hierzu [Adl90, 612].
[3]Vergleiche hierzu [Mar08].

- Teil-[4] und Gesamtfahrstraßen[5] innerhalb einer Zugmeldestelle.

Belegungskonflikte treten genau dann auf, wenn feindliche Fahrstraßen[6] innerhalb eines Stellwerksbereichs gleichzeitig eingestellt werden sollen.

Belegungskonflikt am planmäßigen Zielort

Belegungskonflikte am planmäßigen Zielort entstehen dann, wenn ein Zug einen seiner planmäßigen Zielorte auf Grund eines nicht benutzbaren Anlagenteils nicht erreichen kann[7].

Belegungskonfliktfreier Dispositionsfahrplan

Unter Einhaltung einer dispositiv vorgegebenen Zugreihenfolge wird die zukünftige zeitliche Lage aller Züge im Streckendispositionsbereich belegungskonfliktfrei berechnet.

Belegungskonfliktfreier Prognosefahrplan

Unter Einhaltung einer dispositiv vorgegebenen oder prognostizierten Zugreihenfolge wird die zukünftige zeitliche Lage aller Züge im Streckendispositionsbereich belegungskonfliktfrei berechnet.

Belegungskonfliktsituation

Eine Belegungskonfliktsituation beschreibt abhängig vom Laufweg beider am Belegungskonflikt beteiligten Züge eine bestimmte eisenbahnbetriebliche Konfliktsituation zwischen zwei (prognostizierten) Fahrplantrassen. Belegungskonfliktsituationen werden mit Hilfe von Elementarsituationen beim Vergleich der prognostizierten Fahrwege erkannt[8].

---

[4]Vergleiche hierzu [Nau04, 222].
[5]Vergleiche hierzu [Nau04, 107].
[6]Vergleiche hierzu [Nau04, 91].
[7]Vergleiche hierzu [Mar95, 2-34].
[8]Vergleiche hierzu Kapitel 6.

Betriebsdienst

Der Betriebsdienst umfasst Maßnahmen und Tätigkeiten zur Bildung, Auflösung und Beförderung der Züge, zur Durchführung von Kleinwagenfahrten sowie zur Bedienung der Zusatzanlagen. Die Fahrdienstvorschriften enthalten Vorschriften über die Handhabung des Betriebsdienstes[9].

Betriebsdurchführung

Mit dem Begriff Betriebsdurchführung wird der Aufgabenbereich eines Eisenbahninfrastrukturunternehmens am Betriebsdienst bezeichnet[10].

Betriebsführung

Die Durchführung des Betriebsdienstes bei der Deutschen Reichsbahn (DR) und alle damit zusammenhängenden Tätigkeiten zur Ortsveränderungen von Personen und Gütern unter Nutzung der vorhandenen Bahnanlagen, Betriebsmittel und Personal sowie nach geltenden gesetzlichen und innerbetrieblichen Bestimmungen wird als Betriebsführung bezeichnet[11]. Nach Gründung der DB Netz AG wird der Begriff Betriebsführung ausschließlich organisatorisch und hierarchisch verwendet. So ist derzeit der Vorstandsvorsitzende der Produktion Leiter der Betriebsführung. Ihm sind die Organisationseinheiten zur Betriebsdurchführung, dies sind die Netzleitzentrale (NLZ) sowie die sieben Regionalbereiche (BZ), unterstellt[12].

Betriebsleitstellen

Betriebsleitstellen (BLST) disponieren vorausschauend und bei plötzlich eintretenden Ereignissen den Zugbetrieb. Sie erledigen netzbezogene Dispositions- und Steuerungsaufgaben mit dem Ziel, die mit

---

[9]Vergleiche hierzu [Adl90, 109].
[10]Vergleiche hierzu [Chr08b].
[11]Vergleiche hierzu [Adl90, 110].
[12]Vergleiche hierzu [Chr08b].

dem Kunden vereinbarten Qualitätsstandards einzuhalten. BLST arbeiten dabei eng mit transportleitenden Stellen der Kunden zusammen. Bei Planabweichungen und vorübergehend eingeschränkter Nutzung der Fahrweginfrastruktur treffen Sie betriebliche Entscheidungen zur Weiterführung des Betriebs unter bestmöglicher Einhaltung der Pünktlichkeit. Sie unterstützen die fahrwegtechnischen Instandhaltungsdienste bei der raschen Wiederherstellung der Verfügbarkeit gestörter Fahrwegeinrichtungen[13].

Betriebsleitung

Die (allgemeine und operative) Betriebsleitung ist die Gesamtheit der Tätigkeiten, die den Fahrdienst organisieren, planen überwachen und in seinen Ergebnissen auswerten. Die operative Betriebsleitung ist für die Gewährleistung eines reibungslosen Betriebsablaufs, Analyse und vorausschauende Planung des Betriebs, Anleitung und Kontrolle der an der Betriebsabwicklung beteiligten Stellen, Verhütung bzw. Beseitigung von Betriebsunregelmäßigkeiten, Einleitung von Maßnahmen bei größeren Betriebsschwierigkeiten, Auswertung der Ergebnisse zur Sicherung der Planerfüllung verantwortlich[14].

Deadlock-Konflikt

Nach PACHL ist ein Deadlock

> 'der Zustand eines Bedienungssystems, bei dem n Forderungen je einen Bedienungskanal belegen, wobei jede dieser n Forderungen auf die Freigabe eines anderen Bedienungskanals wartet, der zum Betrachtungszeitpunkt von einer anderen dieser n Forderungen belegt wird, so dass keine weitere Änderung des Belegungszustandes mehr möglich ist.' [Pac93]

---

[13]Vergleiche hierzu [Ril42001, 420.0101, 1].
[14]Vergleiche hierzu [Adl90, 111].

Dispositionskonflikt

Ein Dispositionskonflikt kann für verschiedene Konfliktlösungsvorschläge zwischen

- einzelnen Ebenen eines hierarchisch gegliederten Dispositionssystems

- benachbarten gleichrangigen Dispositionssystemen

entstehen[15].

Durchrutschweg

Die Signalzugschlussstelle begrenzt aus sicherungstechnischer Sicht den Gefahrenpunktabstand hinter Einfahrsignalen. Abweichend wird der durch die Zugfahrt zu räumende Fahrweg hinter Ausfahrsignalen als Durchrutschweg bezeichnet. Für Hauptsignale der freien Strecke wird der zu räumende Fahrweg nach dem Signal als Schutzstrecke definiert. Aus betrieblicher Sicht wird der Begriff Durchrutschweg einheitlich verwendet[16].

Fahrplanabweichung

Eine Fahrplanabweichung ist eine vom Fahrplan abweichendes Verkehren von Zügen (vor Plan oder verspätet, mit anderen Aufenthalten, über andere Streckenabschnitte, usw.)[17].

Fahrplankonflikt

Ein unplanmäßig durchgeführte Zugfahrt führt nicht zwangsläufig zur Behinderung anderer Zugfahrten. Die Abweichung zur Planlage wird als Fahrplankonflikt definiert[18].

---

[15]Vergleiche hierzu [Mar95, 2-35f.].
[16]Vergleiche hierzu [Nau04, 104].
[17]Vergleiche hierzu [Adl90, 275].
[18]Vergleiche hierzu [Hun93, 142].

Fahrplantrasse

Eine Fahrplantrasse ist die im Fahrplan vorgesehene zeitliche und räumliche Inanspruchnahme der Eisenbahninfrastruktur durch eine Zugfahrt. Die dazugehörige Sperrzeitentreppe kennzeichnet die Fahrplantrasse[19]. Als Synonym für den Begriff Fahrplantrasse wird ebenfalls das Wort Zugtrasse verwendet[20]. Der Begriff Zugtrasse wird von Eisenbahnverkehrsunternehmen verwendet und beschreibt deren Sichtweise. Hingegen erläutert der Begriff Fahrplantrasse vornehmlich die Sichtweise von Eisenbahninfrastrukturunternehmen[21].

Fahrstraßen- bzw. Fahrwegkonflikte

Fahrstraßen- bzw. Fahrwegkonflikte entstehen, wenn ein Zug einen seiner planmäßigen Zielorte auf Grund eines nicht benutzbaren Anlagenteils nicht auf seinem planmäßigen Fahrweg erreichen kann[22].

Fahrwegabschnitt *FWA*

Ein Fahrzeitberechnungsabschnitt wird vollständig in Fahrwegabschnitte unterteilt. Die Aufteilung in Fahrwegabschnitte erfolgt an Geschwindigkeitswechseln mit Geschwindigkeitsreduzierung sowie -erhöhung, plan- und außerplanmäßigen Halten oder örtlichen Zeitvorgaben eines Fahrplans. Letztere können Fahrzeitmesspunkte als Zeitvorgaben des veröffentlichten Fahrplans oder frühestmögliche Beförderungszeitpunkte, bzw. Zeitvorgaben der Disposition an Trassenpunkten im Dispositionsfahrplan sein.

Fahrwegabschnittsgruppe *FWAG*

Eine Fahrwegabschnittsgruppe gruppiert benachbarte Fahrwegabschnitte innerhalb eines Fahrzeitberechnungsabschnittes. In einer

---

[19]Vergleiche hierzu [Nau04, 74].
[20]Vergleiche hierzu [BMV06, §2 Abs.1].
[21]Vergleiche hierzu [Mar08, 2-11].
[22]Vergleiche hierzu [Mar95, 2-33].

Fahrwegabschnittsgruppe sind die kleinsten und größten Geschwindigkeitswerte gleich[23].

Fahrzeitberechnungsabschnitt *FBA*

Die Fahrzeitrechnung wird je Fahrzeitberechnungsabschnitt berechnet. Die Grenzen eines Fahrzeitberechnungsabschnittes sind Abfahrtsort an einem gewöhnlichen Halteplatz, Durchfahrtsort am Einbruchspunkt oder aktuellen Standort des Zuges sowie Ankunftsort an einem gewöhnlichen Halteplatz oder Ausbruchspunkt.

Fahrzeitmesspunkt (FZMP)

Fahrzeitmesspunkte sind Stellen im Bahnhof, bei Block- oder Abzweigstellen usw., auf die fahrplanmäßige Ankunft-, Abfahrt- und Durchfahrtszeiten bezogen sind. Zwei Fahrzeitmesspunkte begrenzen den Fahrzeitmessbereich[24]. In größeren Bahnanlagen können auch mehrere Fahrzeitmesspunkte vorgesehen werden[25].

Fahrzeitzuschlag

Der Fahrzeitzuschlag ist ein

> 'zur reinen Fahrzeit zum Ausgleich von Fahrzeitverlusten gewährter Zeitzuschlag in Form von Vollzuschlägen[26], zum Ausgleichen geringfügiger Fahrzeitüberschreitungen, und festen Einzelzuschlägen[27], als Zuschlag für Langsamfahrstellen bei länger andauernden Bauarbeiten.' [Adl90, 289]

Für die Ermittlung des Superiorwertes der Fahrzeit existieren derzeit keine statistischen Werte bzw. Verfahren. Deshalb werden als Ersatz Zeitzuschläge verwendet[28].

---

[23]Vergleiche hierzu Unterabschnitt 7.4.3.

[24]Vergleiche hierzu [Adl90, 289].

[25]Vergleiche hierzu [Nau04, 90].

[26]Dies sind Regel- und Biegezuschläge. Vergleiche hierzu [Ril402.0301, 2].

[27]Dies sind Sonder- und Bauzuschläge. Vergleiche hierzu [Ril402.0301, 3].

[28]Vergleiche hierzu [Ril405.0103, 6].

Fahrzeitüberschuss (Fzü)

Der Fahrzeitüberschuss sind Fahrzeitreserven, die sich aus der Trassenkonstruktion ergeben.

frühestmögliche Beförderungszeitpunkte t_{fB}

Ein frühestmöglicher Beförderungszeitpunkt stellt für eine Zugfolgestelle im Laufweg eines Zuges den zeitlich frühesten Durchfahrtszeitpunkt dar und ist abhängig von den Sperrzeiten des vorausfahrenden Zuges. Für eine Fahrt des nachfolgenden Zuges muss eine durch den vorausfahrenden Zug belegte Fahrstraße frei gefahren und für die nächste Zugfahrt wieder eingestellt sein. Ein Zug kann durch mehrere vorausfahrende Züge zeitlich beeinflusst werden[29].

gewöhnlicher Halteplatz

Der gewöhnliche Halteplatz beschreibt die Stelle an der ein planmäßig haltender Zug mit der Zugspitze zum Halten kommen muss. Eine Haltetafel (Signal Ne 5 der DS 301 bzw. So 8 der DV 301) kann den gewöhnlichen Halteplatz kennzeichnen[30]. Der Halteort ergibt sich aus der Art des Haltes[31].

- Verkehrshalt: Für Reisezüge ist der gewöhnliche Halteplatz am Bahnsteig. Für Güterzüge ist der gewöhnliche Halteplatz möglichst nahe am Hauptsignal.

- Betriebshalt: Für Reise- und Güterzüge ist der gewöhnliche Halteplatz möglichst nahe am Hauptsignal.

- Einzeln fahrende Triebfahrzeuge halten im Zielbahnhof in der Regel am Standort der Aufsicht.

Istzeit

Die Istzeit t_{Iz} ist die gegenwärtige Uhrzeit des Eisenbahnbetriebs.

---

[29]Vergleiche hierzu Unterabschnitt 5.3.3.
[30]Vergleiche hierzu [Nau04, 110].
[31]Vergleiche hierzu [Adl90, 342f.].

Konflikt

Nach BÄR sind bei einem Konflikt (mindestens) zwei Prozesse beteiligt. Zwischen diesen Prozessen besteht eine Abhängigkeit. Ein Konflikt tritt demnach auf, wenn die zwei Prozesse bei Beachtung der beiderseitigen Abhängigkeit nicht so realisierbar sind, wie sie ohne diese Abhängigkeit möglich wären[32]. Nach MARTIN wird ein unvorhergesehenes Ereignis, welches Abweichungen vom geplanten Betriebsablauf zur Folge hat und eine Entscheidung zwischen mindestens zwei Varianten erzwingt, als Konflikt bezeichnet[33].

oertlich zuständige Zugmeldestelle

Der Zuständigkeitsbereich eines Fahrdienstleiters umfasst den Bereich der örtlich zuständigen Zugmeldestelle. Diese ist in der Regel definiert durch den Fahrdienstleiterbezirk und die daran angrenzenden Strecken. Selbsttätige Blockstellen des automatischen Streckenblocks auf zweigleisigen Strecken sind grundsätzlich dem Fahrdienstleiter zugeordnet, der Zugfahrten auf diesen Teil der freien Strecke ablassen kann. Eingleisige Strecken sind der in den örtlichen Richtlinien genannten Zugmeldestelle zugeteilt. Selbsttätige Blockstellen der übrigen Blockbauformen, LZB-Blockstellen, örtlich nicht besetzte Bahnhöfe oder Abzweigstellen sind in der Regel dem Fahrdienstleiterbezirk zugeordnet, in dem die Signalanlage dieser Stellen bedient werden[34].

Regelbetrieb

Der Regelbetrieb beschreibt die Durchführung von Zug- und Rangierfahrten. Hierbei erfolgt der geplante Betriebsablauf ohne Beeinflussung von Störungen und außerplanmäßigen Abweichungen[35].

---

[32]Vergleiche hierzu [Bae96].
[33]Vergleiche hierzu [Mar08].
[34]Vergleiche hierzu [Ril408, 408.0201, Abs. 16]
[35]Vergleiche hierzu [Adl90, 612].

Tagesfahrplan

Das Gesamtgefüge des durch die Betriebsleitung aktualisierten Fahrplans bezeichnet man als den Tagesfahrplan[36].

technisch bedingte Fahrplanabweichung

Eine technisch bedingte Fahrplanabweichung tritt auf, wenn ein Zug die örtlichen Vorgaben der Fahrplantrasse nicht wie geplant erfüllen kann, da sich die Eigenschaften des Zuges nicht mit der Infrastruktur vertragen[37].

Umlaufkonflikt

Ein Umlaufkonflikt tritt auf, wenn mindestens ein Zug die zeitlichen Vorgaben der Fahrplantrasse nicht wie geplant erfüllen oder die vorgesehenen Übergänge nicht realisieren kann, da ein weiterer Zug, dessen Fahrzeuge oder Personal übergehen, vom Fahrplan abweicht[38].

Urverspätung

Urverspätungen sind eine nicht durch Behinderungen verursachte Verspätung, die innerhalb der Betriebsanlage unvorhersehbar und zufällig auftritt[39].

verfügbarkeitsbedingte Fahrplanabweichung

Ein verfügbarkeitsbedingte Fahrplanabweichung tritt auf, wenn ein Zug die örtlichen Vorgaben der Fahrplantrasse nicht wie geplant erfüllen kann, da die vorgesehene Infrastruktur nicht belegt werden darf[40].

---

[36]Vergleiche hierzu [Bus98, 6].
[37]Vergleiche hierzu [Mar08].
[38]Vergleiche hierzu [Mar08].
[39]Vergleiche hierzu [DB 94, IV].
[40]Vergleiche hierzu [Mar08].

verhaltensbedingte Fahrplanabweichung

Eine verhaltensbedingte Fahrplanabweichung tritt auf, wenn ein Zug die zeitlichen Vorgaben der Fahrplantrasse nicht erfüllen kann, da sich Anlagen, Betriebsmittel oder Personal anders als geplant verhalten[41].

Zugbeeinflussung

Eine Zugbeeinflussungsanlage ist eine Sicherungseinrichtung, die Daten über die erlaubte Fahrweise vom Fahrweg zum Triebfahrzeug überträgt. Bei Abweichung von der erlaubte Fahrweise erfolgt die Einleitung von Schutzreaktionen, wie z.B. Zwangsbremsung (Schnellbremsung auf Halt). Es wird zwischen punktförmiger (PZB) und linienförmiger (LZB) Zugbeeinflussung unterschieden[42].

Zugfolgepufferzeit

Die Zugfolgepufferzeit ist ein nicht belegter Zeitraum zwischen zwei einander folgenden/kreuzenden Zugfahrten[43].

Zugfolgestelle

Eine Zugfolgestelle ist eine Bahnanlage, die einen Streckenabschnitt (Blockabschnitt) begrenzt, in den ein Zug nicht einfahren darf, bevor ihn der vorausgefahrene Zug verlassen hat. Anlagenseitig entspricht die betriebliche Funktion einer Zugfolgestelle der Einrichtung einer Blockstelle. Die Folge der Züge wird durch Zugfolgestellen geregelt[44].

Zugmeldestelle

Eine Zugmeldestelle ist eine Bahnanlage, die u.a. zur Reihenfolgeregelung der Züge benötigt wird. Technisch realisiert wird eine Zug-

---

[41]Vergleiche hierzu [Mar08].
[42]Vergleiche hierzu [Nau04, 245].
[43]Vergleiche hierzu [Ril405.0103, 16].
[44]Vergleiche hierzu [Nau04, 246f.] bzw. [Eis06, §39].

meldestelle entweder als Zugfolgestelle (als Teil einer Bahnanlage) oder als Bahnhof, Abzweigstelle oder Haltestelle[45].

Zugschlussstelle

Eine bestimmte Stelle im Gleis, an der ein Zug mit Zugschlusssignal vorbeigefahren sein muss, bevor ein für diesen Zug geltender Sicherungsstatus eines Fahrwegabschnittes (Blockabschnitt, Fahrstraße, Teile einer Fahrstraße) aufgehoben werden darf. Zugschlussstellen werden in Signal- und Fahrstraßenzugschlussstellen unterteilt. Die Signalzugschlussstelle begrenzt aus sicherungstechnischer Sicht den Gefahrenpunktabstand hinter Einfahrsignalen. Eine Fahrstraßenzugschlussstelle muss durch den Zug mit Zugschluss befahren werden, damit eine Fahrstraße oder Teile einer Fahrstraße aufgelöst werden dürfen[46].

---

[45]Vergleiche hierzu [Nau04, 250f.] bzw. [Eis06, §39].
[46]Vergleiche hierzu [Adl90, 918f.] bzw. [Nau04, 253f.].

Abkürzungsverzeichnis

ADL	Adaptive Lenkung
AFB	Automatische Fahr- und Bremssteuerung
BD	Bundesbahndirektion
BD	Bereichsdisponent
BZ	Betriebszentrale
CATO	Computer Aided Train Operation
EBuLa	Elektronischer Buchfahrplan und Langsamfahrstellen
EIU	Eisenbahninfrastrukturunternehmen
ESO	Eisenbahn-Signalordnung
EVU	Eisenbahnverkehrsunternehmen
FE	Fahrempfehlung
FFZ	Fahrplan für Zugmeldestellen
FV	Fahrdienstvorschrift
IB	Integritätsbereich
LeiDa-F	Leitsystem-Datenhaltung-Fahrplanbearbeitung
LeiDis-S/K	Leitsystem-Dispositon Strecken und Knoten
LZB	Linienförmige Zugbeeinflussung

MAKSI-FS	Makroskopische Simulation Fahrplanstabilität
MHC	Moving Horizon Control
MPC	Model Predictive Control
OZL	Oberzugleitung
RHC	Receding Horizon Control
SDB	Streckendispositionsbereich
TCC	Train Controle Centre
WZV	Wartezeitvorschrift
ZL	Zugleitung
ZLV	Zuglaufverfolgung

Formelzeichen

$BEPZfst$	Bremseinsatzpunkt einer Zugfolgestelle
BKS	Belegungskonfliktsituation
Bz_{As}	Abgeschätzte Berechnungszeit
$Bz_{\max}$	Maximale Berechnungszeit, Parameter
$\overline{Bz}$	Berechnungszeit für die Fahrzeitrechnung eines Geschwindigkeitsprofils
b	Bremsverzögerung
CPU_{Anz}	Anzahl Prozessoren auf denen der Algorithmus ausgeführt wird.
$d_{bs}(t)$	Störgröße Betriebsstörung
$e_{bd}(t)$	Regelabweichung Betriebsprozessdisposition
$e_{bpd}(t)$	Regelabweichung betriebsprozessvorbereitende Disposition
$e_{bs}(t)$	Regelabweichung Betriebssteuerung
$e_{ul}(t)$	Regelabweichung Unternehmensleitung
$e_{vf}(t)$	Regelabweichung Vertrieb (Fahrplankonstruktion)
FBA	Fahrzeitberechnungsabschnitt
FWA	Fahrwegabschnitt
$FWAG$	Fahrwegabschnittsgruppe
F_{W_G}	Gesamtwiderstandskraft
f_{Fzz}^*	Fahrzeitzuschlag, Hilfsgröße

f_{Fzz}	Fahrzeitzuschlag
$f_{Ag.-ZWL}$	Wichtungsfaktor für die Summe der Abweichungsquadrate zwischen einer Zeit-Weg-Linie und der Ausgangs-Zeit-Wege-Linie
f_{Bka}	Abminderungsfaktor für den Fahrzustand Bremsen
$f_{V_{min}}$	Parameter zur Definition der Mindestgeschwindigkeit, Parameter
f_{Vf}	Faktor und Vielfaches des minimalen und zulässigen Geschwindigkeitswertes, Parameter
f_{Zka}	Abminderungsfaktor für den Fahrzustand Beschleunigen
f_{fB}	Wichtungsfaktor für die Summe der Abweichungsquadrate zwischen einer Zeit-Weg-Linie und den frühestmöglichen Beförderungszeitpunkten
f_v	Faktor zur schrittweisen Minimierung des kleineren Geschwindigkeitswertes je Fahrwegabschnitt
fWB	fehlende Wartebedingung
GP	Geschwindigkeitsprofil(e)
GP	Menge von Geschwindigkeitsprofilen ungefiltert
GP^*	Menge von gültigen Geschwindigkeitsprofilen gefiltert durch Prüfung Fahrzeitrechnung
$GP^\#$	Menge von ungültigen Geschwindigkeitsprofilen gefiltert durch Prüfung Fahrzeitrechnung

$G\left(s\right)$ Übertragungsfunktion zur Beschreibung des E/A-Verhaltens wird definiert als Quotient der Laplace-transformierten Ausgangsgröße $Y\left(s\right)$ und Eingangsgröße $U\left(s\right)$ des Systems. $G\left(s\right)$ ist Bildfunktion von $g\left(t\right)$. s steht für eine komplexe Frequenz.

i i, Index

j j, Index

K K, Hilfsvariable in der Gleichung 7.8
k k, Index in der Gleichung 5.1
k k, Iterationsschritt in der Abbildung 7.1

L L, Hilfsvariable in der Gleichung 7.10
l l, Index

M M, Hilfsvariable in der Gleichung 7.13
m m, Index
m_Z Masse eines Zuges

n n, Index

ρ_Z Massefaktor Zug

SAQ Summe der Abweichungsquadrate
s_{BEP} Stationierungswert eines Bremseinsatzpunktes
s_{Si} Stationierungswert eines Sichtpunktes
s_{ZS} Zugstandort

Δt_{Rl} Relativlage eines Zuges an der Istzeit

t_{Af}	Annäherungsfahrzeit
$t_{Ag.-ZWL}$	Ausgangs-Zeit-Wege-Linie
t_{BrLz}	pneumatische Bremsenlösezeit, Parameter je Bremsstellung eines Zuges
t_{Da}	Auflösezeit eines Durchrutschweges
t_{Df}	Durchfahrzeit
t_{Dispo}	Zeit-Wege-Punkte im Dispositionsfahrplan eines Zuges
$t_{Erg.-ZWL}$	Ergebnis-Zeit-Wege-Linie
$t_{Fahrzeit}$	Fahrzeit einer Zeit-Wege-Linie, Bewertungsgröße
t_{Fa}	Fahrstraßenauflösezeit
t_{Fb}	Fahrstraßenbildezeit
t_{Feh}	Fahrempfehlungshorizont ist die zeitliche Grenze bis zu der Fahrempfehlungen versendet werden.
t_{Iz}	Istzeit
t_{MZP}	Mindestzugfolgepufferzeit, Parameter
t_{MiBz}	Mindestbeharrungszeit, Parameter
t_{Nb}	Nachbelegungzeit
t_{Ph}	Prognosehorizont ist die zeitliche Grenze des vorausberechneten Eisenbahnbetriebs.
t_{Re}	Reaktionszeit eines Triebfahrzeugführers bei Anfahrt nach Halt
t_{Rf}	Räumzeit
t_{Si}	Sichtzeit
t_{Tfpl}	Zeit-Wege-Punkte im Tagesfahrplan eines Zuges
t_{Vb}	Vorbelegungzeit
t_{ZS}	Zeit-Wege-Punkt aktueller Standort eines Zuges
t_{ZWL}	Zeit-Wege-Linie zur Prüfung mittels Fahrzeitrechnung

t_{fB}	frühestmögliche Beförderungszeitpunkte
$t_{k.Fahrzeit}$	technisch kürzeste Fahrzeit einer Zugfahrt
$U\,(s)$	Eingangsgröße des Systems, $U\,(s)$ ist Bildfunktion von $u\,(t)$. s steht für eine komplexe Frequenz.
$u_{bh}\,(t)$	Führungsgröße Bedienhandlungen
$u_{df}\,(t)$	optimierte Steuergröße
$u_{uz}\,(t)$	Führungsgröße Unternehmensziele
$u_{vj}\,(t)$	Führungsgröße veröffentlichter Jahresfahrplan
V_{Gw}	Menge der Geschwindigkeitswerte eines Fahrwegabschnittes oder einer Fahrwegabschnittsgruppe
$V_{\min}$	Mindestgeschwindigkeitsgröße für die kleinsten Geschwindigkeitswerte eines Fahrwegabschnittes, Parameter
$V_{gr.Gw}$	größter Geschwindigkeitswert eines Fahrwegabschnittes
$V_{kl.Gw}$	kleinster Geschwindigkeitswert eines Fahrwegabschnittes
V_{zul}	zulässige Höchstgeschwindigkeit einer betrachteten Zugfahrt
$\overline{V}_{Gw}^{\#\#}$	durchschnittliche Geschwindigkeit je Fahrwegabschnitt der Ausgangs-Zeit-Wege-Linie
$\overline{V}_{Gw}^{\#}$	durchschnittliche Geschwindigkeit je Fahrwegabschnitt der Ausgangs-Zeit-Wege-Linie unter Berücksichtigung von Grenzwerten
$\overline{V}_{gr.Gw}$	aufgerundeter größter Geschwindigkeitswert je Fahrwegabschnitt, Zwischenergebnis

$\overline{V}_{kl.Gw}$	abgerundeter kleinster Geschwindigkeitswert je Fahrwegabschnitt, Zwischenergebnis
v_{Aw}	Abminderungsgeschwindigkeitswert für den Fahrzustand Beharren
W	Weiche
WA	Wegabschnitt zur Berechnung einer Ausgangs-Zeit-Wege-Linie
$w_{ez}(t)$	Führungsgröße externe Ziele
$\dot{x}(t)$	1. Ableitung von $x(t)$
$x(t)$	x ist im Allgemeinen ein n-dimensionaler Vektor mit den zeitabhängigen Elementen $x_i(t)$.
$Y(s)$	Ausgangsgröße des Systems, $Y(s)$ ist Bildfunktion von $y(t)$. s steht für eine komplexe Frequenz.
$y_{bba}(t)$	behinderungsminimierter Betriebsablauf
$y_{gp}(t)$	geplanter Betriebszustand
$y_{gw}(t)$	gegenwärtiger Betriebszustand
$y_l(t)$	Leistungsdaten
$y_{pB}(t)$	prognostizierter Betriebszustand
$y_p(t)$	Prozesszustand
$y_s(t)$	systemtechnischer Zustand
Z	Zug
$Zfst$	Zugfolgestelle
Zss	Zugschlussstelle

Abbildungsverzeichnis

Tabellenverzeichnis

Literaturverzeichnis

[Ach09]   ACHERMANN, DANIEL: Mit Rail Control das Netz im Griff. In: *By Rail.Now!* (2009), S. 71–72

[Adl90]   ADLER, GERHARD: *Lexikon der Eisenbahn.* Berlin : Transpress, 1990. – ISBN 3344001604

[Alb07]   ALBRECHT, THOMAS UND VAN LUIPEN, JELLE UND HANSEN, INGO A. UND WEEDA, ADEODAT: Bessere Echtzeitinformationen für Triebfahrzeugführer und Fahrdienstleiter. In: *El - Der Eisenbahningenieur* (2007), Nr. 6, S. 73–79

[Alb11]   ALBRECHT, THOMAS UND BINDER, ANNE UND GASSEL, CHRISTIAN: Energie- und betriebseffiziente Fahrweisen im Eisenbahnverkehr. In: *El - Der Eisenbahningenieur* (2011), Nr. 2, S. 39–43

[Amt10]   AMTHOR, ARVID: *Modellbasierte Regelung von Nanopositionier- und Nanomessmaschinen*, Technische Universität Ilmenau, Diss., 2010

[Bü10]   BÜKER, THORSTEN: *Ausgewählte Aspekte der Verspätungsfortpflanzung in Netzen.* Aachen, RWTH Aachen, Diss., 2010

[Bae96]   BAER, MATTHIAS: Konflikte im Eisenbahnbetrieb - Versuch einer Systematisierung. In: *Schriftenreihe des Instituts für Verkehrssystemtheorie und Bahnverkehr TU Dresden* (1996), Nr. 2, S. 138–149

[Bec98]   BECKER, UDO J. ; DR. JOACHIM UND HANNA SCHMIDT
STIFTUNG FÜR UMWELT UND VERKEHR (Hrsg.): *Ziele von
und für Verkehr: Wozu dient unser Verkehr, und wie soll
er aussehen?* `http://vplno1.vkw.tu-dresden.de/oeko/`
`ziele.html`. Version: 02.12.1998

[Ber12]   BERGENDORFF, MADS UND EDINGER, SUNE UND HAGE,
CHRISTIAN: Greenspeed - Cutting energy and boosting
punctuality. In: *Railway Gazette International* (2012), Nr.
7, S. 38–41

[Bet12]   BETHUYS, ADRIEN ; FACHGEBIET BAHNSYSTEME UND
BAHNTECHNIK AN DER TECHNISCHEN UNIVERSITÄT DARM-
STADT (Hrsg.): *Verbesserung der Fahrzeit- und Prognose-
rechnung in der Disposition.* 16.12.2012. – Master's Thesis

[Ble01]   BLENDINGER, CHRISTOPH UND MEHRMANN, VOLKER UND
STEINBRECHER, ANDREAS UND UNGER, ROMAN: Nume-
rical simulation of train traffic in large networks via time-
optimal control / Institut für Mathematik an der Technischen
Universität Berlin. 2001 (12). – Technical Report 722-01

[BMV06]   BMVBW: *Eisenbahninfrastruktur - Benutzerverordnung:
EIBV.*   `http://bundesrecht.juris.de/bundesrecht/`
`eibv_2005/gesamt.pdf`. Version: 04.09.2006

[Bor02]   BORMET, JÖRG: Funktion der fahrplanbasierten Zuglenkung für Betriebszentralen. In: *EI - Der Eisenbahningenieur*
(2002), Nr. 6, S. 36–44

[Bra07]   BRAND, A. UND SCHRANZ, F. ; SBB AND PRO-
DUKTMANAGEMENT RAIL COMMUNICATIONS (Hrsg.):
Systembeschreibung GSM-R.   `http://mct.sbb.ch/`
`mct/infra-telecom-gsm-r_systembeschreibung.pdf`.
Version: 01.09.2007

[Bro95]   BRONSTEIN, ILJA N. UND SEMENDJAJEW, KONSTANTIN A. UND MUSIOL, GERHARD UND MÜHLIG, HEINER: *Taschenbuch der Mathematik*. Frankfurt am Main : Verlag Harri Deutsch, 1995

[Bro13]   BROEKER, HANS-BERNHARD: *G N U P L O T: release 4.6 patchlevel 3. System: MS-Windows 32 bit.* http://www.gnuplot.info/. Version: 06.08.2013

[Bus98]   BUSZINSKY, BERNHARD: *Die Steuerung und Disposition des Eisenbahnbetriebes.* 18.05.1998

[Chr08a]   CHRISTIANY, LUDWIG: *Überblick über die geschichtliche Entwicklung der Betriebsleitstellen der Bahn auf zentraler Ebene.* Frankfurt a.M. : E-Mail, 14.02.2008

[Chr08b]   CHRISTIANY, LUDWIG: *Überblick über die Betriebsdurch- und -führungsebene innerhalb der DB Netz.* Frankfurt a.M. : E-Mail und Telefongespräch, 15.09.2008

[Cui05]   CUI, YONG ; INSTITUT FÜR EISENBAHN UND VERKEHRSWESEN (IEV) AN DER UNIVERSITÄT STUTTGART (Hrsg.): *Implementation of the Optimisation Theory for User Oriented Automatic Dispatching Systems in Railway Transport.* Stuttgart, 12.08.2005. – Master's Thesis

[Cui10]   CUI, YONG: *Simulation-based hybrid model for a partially-automatic dispatching of railway operation.* Stuttgart, Universität Stuttgart, Diss., 2010

[Daa03]   Schutzrecht EP 1 541 442 B1 (08.12.2003). DAASE, DETLEF UND HUBER, HANS-PETER JÜRGEN (Erfinder). Verfahren zur zeitnahen Information über Abweichungen von einem veröffentlichten Fahrplan

[Dah05] Schutzrecht EP 1 719 687 A2 (26.11.2005). DAHLHAUS, ELIAS UND KÖRNER, HEIKO (Erfinder). Exakte Ermittlung der Fahrzeit von Schienenfahrzeugen

[Dan08] DANIEL, THOMA ; INSTITUT FÜR EISENBAHN UND VERKEHRSWESEN (IEV) AN DER UNIVERSITÄT STUTTGART (Hrsg.): *Automatische Disposition im Bahnverkehr: Studienprojekt Marian 3 - Disposition.* http://www.uni-stuttgart.de/iev/index.htm?/iev/lehre/studienprojekte/studienprojekt_MARIAN.htm. Version: 03.02.2008. – Seminararbeit

[DB 94] DB NETZ (Hrsg.): *Leistungsuntersuchungen von Bahnanlagen: Teilheft 01 - Einführung in die Problematik, Grundlagen.* Mainz, 01.01.1994

[DB 07] DB AG: *Unternehmensleitbild.* 01.09.2007

[DB 09a] DB AG ; DEUTSCHE BAHN AG (Hrsg.): *Nachhaltigkeitsbericht 2009.* http://www.deutschebahn.com/site/nachhaltigkeitsbericht__2009/de/ueber__diesen__bericht/downloads/downloads.html. Version: 06.2009

[DB 09b] DB AG ; DEUTSCHE BAHN AG (Hrsg.): *Zukunft bewegen- Der DB Konzern 2008: Mobilität für Menschen Logistik für Güter Betrieb von Infrastruktur.* http://www.deutschebahn.com/site/shared/de/dateianhaenge/publikationen__broschueren/holding/konzernbroschuere__zukunft__bewegen__2008.pdf. Version: 12.05.2009

[Deu89] DEUTSCHE REICHSBAHN: *DV 301 Signalbuch (SB).* Berlin, 1989. – Ministerium für Verkehrswesen, Hauptverwaltung des Betriebs- und Verkehrsdienstes der Deutschen Reichsbahn - Regelwerk DR, 3. überarbeitete Auflage, gültig ab 1. Oktober 1971

[Dil52]   DILLI, GUSTAV: Ihre Majestät, die Toleranz: Ein Vorstoß in das Grenzgebiet der Leistungsfähigkeit der Eisenbahnen. In: *ETR - Eisenbahntechnische Rundschau* (1952), Nr. 1, S. 21–28

[Dub10]   DUBY, CHRISTIAN: Energy Efficiency in Train Operation / Alstom transport (France). Version: 2010. `http://www.ireeindia.org/seminar_pdf/alstom_summary.pdf`. 2010. – Seminarunterlagen

[Dub11]   DUBY, CHRISTIAN: GreenRail: energy efficiency as a benefit for all stakeholders / Alstom transport (France). Version: 2011. `http://www.eress.eu/media/1318/GNR-P-DBY-014-01-%20GreenRail%20presentation%20to%20ERESS.pdf`. 2011. – Seminarunterlagen

[Due79]   DUECK, WERNER: *Optimierung unter mehreren Zielen*. Berlin : Akademie-Verlag, 1979 (Reihe Wissenschaft)

[Eic12]   EICHENBERGER, RUDI: Hightech spart Energie und Nerven. In: *SBB-Zeitung* (2012), Nr. 9, S. 4–5

[Eis06]   EISENBAHNBUNDESAMT: *Eisenbahn-Bau- und Betriebsordnung: EBO*. `http://www.wedebruch.de/gesetze/betrieb/ebo1.htm#top`. Version: 31.08.2006

[Fay99]   FAY, ALEXANDER: *Berichte der Institute für Automatisierungstechnik, Technische Universität Braunschweig*. Bd. 386: *Wissensbasierte Entscheidungsunterstützung für die Disposition im Schienenverkehr: Eine Anwendung von Fuzzy-Petrinetzen*. Düsseldorf : VDI-Verl., 1999 `http://www.gbv.de/dms/bs/toc/300870426.pdf`. – ISBN 3183386127

[Fen12]   FENGLER, WOLFGANG UND HEPPE, ANDREAS UND MERSIOVSKY, JENS: Untersuchungen der Fahrweise von Zügen anhand von Betriebsdaten und Fahrtenschrieben. In: *ETR - Eisenbahntechnische Rundschau* (2012), Nr. 10, S. 52–57

[Fra07]   FRANZMEYER, HANNES ; FACHGEBIET SCHIENENFAHRWEGE UND BAHNBETRIEB AN DER TECHNISCHE UNIVERSITÄT BERLIN (Hrsg.): *Untersuchung der Einsatzmöglichkeiten dispositiver Geschwindigkeiten zur Betriebsführung.* 14.06.2007. – Diplomarbeit

[Fuc12]   FUCHS, RICHARD A.: Deutsche Bahn will Weltmarktführer werden. In: *Deutsche Welle* (29.03.2012). `http://www.dw.de/dw/article/0,,15847219,00.html`

[Goh92]   GOHLISCH, GUNNAR: *Erarbeitung eines effizienten Verfahrens der Ermittlung energieoptimaler Zugsteuerungen als Beitrag zur Senkung des Traktionsenergiebedarfs in spurgebundenen Verkehrssystemen*, Hochschule für Verkehrswesen "Friedrich List" in Dresden, Diss., 1992

[Gro16]   GROSSE, STEFAN UND SCHRÖDER, ALEXANDER UND WEIDNER, TIBOR: Die Grüne Funktion der Zuglaufregelung. In: *Deine Bahn* 44 (2016), Nr. 11, S. 14–17

[Hag16]   HAGMAN, SASKIA UND CZESNY, STEPHANIE: Klimaschutz bei der Deutschen Bahn: Ziele und Maßnahmen. In: *EI - Der Eisenbahningenieur* 67 (2016), Nr. 10, S. 37–40

[Hai07]   HAIN, WERNER: Linienzugbeeinflussung (LZB), kein Buch mit sieben Siegeln. In: *BahnPraxis B* (2007), Nr. 11, S. 3–6

[Hau10]   HAUER, GEORG UND ULTSCH, MICHAEL: *Unternehmensführung kompakt.* München : Oldenbourg, 2010 (Lehrbuch kompakt). – ISBN 9783486588798

[Hei05]   HEISTER, GERT ET AL. ; DB-FACHBUCHVERLAG GMBH (Hrsg.): *Eisenbahnbetriebstechnologie.* 1. Aufl. Heidelberg : Eisenbahn-Fachverl., 2005 (DB-Fachbuch). – ISBN 9783980800228

[Her83] *Arbeitsmappe Grundlagen der Zugförderung Teil 2 Fahrdynamik.* Herausgegeben vom Bundesbahn-Sozialamt - Betriebliches Bildungswesen, 1983. – 129/7 127

[Her92] HERTEL, GÜNTER UND STECKEL, JENS: Fahrzeitberechnung unter stochastischem Aspekt. In: *EI - Der Eisenbahningenieur* (1992), Nr. 5, S. 304–306

[Her95] HERTEL, GÜNTER.; BÄR, MATTHIAS; PRESCHER, E.; MEIER, M.; GINZEL, T. ; DRESDEN, Technische U. (Hrsg.): *Bewertung der dispositiven Tätigkeiten von Mitarbeitern in Betriebszentralen - Abschlussbericht.* 1995

[Her10] HERBEK, PETER: *Strategische Unternehmensführung.* 2., aktualisierte Aufl. München : mi-Wirtschaftsbuch, Finanzbuch-Verl., 2010. – ISBN 9783868801224

[Hla02] HLAWENKA, ALEXANDER ; INSTITUT FÜR EISENBAHN- UND VERKEHRSWESEN (IEV) AN DER UNIVERSITÄT STUTTGART (Hrsg.): *Entwurf und Implementierung eines Dispositionswerkzeuges zur Prozessoptimierung betriebsbedingter Wartezeiten im schienengebundenen Verkehr.* Studienarbeit, 2002

[Hue01] HUERLIMANN, DANIEL: *Objektorientierte Modellierung von Infrastrukturelementen und Betriebsvorgängen im Eisenbahnwesen, Nr. 14281,* ETH Zürich, Diss., 2001. `http://e-collection.ethbib.ethz.ch/view/eth:24236`

[Hun93] HUNDT, REINHOLD: Automatische Konflikterkennung in der Zugüberwachung. In: *SD - Signal + Draht* (1993), Nr. 5, S. 140–142

[Jae16]   JAEKEL, BIRGIT: Zur Kopplung von Konfliktlösung und Fahrerassistenz - Herausforderungen, Lösungsansätze, Ergebnisse / Technische Universität Dresden, Fakultät Verkehrswissenschaften „Friedrich List", Professur für Verkehrsleitsysteme und -prozessautomatisierung. 2016. – 25. Verkehrswissenschaftliche Tagung

[Jen97]   JENTSCH, EBERHARD: Pünktlichkeit ins Schienenverkehr. In: *EI - Der Eisenbahningenieur* (1997), Nr. 10, S. 60–62

[Joh93]   JOHANNSEN, GUNNAR: *Mensch-Maschine-Systeme.* Berlin : Springer, 1993. – ISBN 3540561528

[Kat04]   Schutzrecht EP 1 754644 B1 (08.06.2004). KATAOKA UND KENJI UND CHIYODA-KU (Erfinder). Train operation control system (Zugbetriebssteuerungssystem)

[Kau14]   KAUFMANN, ROLAND UND FEY, SEBASTIAN: Specification of a driving advisory systems (DAS) data format / Deutsche Bahn AG. Version: 31.10.2014. `www.ontime-project.eu/ deliverables.aspx`. 31.10.2014 (6.1). – Spezifikation

[Kro07]   KRONSBEIN, ULRICH UND HINKE, ERIK: Betriebszentralen bei der DB - Erfahrungen und Anforderungen an die weitere Entwicklung. In: *ETR - Eisenbahntechnische Rundschau* (2007), Nr. 3, S. 86–93

[Kuc11]   KUCKELBERG, ALEXANDER: *Mikroskopische Disposition spurgebundener Verkehrsmittel unter Echtzeitbedingungen*, RWTH Aachen, Diss., 2011

[Kun08]   KUNST, GERHARD UND ENGEL, ECKART UND HEUER, VOLKMAR: Migration zu integrierten Leit- und Betriebsführungszentralen in Österreich. In: *SD - Signal + Draht* (2008), Nr. 4, S. 6–12

[Lag11] LAGOS, MARIO: CATO offers energy savings. In: *RGI - Railway Gazette International* (2011), Nr. 5, S. 50–52

[Lan08] LANG, JULIAN ; INSTITUT FÜR EISENBAHN UND VERKEHRSWESEN (IEV) AN DER UNIVERSITÄT STUTTGART (Hrsg.): *Suche von Belegungskonflikten in einer Eisenbahninfrastruktur: Studienprojekt Marian 3 - Disposition.* http://www.uni-stuttgart.de/iev/index.htm?/iev/lehre/studienprojekte/studienprojekt_MARIAN.htm. Version: 03.02.2008. – Seminararbeit

[Lau07] LAUBE, FELIX UND ROOS, SAMUEL UND WÜST, RAIMOND UND LÜTHI, MARCO UND WEIDMANN, ULRICH: PULS 90 - Ein systemumfassender Ansatz zur Leistungssteigerung von Eisenbahnnetzen. In: *ETR - Eisenbahntechnische Rundschau* 4 (2007), S. 104–107

[Leh05] LEHMANN, HELMUT: *Fahrdynamik der Zugfahrten.* Aachen : Shaker, 2005. – ISBN 3832243844

[Lie01] LIESEGANG, HARALD UND EBERITSCH, JÖRG: Dual-Mode Radio Communication Units for the Migration to GSM-R Radio Communications at DB AG. In: *SD - Signal + Draht* (2001), Nr. 9, S. 52–56

[Lin02] LINDER, ULRICH UND BAIER, TORSTEN: Energiesparsame Fahrweise im Nahverkehr. In: *ETR - Eisenbahntechnische Rundschau* (2002), Nr. 7/8, S. 432–438

[Lue64] LUENBERGER, DAVID G.: Observing the state of linear system. In: *IEEE TRANSACTIONS ON MILITARY ELECTRONICS* (1964), Nr. 8, S. 74–80

[Lue09] LUETHI, MARCO: *Improving the efficiency of heavily used railway networks through integrated real-time rescheduling, Nr. 18615*, ETH Zürich, Diss., 2009.

http://e-collection.ethbib.ethz.ch/show?type=
diss&nr=18615

[Lun08a]   LUNZE, JAN: *Regelungstechnik 1: Systemtheoretische Grundlagen, Analyse und Entwurf einschleifiger Regelungen.* 7. neu bearb. Auflage. /. Berlin, Heidelberg : Springer-Verlag, 2008 http://dx.doi.org/10.1007/978-3-540-68909-6. – ISBN 978–3–540–68907–2

[Lun08b]   LUNZE, JAN: *Regelungstechnik 2: Mehrgrößensysteme, Digitale Regelung.* 5. neu bearbeitete Auflage. /. Berlin, Heidelberg : Springer-Verlag, 2008 http://www.zentralblatt-math.org/zmath/en/search/?an=1138.93001. – ISBN 978–3–540–78462–3

[Mü13]   MÜLLER, CHRISTOPH: UIC-Award für Transrail Sweden. In: *ETR - Eisenbahntechnische Rundschau* (2013), Nr. 3, S. 64

[Mai08]   MAI, PHILIPP UND HILLERMEIER, CLAUS: Least-Squares-basierte Ableitungsschätzung: Theorie und Einstellregeln für den praktischen Einsatz. In: *at - Automatisierungstechnik* 56 (2008), Nr. 10, S. 530–538

[Mar95]   MARTIN, ULLRICH: *Verfahren zur Bewertung von Zug- und Rangierfahrten*, TU Braunschweig, Diss., 1995

[Mar08]   MARTIN, ULLRICH ; INSTITUT FÜR EISENBAHN UND VERKEHRSWESEN (IEV) AN DER UNIVERSITÄT STUTTGART (Hrsg.): *Betriebsplanung im öffentlichen Verkehr.* Stuttgart, 2008. – Vorlesungsunterlagen

[Mar10]   Schutzrecht EP 2 402 229 A1 (22.06.2010). MARTIN, ULLRICH UND CUI, YONG (Erfinder). Method and system for simulating, planning and/or controlling operating processes in a track guided transportation system

[Mar11]   MARTIN, ULLRICH UND CUI, YONG: Praxisorientierte Lösung des Deadlock-Problems im spurgeführten Verkehr. In: *ETR - Eisenbahntechnische Rundschau* (2011), Nr. 4, S. 44–47

[Meh10]   MEHTA, FARHAD UND RÖSSIGER, CHRISTIAN UND MONTIGEL, MARKUS: Potenzielle Energieersparnis durch Geschwindigkeitsempfehlungen im Bahnverkehr: Automatic Functions Lötschberg. In: *SD - Signal + Draht* (2010), Nr. 9, S. 20–26

[Mey02]   MEYER, MARKUS UND PREM, RÜDIGER UND FRANKE, RÜDIGER: Der Driving Style Manager für pünktlichen und energiesparsamen Bahnbetrieb. In: *Eisenbahn-Revue* (2002), Nr. 3, S. 125–129

[Mey09]   MEYER, MARKUS UND LERJEN, MARKUS: Verifizierung der Stromeinsparung durch energieeffizientes Zugsmanagement - Anhang 1 Konzept und Systemarchitektur / Bundesamt für Energie (BFE) - Eidgenössisches Departement für Umwelt, Verkehr, Energie und Kommunikation (UVEK). Version:26.11.2009. `http://www.bfe.admin.ch/` `dokumentation/energieforschung/index.html?lang=` `de&publication=10257.` 26.11.2009. – Schlussbericht

[Mon09]   MONTIGEL, MARKUS: Operations control system in the Lötschberg Base Tunnel. In: *European Rail Technology Review* (2009), Nr. 2, S. 42–44

[Nau04]   NAUMANN, PETER UND PACHL, JÖRN: *Leit- und Sicherungstechnik im Bahnbetrieb*. Hamburg : Tetzlaff, 2004 (Schriftenreihe für Verkehr und Bahntechnik). –   ISBN 3878147023

[Neu06]   NEUBER, MARCO ; VERKEHRSWISSENSCHAFTLICHES INSTITUT AN DER UNIVERSITÄT STUTTGART E.V. (Hrsg.): *Be-*

triebsprozesssteuerung im spurgeführten Verkehr: Energie-optimale Zuglaufsteuerung bei Abweichungen vom Regel-betrieb. Stuttgart, 29.06.2006 (4. VWI Fachgespräch)

[Neu14]   NEUBER, MARCO UND FEUS, SIMON: SimPort - SimulationsPortal / BVU Beratergruppe Verkehr + Umwelt GmbH. Version: 17.04.2014. `www.bvu.de`. Wentzingerstr. 19 D-79106 Freiburg, 17.04.2014. – Dokumentation. – unveröffentlicht

[Oet03]   OETTING, ANDREAS UND NIESSEN, NILS: Eisenbahnbetriebswissenschaftliches Werkzeug für die mittel- und langfristige Infrastrukturplanung. In: *19. Verkehrswissenschaftliche Tage.* Dresden : TU Dresden, 2003, S. 98.1 – 98.8 (Session 4e)

[Oet08a]   OETTING, ANDREAS ; FACHGEBIET BAHNSYSTEME UND BAHNTECHNIK (Hrsg.): *Disposition und Störfallmanagement - Eisenbahntechnisches Kolloquium 2008: (Teil-) Automatisierung der Disposition von Belegungs- und Anschlusskonflikten.* `http://www.verkehr.tu-darmstadt.de/bs/etk/etk_08/index.de.jsp`. Version: 03.06.2008

[Oet08b]   OETTING, ANDREAS: Zuglaufregelung - Optimierte Steuerung der Züge im Betrieb. In: *ETR - Eisenbahntechnische Rundschau* (2008), Nr. 10, S. 654–658

[Oet08c]   OETTING, ANDREAS UND KEFER, VOLKER: Weiterentwicklung von Technologien für Planung und Betrieb des Bahnverkehrs: Neue Technologien für Planung und Betrieb sind wesentliche Hebel für Kundenzufriedenheit und Unternehmenserfolg. In: *EI - Der Eisenbahningenieur* (2008), Nr. 7, S. 36–38

[Opi09]   OPITZ, JENS: *Automatische Erzeugung und Optimierung von Taktfahrplänen in Schienenverkehrsnetzen.* Dresden, Universität Dresden, Diss., 2009

[Pä12] PÄNKE, INGO UND KLIMMT, ANDREAS: Vernetzung von Technologie und Anwenderwissen. In: *Deine Bahn* (2012), Nr. 3. `http://www.deine-bahn.de/content/ vernetzung-von-technologie-und-anwenderwissen`

[Pac93] PACHL, JÖRN: *Steuerlogik für Zuglenkanlagen zum Einsatz unter stochastischen Betriebsbedingungen*, TU Braunschweig, Diss., 1993

[Pac04] PACHL, JÖRN: *Systemtechnik des Schienenverkehrs: Bahnbetrieb planen, steuern und sichern.* 4., überarb. und erw. Aufl. Stuttgart : Teubner, 2004. – ISBN 3519363836

[Pac07] PACHL, JÖRN ; TU BRAUNSCHWEIG (Hrsg.): *Avoiding Deadlocks in Synchronous Railway Simulations: Zuerst erschienen in: 2nd International Seminar on Railway Operations Modelling and Analysis. 28 - 30 March, 2007, Hannover, Germany. Proceedings CD-ROM.* `http://www.digibib. tu-bs.de/?docid=00020794`. Version: 03.04.2007

[Pac08] PACHL, JÖRN: *Mehrabschnittssignalisierung.* `http://newsgroups.derkeiler.com/Archive/De/de. etc.bahn.eisenbahntechnik/2006-03/msg00424.html`. Version: 02.08.2008

[Pac15] PACHL, JÖRN: *Das Sperrzeitmodell in der Fahrplankonstruktion.* Springer Vieweg, 2015 `http://www. ebook.de/de/product/25117769/joern_pachl_das_ sperrzeitmodell_in_der_fahrplankonstruktion.html`. – ISBN 3658111275

[Pet07] PETERS-RUMPF, BENJAMIN ; INSTITUT FÜR EISENBAHN UND VERKEHRSWESEN (IEV) AN DER UNIVERSITÄT STUTTGART (Hrsg.): *Alternative Fahrwegsuche*

in Marian 3: Studienprojekt Marian 3 - Disposition.
`http://www.uni-stuttgart.de/iev/index.htm?/iev/`
`lehre/studienprojekte/studienprojekt_MARIAN.htm.`
Version: 15.10.2007. – Seminararbeit

[Pie08] PIETZEK, ANN-KATHRIN: Verfeinerte Instrumente sollen Fahren und Bauen noch besser unter einen Hut bringen. In: *NetzNachrichten* (2008), Nr. 4, S. 7

[Ril301] Richtlinie 301. *DS 301 Signalbuch (SB)*. DB Netz AG. Berlin, 11.12.2016

[Ril402.0301] Richtlinie 402.0301. *Trassenkonstruktion/-koordination; Trassen konstruieren*. DB Netz AG. Frankfurt a.M., 01.04.2006

[Ril405.0103] Richtlinie 405.0103. *Zeitverbrauch bei Nutzung der Fahrwegkapazität*. DB Netz AG. Frankfurt a.M., 01.01.2008

[Ril408] Richtlinie 408.01-09. *Züge Fahren und Rangieren*. DB Netz AG. Frankfurt a.M., 12.12.2004

[Ril415.9306] Richtlinie 415.9306. *Leitsystem der Betriebsführung Zentrale Datenhaltung-Fahrplanbearbeitung (LeiDa-F)*. DB Netz AG, NGL 12. Frankfurt a.M., 01.11.1997

[Ril42001] Richtlinie 42001. *Handbuch Betriebszentralen DB Netz*. DB Netz AG. Frankfurt a.M., 01.09.2007

[Ril420.0102] Richtlinie 420.0102 Z01. *Wartezeitvorschrift (WZV) für Reisezüge der DB Netz*. DB Netz AG. Frankfurt a.M., 09.12.2007

[Ril457.0201] Richtlinie 457.0201. *Gestaltungsregeln für das Verzeichnis der örtlich zulässigen Geschwindigkeiten (VzG)*. DB Netz AG. Frankfurt a.M., 11.12.2005

[Ril479/3]   Richtlinie DS 479/3. *ZBF-Benutzungsanweisung für Bedienpulte und Kleinbediengeräte in ZBF-Zentralen*. Deutsche Bundesbahn-Zentralamt. München, 27.05.1979

[Roc83]   ROCKENFELT, BERND R.: Fahrzeiten- und Zugfahrtrechnung bei der Deutschen Bundesbahn. In: *Taschenbuch der Eisenbahntechnik* (1983), S. 255–280

[Rud04]   RUDOLPH, RAPHAELA: *Entwicklung von Strategien zur optimierten Anordnung und Dimensionierung von Zeitzuschlägen im Eisenbahnbetrieb*, Leibniz Universität Hannover, Diss., 17.06.2004

[San99]   SANFTLEBEN, DIRK: *Konzeption der Zugfahrsimulation für den Einsatz im Onlinebetrieb*, Universität Hannover, Diss., 1999

[San08]   SANDVOSS, JÖRG: Große Baustellen im Netz - Optimierung von Baustellenplanung und Fahrplan. In: *ETR - Eisenbahntechnische Rundschau* (2008), Nr. 11, S. 722–727

[Sch86]   SCHABACK, ROBERT: Numerische Approximation. In: *DMV Jahresbericht der Deutschen Mathematiker-Vereinigung* 88 (18.04.1986), Nr. 2, 51-81. `https://www.math.uni-bielefeld.de/JB_DMV/JB_DMV_088_2.pdf`

[Sch91]   SCHÜLER-HAINSCH, ECKHARD: *Verfahren zur Optimierung des Energieverbrauchs von Zugfahrten*, TU Berlin, Diss., 1991

[Sch02]   SCHLAICH, JOHANNES ; INSTITUT FÜR EISENBAHN- UND VERKEHRSWESEN (IEV) AN DER UNIVERSITÄT STUTTGART (Hrsg.): *Beitrag zur Entwicklung eines Dispositionswerkzeugs zur Optimierung betriebsbedingter Wartezeiten im schienengebundenen Verkehr*. Studienarbeit, 2002

[Sch03]   SCHAER, THORSTEN: Grundsätze und historische Entwicklung der Steuerung des Bahnbetriebs. In: *Deine Bahn* (2003), Nr. 6, S. 360–363

[Sch04]   SCHAER, THORSTEN: *Betrieblich - kommerzielles Lastenheft DisKon: Disposition und Konfliktlösungsmanagement für die beste Bahn: Laborversion eines flexiblen, modularen und automatischen Dispositionssystems.* 2004

[Sch05]   SCHAER, THORSTEN UND JACOBS, JÜRGEN UND SCHOLL, SUSANNE UND KURBY, STEPHAN UND SCHÖBEL, ANITA UND GÜTTLER, SABINE UND BISSANTZ, NICOLAI: DisKon - Laborversion eines flexiblen, modularen und automatischen Dispositionsassistenzsystems. In: *ETR - Eisenbahntechnische Rundschau* (2005), Nr. 12, S. 809–821

[Sco74]   SCOTLAND, RÜDIGER: Die Betriebsleitung - historisch gewachsen. In: *Die Bundesbahn* (1974), Nr. 10, S. 787–794

[Sie11]   SIEGMANN, JÜRGEN UND BALSER, MARTIN UND GILLE, ANDREAS: Trassenplanung auf Basis abstrahierter Infrastrukturdaten. In: *EI - Der Eisenbahningenieur* (2011), Nr. 5, S. 38–43

[Sie12]   SIEFER, THOMAS UND FANGRAT, STEFFEN: Anordnung und Bewertung von Zeitzuschlägen im Rahmen des Projekts RePlan. In: *ETR - Eisenbahntechnische Rundschau* (2012), Nr. 1+2, S. 22–27

[Sit86]   SITZMANN, EDUARD UND GÜNTHER, HEINZ: Betriebszentralen für die Neubaustrecken der Deutschen Bundesbahn. In: *ETR - Eisenbahntechnische Rundschau* (1986), Nr. 1/2, S. 73–79

[Soe90]   SOETERBOEK, ALOISIUS RONALD MARIE: *Predictive Control; A Unified Approach*, TU Delft, Diss., 22.11.1990

[Str05a] STROBEL, HORST UND ALBRECHT, THOMAS UND OETTICH, STEFFEN UND ANDERE: *Das BMBF-Leitprojekt intermobil Region Dresden (Intermodale Mobilitätssicherung in mittleren Ballungsräumen durch Integration innovativer Telematik-, Bahn- und Regelungstechnologien)*. Bundesministerium für Bildung und Forschung - BMBF, 05.2005

[Str05b] STRÖSSENREUTHER, HEINRICH UND HALBACH, JULIA: Projekt EnergieSparen im Personenverkehr: Energiekostenmanagement für die Traktionsenergie der Deutschen Bahn. In: *ZEVrail Glasers Annalen* (2005), Nr. 9, S. 356–362

[UIC00] International Union of Railways: *In den Fahrplänen vorzusehende Fahrzeitzuschläge, um die pünktliche Betriebsabwicklung zu gewährleisten - Fahrzeitzuschläge*. 15.12.2000

[Waa08] WAAS, KERSTIN UND BÜKER, THORSTEN: Effiziente Qualitätsanalyse von Fahrplankonzepten. In: *ETR - Eisenbahntechnische Rundschau* (2008), Nr. 11, S. 738–743

[Web04] WEBER, GODEHARD: Der Fahrplan - Kernelement des Eisenbahnbetriebes. In: *ETR - Eisenbahntechnische Rundschau* (2004), Nr. 6, S. 340–344

[Weg05] WEGELE, STEFAN: *Echtzeitoptimierung für die Disposition im Schienenverkehr*, TU Braunschweig, Diss., 2005

[Weg06] WEGELE, STEFAN UND SLOVÁK, ROMAN UND SCHNIEDER, ECKEHARD: Echtzeitoptimierung für die Disposition im Schienenverkehr. In: *SD - Signal + Draht* (2006), Nr. 6, S. 6–10

[Wei06] WEISS, RÜDIGER: Netzfahrplan 2007; neue rechtliche Rahmenbedingungen für die DB Netz AG. In: *ETR - Eisenbahntechnische Rundschau* (2006), Nr. 12, S. 847–850

[Wei07]   WEIGAND, WERNER UND KÖRNER, TOBIAS: Das Wachstum des Schienengüterverkehrs - Herausforderung für die DB Netz AG. In: *ETR - Eisenbahntechnische Rundschau* (2007), Nr. 3, S. 94–103

[Wen95]   WENDLER, EKKEHARD: Weiterentwicklung der Sperrzeitentreppe für moderne Signalsysteme. In: *SD - Signal + Draht* (1995), Nr. 7/8, S. 268–273

[Wen03]   WENDE, DIETRICH: *Fahrdynamik des Schienenverkehrs.* Stuttgart : Teubner, 2003. – ISBN 3519004194

[Wil03]   WILLIAMS, JOHN: GSM-R Cab Radio-A Communication Interface for ETCS and Train Radio. In: *SD - Signal + Draht* (2003), Nr. 1/2, S. 37–40

[Win09]   WINTER, JOACHIM UND LINDEMANN, MARCUS UND SCHLEGEL, STEFAN UND KLOOS, HOLGER: Fahrerassistenz-System. In: *SD - Signal + Draht* (2009), Nr. 10, S. 6–14

[Woe08]   WOERMANN, CHRISTIAN: FreeFloat - Intensivere Nutzung der Ressource Schiene durch ein integriertes Planungs- und Verkehrsmanagement Schiene. In: *Schienenverkehr - sicher, leise, effizient.* Berlin : Bundesministerium für Wirtschaft und Technologie, 2008, S. 29–31

[Wus09]   WUSTROW, SÖREN: *Möglichkeiten und Grenzen der Modellierung des Bahnbetriebes mit planerischen Zugfolgezeiten,* TU Berlin, Diss., 2009

[Zeh07]   ZEHETNER, JOSEF UND REGER, JOHANN UND HORN, MARTIN: Echtzeit-Implementierung eines algebraischen Ableitungsschätzverfahrens. In: *at - Automatisierungstechnik* 55 (2007), Nr. 11, S. 553–560